Z-5a
(Am-NB)
(PC-II)

RAINER VOLLMAR

ANAHEIM – UTOPIA AMERICANA

D1697431

ERDKUNDLICHES WISSEN

SCHRIFTENREIHE FÜR FORSCHUNG UND PRAXIS
BEGRÜNDET VON EMIL MEYNEN
HERAUSGEGEBEN VON GERD KOHLHEPP,
ADOLF LEIDLMAIR UND FRED SCHOLZ

HEFT 126

FRANZ STEINER VERLAG STUTTGART
1998

RAINER VOLLMAR

ANAHEIM – UTOPIA AMERICANA

VOM WEINLAND ZUM WALT DISNEY-LAND
EINE STADTBIOGRAPHIE

MIT 164 ABBILDUNGEN, 31 ZEITUNGSAUSSCHNITTEN
UND 36 TABELLEN

FRANZ STEINER VERLAG STUTTGART
1998

Geographisches Institut
der Universität Kiel
ausgesonderte Dublette

Die Deutsche Bibliothek - CIP Einheitsaufnahme

Vollmar, Rainer:
Anaheim - Utopia Americana : vom Weinland zum Walt-Disney-Land ;
eine Stadtbiographie ; mit 36 Tabellen / Rainer Vollmar. - Stuttgart :
Steiner, 1998
   (Erdkundliches Wissen ; H. 126)
   ISBN 3-515-07308-6

Geographisches Institut
der Universität Kiel

Inv.-Nr. A.23.757

ISO 9706

Jede Verwertung des Werkes außerhalb der Grenzen des Urheberrechtsgesetzes ist
unzulässig und strafbar. Dies gilt insbesondere für Übersetzung, Nachdruck, Mikrover-
filmung oder vergleichbare Verfahren sowie für die Speicherung in Datenverarbeitungs-
anlagen. Gedruckt auf säurefreiem, alterungsbeständigem Papier.
© 1998 by Franz Steiner Verlag Wiesbaden GmbH, Sitz Stuttgart.
Druck: Rheinhessische Druckwerkstätte, Alzey
Printed in Germany

INHALTSVERZEICHNIS

VORWORT

Die Idee zum Anaheim-Portrait ist nicht einem spontanen Einfall entsprungen, sondern hat eine kleine Vorgeschichte, aus der heraus es entstanden ist. Als ich nämlich
am Vorgängerwerk „Wohnen in der Wildnis" arbeitete und darin im kalifornischen
Teil die deutsche Entstehungsgeschichte Anaheims während der ersten 25 Jahre
behandelte, fand ich mich plötzlich bei der Überlegung wieder, den ungewöhnli-
chen Werdegang dieses Gemeinwesens nicht nur in seiner Anfangszeit zu behan-
deln, sondern seine Geschichte bis in unsere Tage hinein zu verfolgen. Überlegt ist
aber noch nicht gehandelt, ich zögerte noch und fragte mich hin und wieder, ob der
Schritt sich wirklich lohnen würde. Die Aufgabenstellung ließ mich dann aber nicht
wieder los, und so trug ich sie noch eine Weile mit mir herum, bis ich mir den letzten
Anstoß gab, das Vorhaben nun wirklich auf den Weg zu bringen. Den Ausschlag
gab die interessante Wandlungsgeschichte Anaheims von der ersten deutschen landwirtschaftlichen Kolonie in Südkalifornien zu einem frühen „popular amusement
place" mit internationaler Ausstrahlung, dessen kulturelle und wirtschaftliche Auswirkungen als „theme park"-Mimesisdiffusion über die ganze Welt hin, erst heute –
in postindustrieller Zeit – richtig zum Tragen kommen. Mehr als zwei Jahre haben
die Manuskriptarbeiten gedauert, nachdem ich mit meinem ersten Besuch in Anaheim im Juni 1994 die Materialsichtung und -sammlung begonnnen hatte.

Meine zentrale Anlaufstelle war die Anaheim Public Library, in der eine Abtei-
lung zur Stadtgeschichte eingerichtet ist. Dort fand ich in der Kuratorin Jane K.
Newell des Anaheim History Room den wichtigsten Ansprechpartner und in ihren
Mitarbeiterinnen R. Garcia und K. Hall bereitwillige, freundliche Hilfen, wenn immer es darum ging, etwas aus dem Magazin für mich herbeizuholen. Darunter befanden sich dicke Großfolianten, Kisten mit Dokumenten, Mappen voller Zeitungs-
ausschnitte, historische Photographien, Karten, Pläne, Bücher, Statistiken und wis-
senschaftliche Artikel. Von überaus großer Hilfe erwies sich die Sammlung von
Zeitungsausschnitten zu den unterschiedlichen Stadtthemen. Da sie bereits vorsor-
tiert waren, erleichterten die Mappen die Suche ungemein, und es erübrigten sich
die aufwendigen und mühsamen Recherchen, die mit dem Abspulen von Mikrofil-
men verschiedener Presseorgane in anderen Bibliotheken verbunden sind. Sie tru-
gen nicht unerheblich dazu bei, die stadtinternen Verhältnisse und Vorgänge zu er-
hellen und in lebendigerer Weise wiederentstehen zu lassen. Wichtige zeitgenössi-
sche Quellen waren die Los Angeles Times, The Orange County Register und das
Anaheim Bulletin. Diese Erleichterung galt allerdings nur für die vergangenen Jahrzehnte, denn für die alten Ausgaben der Anaheim Gazette mußte ich doch auf Film-
rollen zurückgreifen, um beispielsweise Artikel über Aktivitäten des Ku Klux Klans
in den zwanziger Jahren zu finden. Die Helferinnen fertigten auch die vielen Kopien
für mich an, und deshalb fühle ich mich allen Damen mit herzlichem Dank für ihre
Assistenz verbunden. Bei Frau Elizabeth Schultz, der Seniorin und stetigen Förde-

rin der historischen Sammlungen bedanke ich mich für ihr freundliches Interesse und die Vermittlung eines Interviews mit dem Anaheim Bulletin über meine stadtgeschichtlichen Arbeiten. Ich komme aber nicht umhin, an dieser Stelle zu erwähnen, daß ich bei meinen Reisen, Aufenthalten und Arbeitskosten allein mir selbst auf der Tasche lag und daß ich deshalb die sonst üblichen, offiziellen Danksagungen für finanzielle Unterstützung und Einladungen nicht zu eröffnen brauche. Da mir keine Schreibkraft oder studentische Hilfskraft zur Seite stand, habe ich auch alle Vorarbeiten, Korrekturen und das Endmanuskript eigenhändig abgefaßt. An meinem Arbeitsplatz im J.F. Kennedy Institut für Nordamerikastudien der Freien Universität kann ich aber wenigstens Herrn Gernot Hellmuth dankend erwähnen, der mir nach Wunsch alle kartographischen Arbeiten und Diagrammdarstellungen anfertigte, ohne die das Buch ein Präsentationstorso geblieben wäre.

Mitte 1996 hielt ich mich nochmals für drei Wochen in Anaheim auf, um die Restarbeiten auszuführen und Forschungslücken über die zwanziger und dreißiger Jahre zu schließen. Während dieser Recherchen stieß ich glücklicherweise auf die deutschsprachigen Dokumente aus der Anfangszeit Anaheims, die als Originalauszüge beispielsweise über die Vereinsgründung der Weingartengesellschaft oder in Form einiger Sitzungsprotokolle der Anaheim Water Co. wiedergegeben werden können.

Eine wissenschaftlich begründete Stadtgeographie über Anaheim ist bisher nicht erschienen, weder in englischer noch in deutscher Sprache. Doch liegen allgemein gehaltene Gesamtmonographien aus populärer Sicht („Anaheim, City of Dreams") und stadthistorische Abhandlungen zu bestimmten Zeitabschnitten vor. Die hier vorgestellte Studie ist der erste Versuch, ein Sachbuch vorzulegen, das gleichzeitig den Anspruch erfüllen soll, eine Stadtvita des Gemeinwesens, also eine Art Biographie wiederzugeben. Ein solches Herangehen ist insofern gerechtfertigt, als wir Städte und Siedlungen in Amerika kennen, die einen Lebenszyklus durchschritten haben, d.h., ein Gründungsdatum aufwiesen, eine Aufblühphase durchlebten, doch später ihrer Existenz verlustig gingen und nur noch als vom Leben verlassene und dem Verfall preisgegebene „ghost towns" überdauerten, also regelrecht einen organischen Daseinsverlauf durchmaßen.

Schauen wir auf Anaheim, so ist seine Gegenwart voller Dynamik und Zukunftsgerichtetheit, doch konnte bei seiner optimistischen Gründung niemand voraussehen, welchen Anstoß es einmal für die Entwicklung eines bestimmten Stadttypus geben würde. Blicken wir zurück, dann zeichnen sich in seiner Genese zwar verschiedene Stadien ab, die vom Campo Alemán über den Marktort und die Landstadt bis zur Nachkriegszeit reichen, aber kaum etwas von seiner künftigen Rolle erkennen lassen. Erst mit der Disneyland-Kultur der Postmodernität und „Mickeytropolis als Fun-, Sport- und Convention City im Land von Morgen", die mit der Machtausdehnung der Disney Corp. einhergeht, repräsentiert Anaheim eine „corporate oder entrepreneurial city". Mit dieser Fortschrittsfunktion reiht sie sich in die richtungsweisende super- oder postmoderne Stadtkonkurrenz ein, die mit der Entwicklung des privatwirtschaftlichen Vergnügungsmarketing der „theme park"-Erlebnis- und Konsumwelten, dem kommerziellen Schausport und dem „Tagungsbusiness" verbunden ist.

Der Theoriediskurs und die Empirie zur Super- oder Postmoderne in der stadtgeographischen Literatur wird in unserer Abhandlung zwar nicht grundsätzlich aufgenommen, aber auch nicht übersehen oder vernachlässigt. Aus mehreren Artikeln werden die wichtigsten Aussagen und Thesen im Kapitel über „Anaheim in der Postmoderne" aufgegriffen und mit den kulturellen, urbanökonomischen, politischen und räumlichen Strukturen bzw. Prozessen, die das Anaheimer Stadtleben in jüngerer Zeit bestimmt haben, verglichen, wobei interessante, funktionale Frühentwicklungen zum „ästhetischen Populismus" und andere interessante Parallelerscheinungen („new urban privatism", „master planned communities", „historic preservation" usw.) zu Tage traten. Es wird jedenfalls ansatzweise der Schritt unternommen, nicht nur beim Einzelfall stehen zu bleiben, sondern die Stadt in einen größeren Zusammenhang zu stellen. Hierfür dient beispielsweise ein kurzer Vergleich mit Las Vegas oder das Eingehen auf „postmoderne" Züge der Signal-Metropole Washington, D.C.

Nachdem ich am Anfang des Vorwortes meine Bedenken geäußert hatte, überhaupt mit dem Vorhaben zu beginnen, meine ich bei seinem Abschluß, doch die richtige Entscheidung getroffen zu haben und eine anschauliche Abhandlung über die doppelte Pionierstadt vorgelegt zu haben, die sich in der Tat gelohnt hat. Ein Buchfenster wurde geöffnet, aus dem der Struktur- und Funktionswandel von der Agrarkommune zur „Stadt der verschiedenen Schauwelten" einsichtig zu erfahren ist. Die Umstände bringen es aber auch mit sich, daß das Fenster manchmal beschlagen ist, und der Blick auf das Stadtgeschehen nicht so scharf ausfällt, wie es eine glasklare Sicht im Grunde erfordert, doch dafür übernehme ich als Autor die Verantwortung.

In der Erwartung, daß das Buch nicht allein für die Bibliotheksregale geschrieben wurde, widme ich meine Arbeit allen interessierten Lesern, aber vor allem meiner hochbetagten Mutter, der ich Vieles verdanke, was zum Gelingen des Werkes beigetragen hat, das sie nun als fertigen Band in Augenschein nehmen kann. Ich hoffe, sie findet Gefallen daran.

Rainer Vollmar   Berlin, November 1996.

1. ANAHEIMS GENESE

1.1 VOM RANCHO ZUM CAMPO ALEMÁN

Der Name Anaheim klingt in unseren Ohren, als ob er ganz und gar aus der deutschen Sprache entnommen wäre, was allerdings nicht ganz zutreffend ist. Als sich deutsche Zuwanderer in Südkalifornien ansässig machten (Abb. 1, 2, 3 u. 4) und ihr neues Domizil mit einem heimatlich klingenden Namen tauften, lagen die Orts- und Regionalbezeichnungen der älteren spanisch-mexikanischen Landnahme schon lange fest. Da die Neusiedler den Plan hatten, eine Weinbaukolonie ins Leben zu rufen, standen mehrere Namen zur Auswahl im Gespräch, die alle an die Heimat erinnerten. Von den Mitgliedern der Siedlungsgemeinschaft waren drei Namen vorgeschlagen worden, nämlich Annaheim, Annagau und Weinheim. Um über den Namen zu entscheiden, mußte eine Abstimmung vorgenommen werden, wobei der Name Annaheim mit knapper Mehrheit gewann. Damals schrieb sich Annaheim noch mit zwei „n", später aber fiel eines davon weg, wodurch man sich auf praktisch-elegante Weise an die spanische Schreibweise des Santa Ana Flusses angepaßt hatte.[1] Dieser kuriose Umweg und die Änderung in der Buchstabierung brachte den Kolonisten einen ihnen sehr vertraut klingenden und gleichzeitig assimilierten Siedlungsnamen ein.

Anaheim hat seine eigene Vorgeschichte, die durch die spanisch-mexikanische Zeit geprägt ist und darüber hinaus weit zurückreicht in die ausgelöschte indigene Lebenswelt.[2] Wir überspringen die Jahrtausende dauernde Anwesenheit der Urbevölkerung in Südkalifornien und begeben uns direkt in die auslaufende Periode der mexikanischen Herrschaft, die um die Mitte des 19. Jhs. zu Ende ging. Die amerikanische Invasion von 1846, die Annexion 1848 und die Aufnahme Californias[3] in die Union 1850 vollzogen sich innnerhalb weniger Jahre in hastigem Vollzug. Doch im Vergleich zum nördlichen Teil des Territoriums klang die Kultur der spanisch sprechenden Bevölkerung im Süden länger nach.

Weit gestreut um das Pueblo de Nuestra Señora la Reina de los Angeles de Porciuncula, das damals nur aus einigen zusammengewürfelten Adobe-Häusern oder Hütten mit bewässerten Gartenstücken und kleineren, angrenzenden Wein- und Zitruskulturen bestand, lagen die mexikanischen Ranchos, deren Eigentümer als Hauptvertreter einer Klasse und Kultur auftraten, in der Bodeneigentum und Viehhaltung die gesellschaftliche Stellung und das soziale Leben bestimmten. Diese besondere

---

1   Am 15.1.1858 fand das Mitgliedertreffen in San Francisco statt. Weiteres zu dieser Geschichte bei Friis, L.J. (1983): Campo Alemán: The First Ten Years of Anaheim. Santa Ana, p. 35.

2   Es handelt sich um die Gabrieleño Indianer, die im Gebiet der heutigen „counties" von Los Angeles und Orange ansässig waren. Über ihre Kultur ist nicht allzuviel bekannt, doch soll sie der Lebensweise der bedeutenderen Gruppe der Chumash weiter nördlich ähnlich gewesen sein. S. dazu auch Boscana, G. (1933): Chinigchinich. Santa Ana.

3   Die Schreibweise California und Kalifornien wird abwechslungsweise benutzt.

historische Ausformung der Gesellschaftsordnung verlieh dem Land südlich der
Tehachapi Mountains Stil und Gepräge einer Ranchero-Kultur, in der feudale Züge
keineswegs völlig ausgelöscht waren. Viele der stolzen Inhaber waren des Lesens
und Schreibens unkundig, hatten jedoch gute Landeskenntnisse, weil sie in den unteren Rängen des Miltärdienstes gestanden hatten und in verschiedenen Landesteilen Alta Californias eingesetzt gewesen waren. Das verlieh ihnen ein gutes Ein-
schätzungs- und Urteilsvermögen bei der Auswahl oder beim Kauf der begehrten
Ländereien sowie bei der Errichtung ihrer Ranchos. Außerdem hatten sie sich Kenntnisse in der Viehzucht und Herdenhaltung angeeignet und, um eine Ranchero-Fami-
lie zu begründen, ehelichten sie gemischtblütige oder indianische Frauen des Landes und umgaben sich mit zehn bis zwanzig Nachkommen, von denen die meisten
das harte, aber angesehene Ranchleben weiterführten.

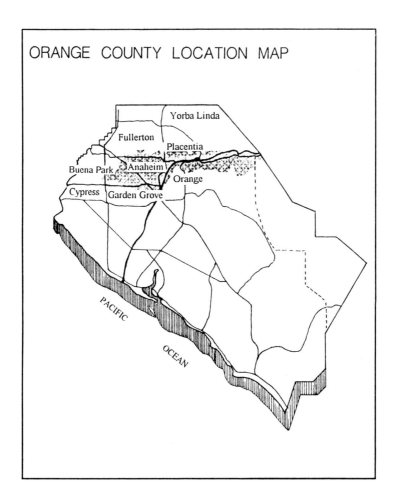

Abb. 1 u. 2: Übersichtskarte Kaliforniens mit County-Einteilung und der Hervorhebung von Orange
County. Das Hauptstraßennetz im County und die Eintragung des Stadtgebietes von Anaheim.
Quelle: City of Anaheim General Plan 1984.

Zahlreiche spanische Familiennamen, die den Untergang des Ranchero-Daseins
überdauerten, erinnern uns an diese, bisweilen verklärte, regionale Vergangenheit,
sei es die Sepulveda Familie von Palos Verdes oder in Orange County die Vejars
von Boca de la Playa und die Serranos von Cañada de los Alisos, und, um wieder
weiter nach Norden zu gehen, die Familie Alvarado vom Rancho Cañada Larga y
Verde in Ventura.[4] Von den zahlreichen Landsitzen im damaligen County Los Angeles war für das Werden von Anaheim vor allem der Rancho San Juan Cajón de
Santa Ana von Bedeutung, der sich vom Nordwestufer des Santa Ana Flusses in
Richtung auf die Grenzen der Ranchos Los Ibarras und Los Coyotes im Norden

---

4   Angeführt bei Starr, K. (1985): Inventing the Dream. New York, Oxford, p. 16.

bzw. Westen erstreckte. Der mexikanische Gouverneur Juan B. Alvarado hatte dieses Landstück am 13. Mai 1837 an einen verdienten Soldaten namens Juan Pacifico Ontiveros, der noch in der spanischen Armee Dienst getan hatte, verliehen. Im Zuge des Verfahrens zur Anerkennung alter mexikanischer Landansprüche vor der US Land Commission wurde sein Anspruchsgesuch über 35 970 ac zunächst zurückgewiesen, später aber durch Gerichtsbeschluß bestätigt. Ein Grundbesitz derartiger Größe erlaubte in späteren Jahrzehnten nicht nur das Entstehen von Anaheim, sondern auch der Städte Fullerton, Placentia und Brea.[5]

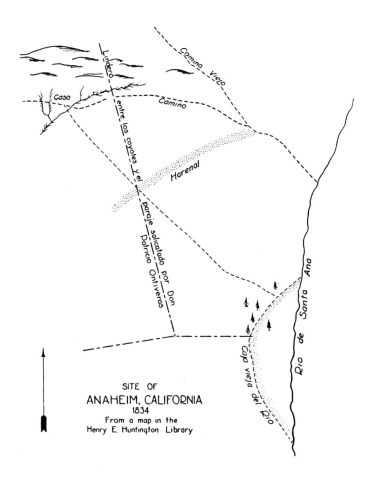

Abb. 3: Gebietsübersicht vor der Siedlungsgründung von Anaheim in der Nähe des Río Santa Ana auf dem Gebiet des Rancho San Juan Cajón de Santa Ana von J.P. Ontiveros, 1834.
Quelle: Raup, H.F.: The German Colonization of Anaheim, California. University of California Publications in Geography, vol.6, No.3. Berkeley 1932.

5   Robinson, W.W. (1955): The Old Spanish & Mexican Ranchos of Orange County. Los Angeles.

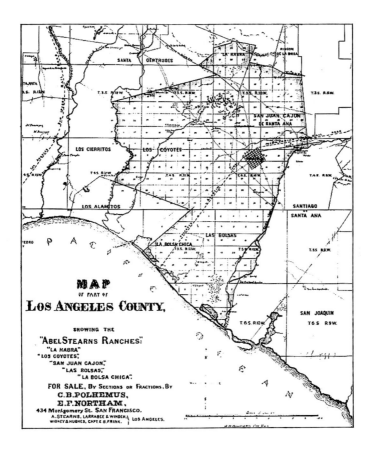

Abb. 4: Die Lage von Anaheim im County Los Angeles vor der Entstehung von Orange County. Der Kartenausschnitt zeigt das Gebiet der Abel Stearns Ranches, die 1868 zum Verkauf angeboten wurden.
Quelle: Robinson, W.W.: Maps of Los Angeles. Los Angeles 1966.

Die eigentliche Amerikanisierung Südkaliforniens vollzog sich nach Starr in vier Phasen.[6] In dem Zeitabschnitt, der unmittelbar auf die Annexion folgte, blieben die mexikanischen Californios als führende Elite „fest im Sattel", teilten aber ihre Vorherrschaft mit einigen zugewanderten alten „Americanos" wie den Landeigentümern Abel Stearns oder William Wolfskill, die schon vor der Eroberung ins südliche Kalifornien gekommen waren. Zu Beginn der 60er Jahre, als das Land eine Dürreperiode erlebte, und die ehrwürdigen „Señores" nicht fähig waren, den Geschäftssinn und -stil auf Yankee-Art zu pflegen und zu betreiben, fand die Führungsphase der alteingesessenen und angesehenen Eliten allmählich ein Ende, denn nun griffen die Amerikaner wirklich auf den „schlummernden Landschatz" zu und

6   Starr (1985), p. 15.

übernahmen durch Kauf viele ehemalige mexikanische „land grants".[7] Vor allem in der Umgebung von Los Angeles begann man, im folgenden Dezennium diesen Grundbesitz für private Wohnzwecke aufzuteilen, dessen Bebauung zu Ausgangszellen künftiger Städte und Gemeinden wurde. Los Angeles selbst wandelte sich in diesen Jahren zu einer amerikanischen Stadt, in der die Adobe-Bauweise von Ziegel- und Holzkonstruktionen verdrängt wurde und neben anderen einschneidenden Veränderungen z.B. die erste Spur für eine Pferdebahn gelegt wurde. Während derartige Fortschritte für die traditionelle Ranchero-Herrschaft den endgültigen Untergang bedeuteten, zeigten diese Ereignisse auf der anderen Seite den Beginn einer ganz anderen Kultur an, für die das Entstehen von Anaheim als eines der außergewöhnlichen Siedlungsexperimente in Südkalifornien gelten kann.

Gedanke und Ansporn für ein solches Wagnis kamen allerdings aus dem Norden, aus San Francisco. Dort hatten sich einige deutsche Immigranten, die von Hause aus Musiker waren, zu Geschäftspartnern und einem Freundeskreis zusammengefunden, von denen zwei, John Fröhling und Charles Kohler, eine gut gehende Spirituosenhandlung führten.[8] Sie besaßen außerdem einen eigenen Weingarten und eine Kelterei in Los Angeles und kauften regelmäßig die Ernten anderer Winzer zur Wein- und Brandyherstellung auf.[9] Um davon unabhängiger zu werden, soll auf einem gemeinsamen Ausflug mehrerer Freunde die Idee geboren worden sein, eine eigene Weinkultur im südlichen Kalifornien aufzubauen.[10] Da das Vorhaben aber ein größeres Ausmaß annehmen sollte, dachte man daran, es auf die Schultern einer Gruppe von Personen zu verteilen und eine Art Gesellschaft zu bilden. Im Februar 1857 wurden die ersten Schritte in diese Richtung unternommen, indem man per Versammlung eine Organisation gründete, die den Namen Los Angeles Weingarten Verein (Los Angeles Vineyard Society) erhielt und als Anteilsgenossenschaft fungierte. Nachdem sich zunächst nur eine kleine informierte Gruppe getroffen hatte, fand man sich in San Francisco am 27. und 28. Febr. 1857 zu einer Generalversammlung zusammen, auf der eine Vereinssatzung beschlossen wurde, und sogleich 27 Anteile zu 250 Dollar veräußert wurden (Abb. 5). Zehn Prozent des Preises, also $ 25, waren an Ort und Stelle zu bezahlen, was die meisten Anwesenden allerdings nicht dazu bewog, mehr als einen Anteil zu erwerben (Abb. 6).[11] Die erste Summe, die in die Gemeinschaftskasse floß, belief sich damit auf 675 Dollar. Nach diesem Tagungsordnungspunkt ging man daran, den Präsidenten und andere Amtsinhaber

---

7   Einzelne Familien eigneten sich riesigen Landbesitz an. Beispielsweise Senator George Hearst 240 000 ac in den Counties San Obispo und Monterey. Heinrich Kereiser (Henry Miller), ein deutscher Fleischer und der Elsässer Charles Lux erwarben allein im San Joaquin Valley über 700 000 ac. Starr (1985), p. 39.
8   Fröhling war Flötist, C. Kohler Geiger und John F. Benter Tenor. Friis (1983), p. XIII.
9   Der bereits erwähnte William Wolfskill besaß ein solches bekanntes Weingut nahe der Stadt. Nach Raup, H.F. (1945): Anaheim: A German Community of Frontier California. The American-German Review, vol. XII, No. 2, p. 7–11.
10   Laut Friis (1983), p. XIII gipfelte dieser Gedanke in dem Ausruf: „...let us build an altar to Bacchus ..."!
11   In einem täuschten sich die Anteilsinhaber, denn die 250 Dollar waren kein Endpreis, sondern stiegen im Lauf der Zeit auf 1 600 Dollar. Friis (1983), p. 17.

zu wählen, und auf einem weiteren Treffen im März konstituierte sich das wichtige Finanzkomitee.[12] Noch im Anfangsstadium des Unternehmens hatte der Österreicher George Hansen von dem Vorhaben erfahren und sein Beteiligungsinteresse bekundet. Er selbst war 1853 nach Los Angeles gekommen und hatte sich dort als erfolgreicher Landvermesser einen Namen gemacht. Nicht allein wegen seiner Ingenieurfähigkeiten war er von John Fröhling in der Siedlungsangelegenheit angesprochen worden, sondern auch wegen seiner guten Landeskenntnisse, die er sich durch seine Arbeit im südlichen Kalifornien erworben hatte.

Inzwischen war der Verkauf von Anteilen vor allem an Deutschstämmige aus San Francisco weitergegangen, aber bereits zu diesem frühen Zeitpunkt gelangten „Aktien" durch raschen Weiterverkauf in andere Hände. Während dies geschah, war Hansen nach Südkalifornien zurückgekehrt, um ein passendes Landstück ausfindig zu machen. Nachdem mehrere Anläufe fehlgeschlagen waren, stattete er dem ihm bekannten Ranchero Juan Pacifico Ontiveros und dessen Schwiegersohn August Langenberger am Santa Ana River einen Besuch ab (Abb. 7 u. 8). Das Land, das ihm dort zum Kauf angeboten wurde, hielt er für gut geeignet und nachdem Kohler ihn darin bestärkt hatte, ging man daran, den Kauf vorzubereiten.[13] Schließlich erwarb die Gesellschaft am 12. Sept. 1857 per Vertrag 1 165 ac zu 2 333 Dollar, was einen Kaufpreis von rund 2 Dollar pro ac ausmachte (Abb. 9 u. 10). Den Vorteil beim Erwerb des Grund und Bodens sahen sie darin, daß ein leicht ansteigender Landrücken das Gelände durchzog, dessen natürliche Neigung für die Anlage der Bewässerungsgräben ausgenutzt werden konnte. Parallel zu diesem Rücken wurden die äußeren Stadtgrenzen mit North und South Street festgelegt, während die East und West Street das rechteckige Stadtviereck in die anderen Richtungen hin begrenzten. In dieser Anpassung ist auch der Grund zu sehen, warum das Straßennetz nicht streng nach den Kardinalrichtungen ausgelegt ist. Nach Lage und Größe zeigten sich aber doch Nachteile, die darin lagen, daß der Grundbesitz nicht bis an den Santa Ana River reichte und damit die notwendige Wasserzufuhr erschwerte. Ein Teil des vorgesehenen Kanals konnte zwar über den Ontiveros Grund geführt werden, um aber an einen bestimmten Punkt des Flusses heranzukommen, mußte ein Stück fremden Bodens überquert werden. Deshalb wurde ein zweiter Vertrag (12.9.) notwendig, mit dem vor allem das Wegerecht gesichert werden mußte ($10), das Bernardo Yorba J.P. Ontiveros bereits am 1.9. vertraglich zugesagt hatte. Nun konnte der Hauptkanal über das Yorba-Land (Rancho San Antonio) geführt werden, und gleichzeitig wurde auch das Recht festgeschrieben, aus dem Flußlauf soviel Wasser zu entnehmen, wie zur Bewässerung der neuen Kolonie für notwendig gehalten wurde.

---

12 Zu den näheren prozeduralen Einzelheiten und zahlreichen Mitgliedernamen s. Friis (1983), p. 15–21. Die unterschiedlichsten Berufe waren unter ihnen vertreten. So z. B. ein Uhrmacher, ein Hufschmied, Lehrer, Buchbinder, Müller, Schuhmacher, ein Poet, Musiker u.a.. Armor, S. (1921): History of Orange County, California with Biographical Sketches of the Leading Men and Women of the County … Los Angeles, p. 53.

13 Die Entfernung von Los Angeles betrug etwa 25 bis 28 Meilen in südöstlicher Richtung. Direkt zur Küste waren es etwa 12 Meilen und nach San Pedro, dem nächsten Hafen, 25 Meilen.

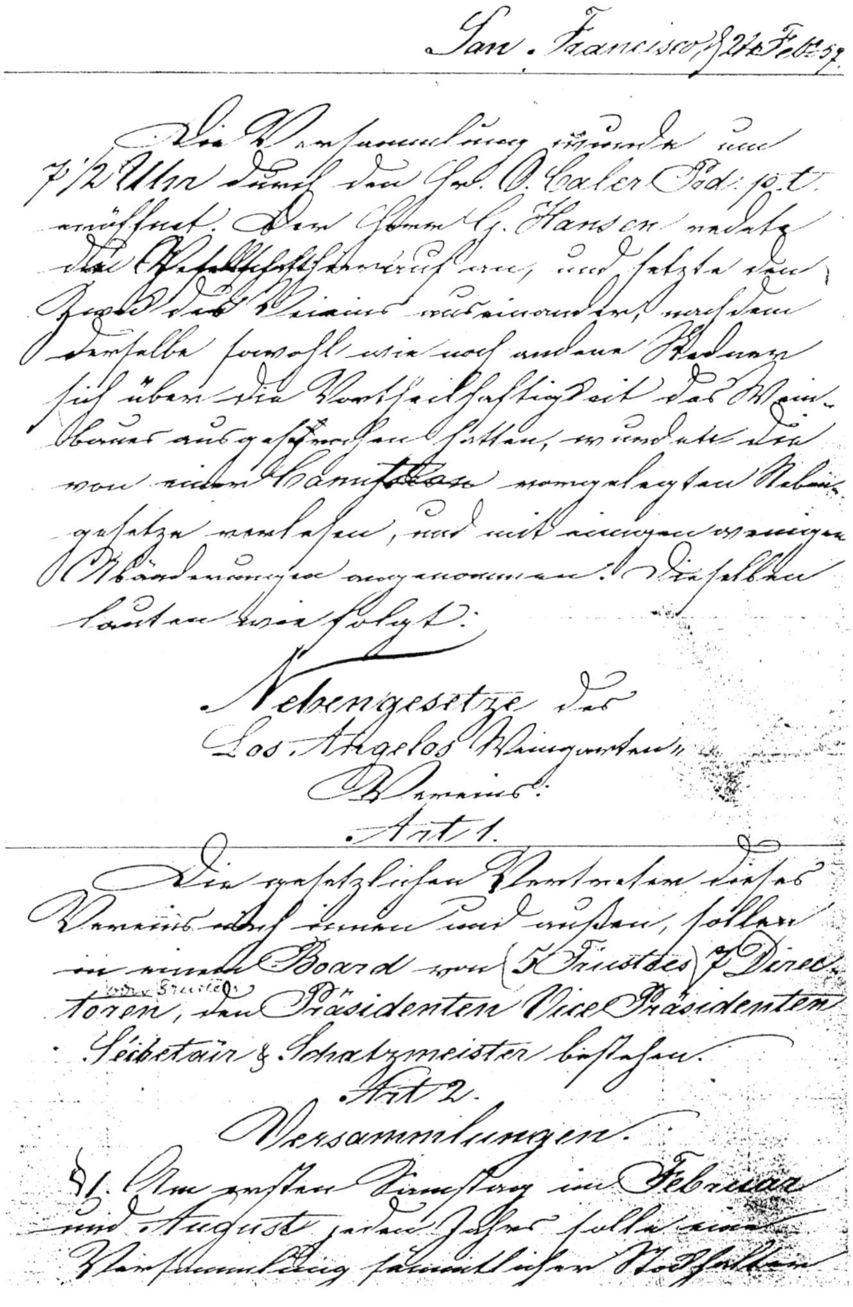

San Francisco 24 Feb 57

Die Versammlung wurde um 7 1/2 Uhr durch den Hr. O. Kaler Präs: p.t. eröffnet. Der Herr G. Hansen machte den [illegible] und setzte den Zweck des Vereins auseinander, nachdem derselbe sowohl wie noch andere Redner sich über die Vortheilhaftigkeit des Weinbaues ausgesprochen hatten, wurden die von dem Comité vorgelegten Nebengesetze verlesen, und mit einigen Veränderungen angenommen. Dieselben lauten wie folgt:

Nebengesetze des Los Angelos Weingarten Vereins.

Art 1.

Die gesetzlichen Vertreter dieses Vereins [illegible] innen und außen, sollen in einem Board von (5 Trustees) 7 Directoren, dem Präsidenten Vice Präsidenten Secretair & Schatzmeister bestehen.

Art 2.

Versammlungen.

§1. Am ersten Dienstag im Februar und August jeden Jahres solle eine Versammlung sämmtlicher [illegible]

Abb. 5: Auszug aus dem Protokoll des Gründungstreffens des Los Angeles Weingarten Vereins (Los Angeles Vineyard Society) vom 27. Feb. 1857 in deutscher Sprache.
Quelle: Los Angeles Vineyard Society February 24, 1857 to May 2, 1870.
Anaheim History Room, Anaheim Public Library.

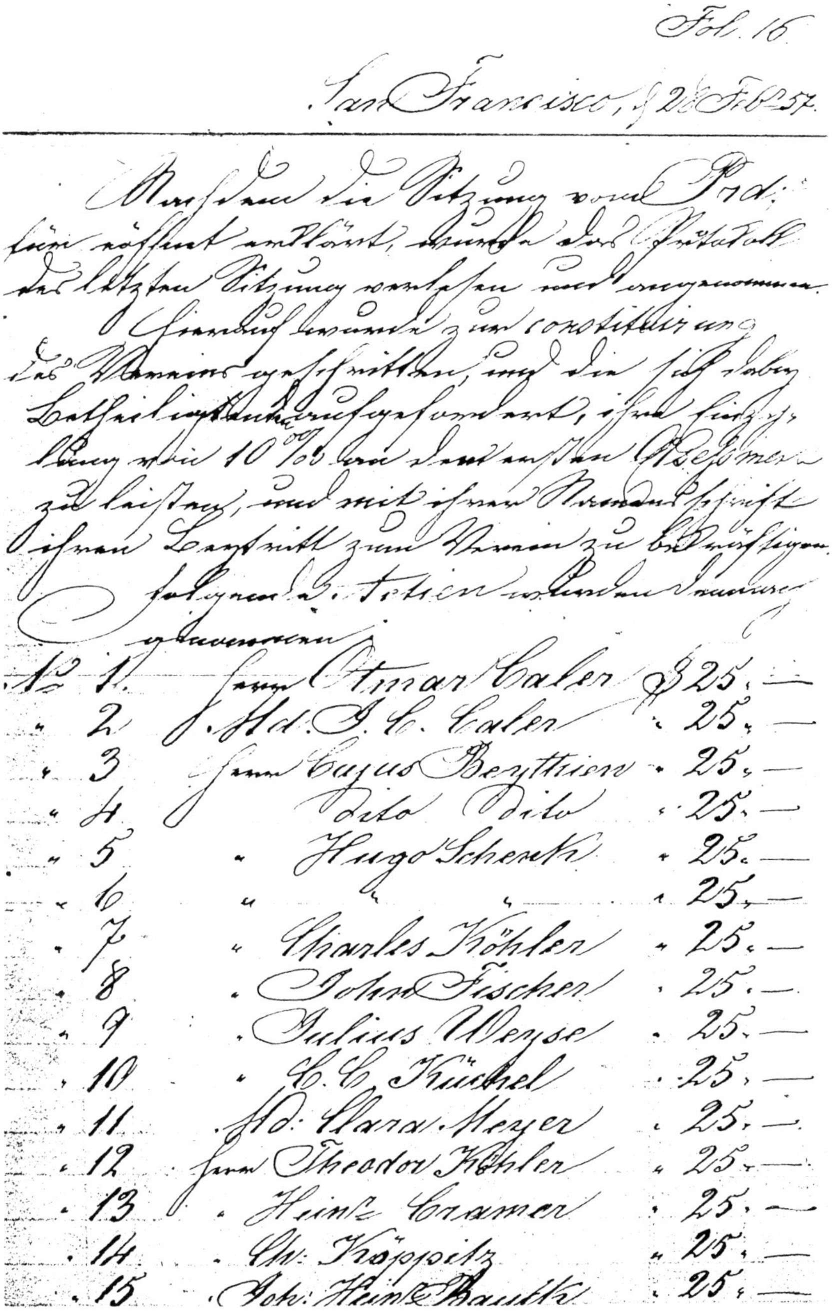

Abb. 6: Auszug aus dem Protokoll vom 28. Febr. 1857 in deutscher Sprache mit der Namenliste der Käufer der Gesellschaftsanteile zu 10% des Anteilwertes ($ 25).
Quelle: Los Angeles Vineyard Society February 24, 1857 to May 2, 1870.
Anaheim History Room, Anaheim Public Library.

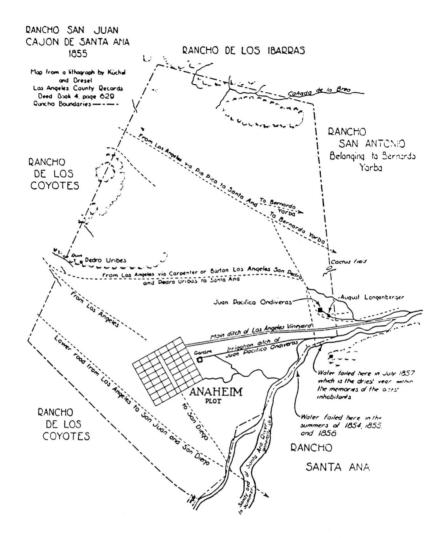

Abb. 7: Eine Lageskizze Anaheims (nach dem Originalplan) in der Nähe des Río Santa Ana auf dem Gebiet des Rancho San Juan Cajón de Santa Ana mit dem Hauptbewässerungskanal (1855).
Quelle: Raup, H.F.: The German Colonization of Anaheim, California. University of California Publications in Geography, vol.6, No.3. Berkeley 1932.

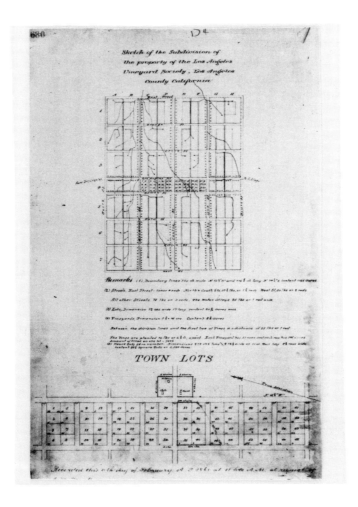

Abb. 8: Der Ortsplan von Anaheim mit den Feldeinteilungen für den Weinbau, den Bewässerungsgräben sowie die Aufteilung der Hausgrundstücke, um 1858.
Quelle: Robinson, W.W.: Maps of Los Angeles. Los Angeles 1966.

Die Bodengüte war von Hansen ebenfalls günstig eingeschätzt worden, weil der
Alluvialfächer größtenteils aus feinsandigem bis sandigem Lehm aufgebaut war und
gemischt mit organischem Material gute Ergebnisse für den Gartenbau erwarten
ließ. Bis zu diesem Zeitpunkt war es noch nicht gelungen, die Weinbaugesellschaft
endgültig registrieren zu lassen, da aber der Kauf rasch abgeschlossen werden sollte, streckten Hansen und Fröhling den Betrag aus eigener Tasche vor. Die Laufzeit
der Gesellschaft war bis zum Frühjahr 1860 (1. Mai) vorgesehen und der Kapital-
stock belief sich nun auf 37 500 Dollar, an dem 50 Siedler beteiligt waren, deren
Anteile pro Mitglied auf beträchtliche 750 Dollar gestiegen waren.

I. R. S. $

Juan Pacifico Ontiveras
and Martina Osuna
his wife
of Los Angeles Co Cal

Deed _____ Deed _____
Dated 12th of September 1857
Book 3 Page 725 of Deeds.
Consideration _____ $2333.00

part of first part

— TO —

John Frohling
and George Hansen
of same County

party of second part

Words of Grant : Grant, bargain, sell, alien, remise, release, convey'd Confirm
Estate Granted : All

the real property hereinafter described
Words of Sep. Estate :
Description : Situate in _____ the _____ County of Los Angeles,
State of California, bounded and described as follows : and being a part and portion of
a certain larger tract of land lying and being in the County
aforesaid and known as the San Juan y Cajon de Santa Ana
and bounded and described as follows to wit: Commencing
at a point on said Rancho where there is a Stake and which
stake is nine chains and fifty links South 70½° West of the
western corner of a small garden belonging to said Ontiveras and is situate about three and one quarter miles westerly of the House now occupied by said Ontiveras and
running thence (that is to say) from said point North 15½°
West forty two chains ; thence South 74½° West one hundred and sixteen chains and fifty links : thence South 15½° East
One hundred chains ; thence North 74½° East One hundred
and sixteen chains and fifty links : thence North 15½° West fifty
eight chains to the place of beginning and containing in all
eleven hundred and sixty five acres of land, _____
Also the right of way in and over a strip of land 12 varas wide
running through the said Rancho of San Juan Cajon de
Santa Ana, for the purpose of making a ditch of capacity sufficient to irrigate the said piece or parcel of land etc
Also the privilege of using so much of the water
from the Santa Ana river as pertains to the said Rancho for
the purpose of irrigating the same, by virtue of the grant of
said Rancho by the former Mexican Authorities etc etc

Abb. 9: Ausschnitt aus dem Landkaufvertrag vom 12. Sept. 1857 zwischen J. Fröhling, G. Hansen
und J.P. Ontiveros mit Frau.
Quelle: Abstract of Title of That Certain Real Property in the Town of Anaheim, County of Los
Angeles, State of California…
Anaheim History Room, Anaheim Public Library.

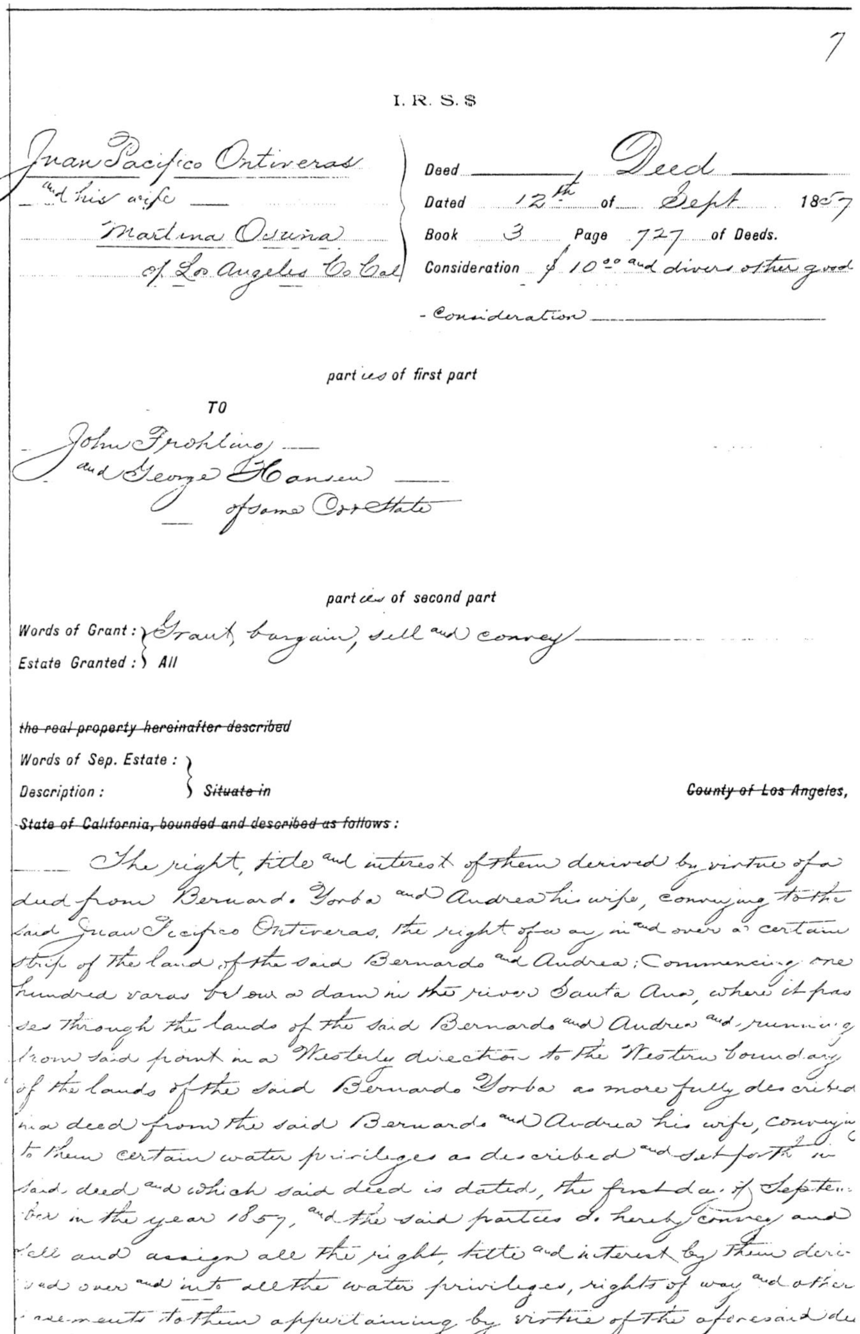

I. R. S. $

Juan Pacifico Ontiveras	Deed _____ Deed _____
and his wife	Dated 12th of Sept 1857
Martina Osuña	Book 3 Page 727 of Deeds.
of Los Angeles Co Cal	Consideration $10.00 and divers other good
	- Consideration _____

parties of first part

TO

Juan Frohling
and George Hansen
of same Co & State

parties of second part

Words of Grant : } Grant, bargain, sell and convey

Estate Granted : } All

the real property hereinafter described

Words of Sep. Estate : }

Description : } Situate in ~~County of Los Angeles,~~

~~State of California, bounded and described as follows :~~

_____ The right, title and interest of them derived by virtue of a deed from Bernardo Yorba and Andrea his wife, conveying to the said Juan Pacifico Ontiveras, the right of a way in and over a certain strip of the land of the said Bernardo and Andrea; Commencing one hundred varas below a dam in the river Santa Ana, where it passes through the lands of the said Bernardo and Andrea and running from said point in a Westerly direction to the Western boundary of the lands of the said Bernardo Yorba as more fully described in a deed from the said Bernardo and Andrea his wife, conveying to them certain water privileges as described and set forth in said deed and which said deed is dated, the first day of September in the year 1857, and the said parties do hereby convey and sell and assign all the right, title and interest by them derived over and into all the water privileges, rights of way and other easements to them appertaining by virtue of the aforesaid deed of the said Bernardo Yorba and Andrea his wife unto the said parties of the second part their heirs and assigns forever.

Abb. 10: Ausschnitt aus dem Vertrag zur Überlassung von Wege- und Wasserrechten vom 12. Sept. 1857 zwischen J. Fröhling, G. Hansen und J.P. Onitveros mit Frau.
Quelle: Abstract of Title of That Certain Real Property in the Town of Anaheim, County of Los Angeles, State of California…
Anaheim History Room, Anheim Public Library.

Abb. 11: George Hansen, Landvermesser und Ingenieur, der den Plan von Anaheim mit seiner Landaufteilung entwarf und das Bewässerungssystem plante.
Quelle: Anaheim History Room, Anaheim Public Library.

Noch waren längst keine Siedler eingetroffen, da hatte es sich auf den umliegenden
Ranchos und der dort arbeitenden mexikanisch-indianischen Bevölkerung schon
herumgesprochen, an wen das Land veräußert worden war. Fremde Deutsche hatten
das Gelände erworben, wodurch das Gelände des künftigen Anaheims eine neue
Identität erhielt, die sich in der volkstümlichen Bezeichnung Campo Alemán niederschlug und den Ort unter diesem Namen in der ganzen Gegend bekannt machte.
Auch in der breiten Öffentlichkeit fand die Koloniegründung Interesse, die im Los
Angeles Star und anderen Organen mit positiven und unterstützenden Berichten
begleitet wurde.[14] Hervorgehoben wurde immer wieder die planmäßige und sorg-
fältige Vorgehensweise, an der insbesondere Hansen (Abb. 11) seinen Anteil hatte.
Er entwarf nicht nur den Plan für die Landaufteilung, sondern brachte auch seine

14   z.B. am 19.9.1857 und am 30.1.1858 im Los Angeles Star. Friis (1983), p. 26 u. 35.

Kenntnisse als Geometer und Ingenieur für die Anlage des Bewässerungssystems ein. Sein Entwurf des Kolonieplanes sah als Grundmuster 64 kleinere Hausgrundstücke (zu etwa ½ ac) im Zentrum vor und 50 Parzellen zu 20 ac als Anbauflächen, die im Rechteck um den Ortskern plaziert waren (Abb. 12). Hansen verfuhr dabei nach heimatlichem Vorbild, indem er einen zentralen Wohnort plante, von dem aus die Farmer die umliegenden Gärten und Felder zur Arbeit aufsuchen sollten.

WEST ST.	CITRON ST.	PALM ST.	LEMON ST.	LOS ANGELES ST.	OLIVE ST.	ORANGE ST.	EAST ST.	
								NORTH ST.
A 7 E. Wenzel Hausgrundstück 18	**A 6** C.S. Rust Hausgrundstück 48	**A 5** J.R. Vineyard Hausgrundstück 6	**A 4** C.F. Sholl Hausgrundstück 8	**A 3** H. Bremermann Hausgrundstück 2	**A 2** A. Hoelscher Hausgrundstück 49	**A 1** H. Himmelmann Hausgrundstück 53		
B 7 P. Hammes Hausgrundstück 41	**B 6** C.S. Rust Hausgrundstück 61	**B 5** C.C. Kuchel Hausgrundstück 42	**B 4** C.F. Sholl Hausgrundstück 8	**B 3** H. Muse Hausgrundstück 24	**B 2** C. Rehm Hausgrundstück 28	**B 1** H. Schenk Hausgrundstück 39		SYCAMORE ST.
C 7 C. Mossemann Hausgrundstück 16	**C 6** A. Himmelmann Hausgrundstück 37	**C 5** C. Schmidt Hausgrundstück 58	4 3 2 1 / 8 7 6 5 / 12 11 10 9 / 16 15 14 13	**C 3** J. Keller Hausgrundstück 1	**C 2** J.F. Rooch Hausgrundstück 43	**C 1** H. Cramer Hausgrundstück 27		
D 7 C. Mossemann Hausgrundstück 23	**D 6** J.S. Hittell Hausgrundstück 19	**D 5** C. Schmidt Hausgrundstück 47	20 18 19 17 / 24 23 22 21 / 28 27 26 25 / 32 31 30 29	**D 3** C. Kuchel Hausgrundstück 59	**D 2** J.F. Rooch Hausgrundstück 5	**D 1** H. und C. Kroeger Hausgrundstück 21		CENTER ST.
E 7 H. Padderatz Hausgrundstück 45	**E 6** J. Fischer Hausgrundstück 25	**E 5** E. Neuhaus Hausgrundstück 44	36 35 34 32 / 40 39 38 37 / 44 43 42 41 / 48 47 46 45	**E 3** J.M. Metz Hausgrundstück 63	**E 2** R. Luedke Hausgrundstück 60	**E 1** J. Zeyn Hausgrundstück 32		
F 7 F. Sturenberg Hausgrundstück 12	**F 6** C. von Guelpen Hausgrundstück 4	**F 5** L. Jaszynsky Hausgrundstück 9	52 31 50 49 / 56 55 54 53 / 60 59 58 57 / 64 63 62 61	**F 3** A. Humboldt Hausgrundstück 38	**F 2** R. Luedke Hausgrundstück 52	**F 1** H. Schenk Hausgrundstück 13		BROADWAY
G 7 J. und H. Boege Hausgrundstück 62	**G 6** H. und C. Kroeger Hausgrundstück 54	**G 5** G. Hansen Hausgrundstück 17	**G 4** C.H. Sholl Hausgrundstück 22	**G 3** C. Beythien Hausgrundstück 40	**G 2** J. Hartmann und T. Reiser Hausgrundstück 7	**G 1** C. Poppe Hausgrundstück 56		SANTA ANA ST.
H 7 H. Werder Hausgrundstück 57	**H 6** J. Bach Hausgrundstück 26	**H 5** F. Bachmann Hausgrundstück 3	**H 4** C.H. Sholl Hausgrundstück 22	**H 3** C. Beythien Hausgrundstück 64	**H 2** F.W. Kuelp Hausgrundstück 20	**H 1** J. Andres Hausgrundstück 46		SOUTH ST.

Abb. 12: Der Grundplan von Anaheim mit dem Eigentümerverzeichnis der Feldparzellen und Hausgrundstücke in der Planmitte, um 1859. 43 Namen treten als Eigentümer von 50 Hausparzellen auf. (Insgesamt sind es 64, aber einige waren zu diesem Zeitpunkt noch nicht vergeben.)
Quelle: Anaheim History Room, Anaheim Public Library.

Bald zeigte es sich, daß nicht alle Genossenschaftsmitglieder damit einverstanden waren. Sie schlugen deshalb vor, auch die Wohngrundstücke im Ort als Landwirtschaftsflächen unter ihnen zu verlosen. Der Grund dafür lag einfach darin, daß sie ihre Häuser lieber auf dem eigenen, großen Feldgrundstück errichten wollten, um die landwirtschaftlichen Arbeiten und Kulturen besser beaufsichtigen zu können und in freier Umgebung zu leben (Abb. 13). Letztlich blieben dadurch im Stadtinneren nur 14 Parzellen erhalten, die öffentlichen Aufgaben dienen sollten. Für den

Eintritt oder das Verlassen der Kolonie waren in der gepflanzten, grünen „Mauer"
vier Tore ausgespart. An der North Street lag das Tor mit dem Namen Los Angeles
Gate und gegenüber im Süden das San Diego Gate, während man in der Mitte der
West Street das San Pedro Gate in Richtung Pacific durchschritt und gegen Osten
durch das Yorba Gate zum Rancho gleichen Namens und weiter nach San Bernardino gelangte. Auf das Ortszentrum zu liefen die Los Angeles Street (N-S) und die
Center Street (W-O) und bildeten damit sowohl die geschäftsmäßig wichtigste Stra-
ßenkreuzung wie die grundlegende, achsiale Strukturform der gesamten Anlage (Abb.
14 u. 15).

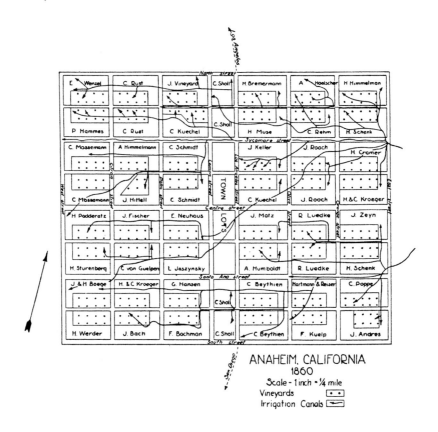

Abb. 13: Landnutzung und Anlage der Bewässerungskanäle in Anaheim, 1860.
Quelle: Raup, H.F.: The German Colonization of Anaheim, California. University of California Publications in Geography, vol.6, No.3. Berkeley 1932.

In der Genossenschaft hatte man sich für die Vergabe der Weinbauparzellen ein besonderes Losverfahren überlegt, das einen möglichst gerechten Verteilungsmodus gewährleisten sollte. Zunächst wurde der Wert jedes Grundstückes taxiert und dann ein allgemeines Losverfahren durchgeführt. Fiel dabei das Los eines Mitgliedes auf ein Grundstück, das durch Lage oder Bodengüte mehr wert war als 1 400 Dollar, mußte der Begünstigte den Differenzbetrag bis zu einem festgelegten Termin in einen Ausgleichsfonds einzahlen. Umgekehrt galt die Regelung, daß derjenige Farmer, der ein geringerwertiges Landstück gezogen hatte, aus dem gleichen Fundus den Unterschiedsbetrag ausbezahlt erhielt, und niemandem wurde die Eigentumsurkunde ausgehändigt, bevor nicht dieser Ausgleich vollzogen war, worüber die Treuhändergruppe sorgfältig wachte.

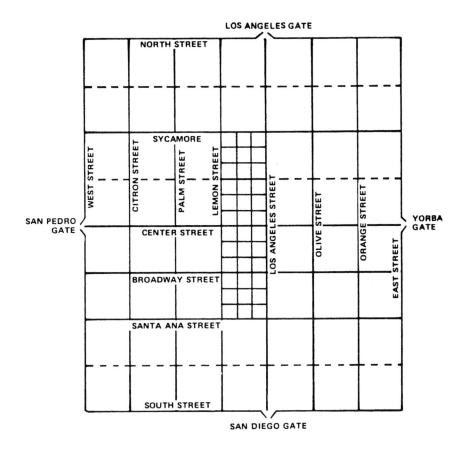

Abb. 14: Übersicht über die Straßen- und Tornamen im alten Anaheim. (Center Street ist jetzt Lincoln Avenue und Los Angeles Street wurde zum Anaheim Boulevard).
Quelle: Zapala, M.: Grapes to Greatness. o.O. 1976.

Abb. 15: Die Glocke mit Erinnerungsplakette am Straßenrand des Anaheim Boulevard (früher Los Angeles Street) markiert heute das ehemalige, nördliche Los Angeles Gate.
Eigene Aufnahme, Juni 1994.

Eine ganze Reihe deutscher Grundbesitzer ließ sich niemals als Bürger in Anaheim nieder, sondern blieb abwesende Eigentümer, die ihr Land spekulativ zurückhielten, verpachteten oder später verkauften.[15] Dagegen trafen die ersten Siedlerfamilien, die wirklich die Absicht hatten, seßhaft zu werden, am 12. Sept. 1859 von San Francisco kommend in Anaheim ein. Es waren die Familien Hammes und Rehm und es heißt, daß sie beim ersten Anblick der landschaftlichen Öde, der staubigen Wege,

---

15 Friis (1983), p. 43–49. Nach Raup gingen 40% des Anteilbestandes in den ersten fünf Jahren der Existenz von Anaheim in andere Hände über. Raup (1945), p. 8.

geduckter Adobe-Gebäude und der wenigen neu gebauten Häuser enttäuscht waren. Eines dieser ganz frühen, auf Hoffnung gebauten Siedlerheime, gehörte George Hansen, das von ihm wahrscheinlich schon gegen Ende des Jahres 1857 errichtet worden war (Abb. 16).[16] Etwas, das äußerlich nicht in Erscheinung trat und von den Neuankömmlingen auch nicht direkt gesehen werden konnte, steckte in der Kostenrechnung für den Kolonieaufbau von 1857 bis 1859. Sie belief sich auf die erhebliche Summe von insgesamt etwa 60 000 Dollar, die jedoch nach allgemeiner Meinung verheißungsvoll angelegt war und eine ertragreiche Zukunft erwarten ließ. Darauf baute man und versuchte trotz aller Belastungen noch im gleichen Jahr eine Schule einzurichten, doch verzögerte sich der Unterrichtsbeginn eine ganze Weile, weil so rasch weder ein Lehrer gefunden werden konnte, noch ein geeignetes Schulgebäude vorhanden war.

Abb. 16: Das sog. Pioneer House der Mother Colony von 1857 in der West St., das von G. Hansen als Wohnhaus errichtet worden sein soll.
Eigene Aufnahme, Juni 1994.

16 Der Standort war das Hausgrundstück Nr. 17 an der Los Angeles Street, am heutigen North Anaheim Boulevard 235. Nach Friis (1983), p. 51.

Abb. 17: Grabstein der Ruhestätte A. Krebs auf dem Friedhof Anaheims mit deutscher Inschrift.
Eigene Aufnahme, Juni 1994.

Unter Hansens Regie und Leitung entstanden auch die Bewässerungsanlagen. Dafür mußte zunächst ein etwa fünf Meilen langer Hauptkanal von drei Fuß Tiefe und
elf Fuß Breite von der Wasserentnahmestelle am Santa Ana River bis zur Sycamore
Street ausgehoben werden. An dieser Stelle am Rande des Ortes verzweigte sich der
Hauptarm in mehrere schmale Kanäle, die das Wasser unter Ausnutzung des natür-
lichen Gefälles zu den Feldparzellen leiteten. Zu Anfang des Jahres 1859 verrichte-
ten einige wenige Deutsche zusammen mit etwa 60 Mexikanern und Indianern, die
in der Umgebung angeheuert wurden oder aus Sonora gekommen waren, die Erd-
und Pflanzarbeiten, für die ungefähr 300 Dollar an wöchentlichen Lohnkosten an-

fielen.[17] Alle Kanäle und Wasserrechte gehörten der Vineyard Society, die sich aber nach ihrer eigenen Satzung 1860 auflösen sollte. Es war daher unumgänglich, eine neue Gesellschaft zur Wasserversorgung einzurichten, die noch 1859 unter dem Namen Anaheim Water Company Inc. gegründet wurde (Abb. 18). Ihre Aufgabe bestand darin, gegen Gebühren, Wasser für verschiedene Zwecke bereitzustellen, wofür sie mit einem Anfangskapital von 20 000 Dollar ausgestattet wurde. Zunächst konnten die Unregelmäßigkeiten in der Versorgung damit nicht völlig behoben werden, weshalb die Einwohner mehr und mehr dazu übergingen, zur Eigenversorgung Windräder aufzustellen, die das kostbare Naß aus dem Grundwasser förderten.[18] Im Laufe der Zeit hatte es sich nämlich herausgestellt, daß das von Hansen entworfene und gebaute System unter normalen Gegebenheiten recht gut funktionierte, aber unter extremen Bedingungen wie starken Winterregen oder sommerlichen Trockenperioden (Tab. 1) weder die Fluten kontrollieren noch die benötigten Wassermengen herantransportieren konnte. So zeigte sich der Kanal an vielen Stellen undicht und neigte im Unterlauf zur Versandung, weshalb der angestellte „zanjero" (Aufseher) ständig mit Ausbesserungsarbeiten zu tun hatte.

Tab. 1: Niederschläge in Anaheim von 1879/80 bis 1930/31 in mm

Jahr	Niederschläge
1879–80	347,98
80–81	192,78
81–82	179,32
82–83	131,31
83–84	655,82
84–85	156,46
85–86	376,68
86–87	245,11
87–88	378,71
88–89	393,95
89–90	496,82
90–91	388,36
91–92	197,10
92–93	416,81
93–94	179,83
94–95	400,55
95–96	198,62
96–97	360,42
97–98	135,12
98–99	138,17

17   Nach Friis (1983), p. 38.
18   Bis 1871 wurden die Sitzungsberichte der Anaheim Water Company in deutscher Sprache abgefaßt. Zehn Jahre später sprach so gut wie niemand mehr Deutsch in Anaheim. Raup (1945), p. 10.

99–00	199,13
00–01	329,43
01–02	255,27
02–03	449,32
03–04	188,97
04–05	404,62
05–06	461,01
06–07	482,60
07–08	274,06
08–09	476,25
09–10	302,26
10–11	331,97
11–12	248,66
12–13	252,47
13–14	480,06
14–15	490,72
15–16	562,10
16–17	321,81
17–18	327,66
18–19	283,97
19–20	446,53
20–21	369,06
21–22	449,58
22–23	216,91
23–24	235,71
24–25	184,15
25–26	297,18
26–27	423,41
27–28	308,35
28–29	271,01
29–30	296,92
30–31	255,27

Anm.: Im Jahresdurchschnitt fielen 312,24 mm Niederschläge.
Die mittlere Jahrestemperatur betrug 17, 94°C.
Quelle: H.F. Raup Manuskript, Anaheim History Room,
Anaheim Public Library.

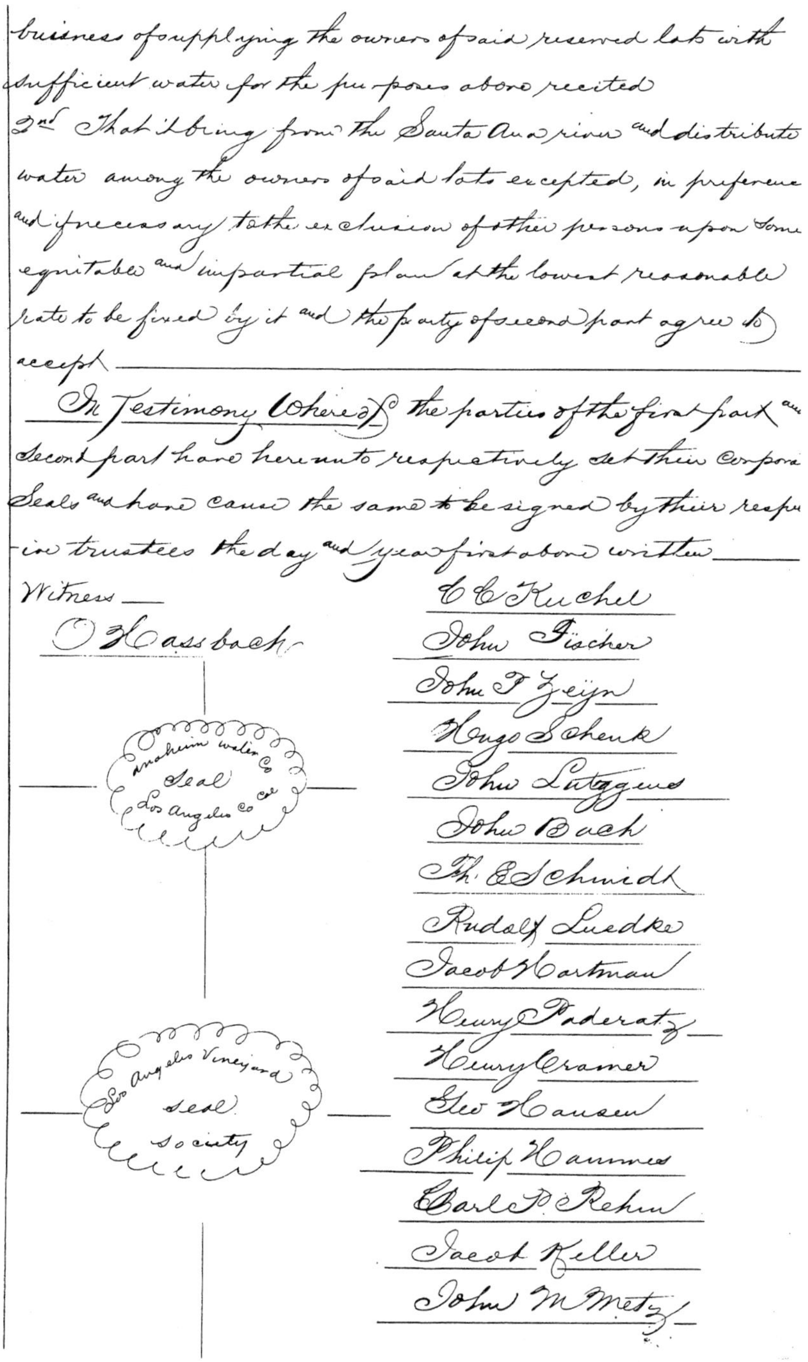

buisnes of supplying the owners of said reserved lots with sufficient water for the pur-poses above recited
2nd That it bring from the Santa Ana river and distribute water among the owners of said lots excepted, in preference and if necessary to the exclusion of other persons upon some equitable and impartial plan at the lowest reasonable rate to be fixed by it and the party of second part agree to accept

In Testimony Whereof the parties of the first part and second part have hereunto respectively set their Corporate Seals and have cause the same to be signed by their respective trustees the day and year first above written

Witness
O Hassbach

C C Kuchel
John Fischer
John F Zeyn
Hugo Schenk
John Lutgens
John Bach
Th. E Schmidt
Rudolf Luedke
Jacob Hartman
Henry Paderatz
Henry Cramer
Geo Hansen
Philip Hammes
Carl P Rehm
Jacob Keller
John M Metz

Abb. 18: Kopie eines Ausschnitts von Zeugenunterschriften im Vertrag vom 2. Jan. 1860, der den Übergang der Wasserrechte von der Los Angeles Vineyard Society zur Anaheim Water Co. besiegelte.
Quelle: Abstract of Title of That Certain Real Property in the Town of Anaheim, County of Los Angeles, State of California…
Anaheim History Room, Anaheim Public Library.

Um die heranwachsenden Kulturen vor dem freilaufenden Vieh der umliegenden Ranchos zu schützen, war beschlossen worden, eine Art Zaun um die ganze Kolonie zu ziehen. Hansen ließ deshalb am Flußufer des Santa Ana frische Weidenpfähle schlagen, die als palisadenartige Pflöcke im Abstand von ca. 1 ½ Fuß gesetzt wurden.[19] Nachdem man sie durch Zweigwerk verstärkt hatte und bewässerte, schlugen sie aus und wuchsen binnen Monaten zu dichten Weidenhecken heran. Der erhoffte Schutz gegen eindringende Tiere war jedoch so mangelhaft, daß Versuche mit abwehrhaften Kaktushecken angestellt wurden. Leider blieb diese Umzäunungsart lückenhaft und wurde zudem so vernachläßigt, daß die wirksame Schadensverhinderung jahrelang ein großes Problem blieb. Selbst als ein bewaffneter Aufseher angestellt wurde, um die Tiere abzuschießen, zeigte das Vorgehen wegen der Ausdehnung des zu bewachenden Geländes nur wenig Wirkung, so daß die Klagen anhielten.

Eine weitere wichtige Entscheidung betraf die Anbauvarietät, die sich in der einheimischen „Mission"-Traube anbot, die als preiswerte, produktive und widerstandsfähige Sorte erprobt war. Ihr Nachteil bestand darin, daß sie keinen Wein hoher Qualität hervorbrachte, weil ihr dafür Säure und Körper fehlte und selbst ein guter Tafelwein konnte daraus nicht gewonnen werden. Immerhin schätzte man sie zur Gewinnung eines weißen Dessertweins und für die Brandy Herstellung. Experimentiert wurde auch mit der europäischen Riesling Traube, doch konnte man sich nicht entschließen, sie in größerem Umfang anzupflanzen. Überhaupt wurden im ersten Anlauf auf jedem Feld nur 8 ac mit Setzlingen bestückt, was im ersten Jahr eine Fläche von 400 ac ausmachte, die jedoch jährlich ausgeweitet wurde, bis 1885 etwa 500 000 Weinstöcke auf den Feldern standen.[20]

Am 1. Mai 1860 war schließlich der Tag gekommen, an dem sich die Vineyard Society auflöste, und man ging nun dazu über, die Anbauwirtschaft individuell, d.h. in den meisten Fällen, familiengeleitet zu betreiben. Die Bearbeitung des Bodens war allerdings weiterhin gemeinschaftlich organisiert und wurde vom gewählten Inspektor beaufsichtigt und mit Hilfe von Aufsehern und angeworbenen Arbeiterkolonnen ausgeführt.

19   Mehrere Quellen sprechen davon, daß etwa 40 000 Weidenpflöcke eingesetzt wurden, und der „Zaun" 5 ½ Meilen lang war. Da die Weiden entlang von Kanälen standen, nahm der Wasserverbrauch mit ihrem Wachstum stetig zu, so daß man andere Einzäunungsversuche unternahm.
20   Man kann annehmen, daß J. Fröhling mit seinen Erfahrungen im Weinbau gegenüber den unerfahrenen Winzern Anbauvorschläge gemacht hat.

1.2 DER AGRARE MARKTORT IN DEN ERSTEN JAHREN: 1860–1874

Anaheim

„And further still toward tropic clime
Looks down on loveley Anaheim,
No fairer scene, by rainbow spanned
Or sweeter grapes hath Fatherland,
Here plenty dwells; and mirth and wine
Are mingled with the songs of Rhine,
And silvery patriarchs recline
Beneath the olive and the vine."

Gedicht von Albert F. Kercheval.[21]

Die meisten Neusiedler, die sich auf das landwirtschaftliche Experiment einließen, waren junge Männer in den besten Jahren, die sich mit ihren Familien eine zukunftsträchtige Existenz aufbauen wollten und mit Entschluß- und Einsatzfreude an ihr Werk herangingen (Abb. 19).

Abb. 19: Wohnhaus und Garten der Familie Strodthoff Ecke Lemon und North St. in Anaheim, gegen Ende der sechziger Jahre.
Quelle: Anaheim History Room, Anaheim Public Library.

21 Rinehart, C.H. (1932): A Study of the Anaheim Community With Special Reference to Its Development. M.A. Thesis, University of Southern California, p. 54.

Tab. 2: Namenliste der Anaheimer Weinbauern 1860

Name	Alter	Geburtsland/ort
Henry Boege	25	Hannover
Henry Bremermann	32	Bremen
Benjamin Dreyfus	37	Bayern
John Fischer	42	Hamburg
Lorenz Guenther	38	Baden
Philipp Hammes	57	Preußen
Julius Hartmann	24	Hamburg
George Hansen	35	Österreich
Frederick Horstmann	28	Hannover
August Humboldt	47	Preußen
Leonard Jander	41	Bayern
Frederick Keller	45	Württemberg
Christian Kroeger	25	Dänemark
George Kuchel	15	Indiana (Sohn von C. Kuchel)
Frederick W. Kuelp	30	Hessen Darmstadt
August Langenberger	35	Lippe
Charles Lorenz	44	Preußen
John M. Metz	45	Bayern
Henry Padderatz	35	Mecklenburg
Charles Rehm	33	Baden
Charles Rust	35	Braunschweig
Christopher Stappenbeck	42	Hannover
Dietrich Strodthoff	21	Hannover
Herman Werder	35	Westfalen
John P. Zeyn	29	Hannover

Quelle: Friis, L.J.: Campo Alemán: The First Ten Years of Anaheim. Santa Ana 1983.

Kurz nach ihrer Ankunft mußten die Siedler (Tab. 2) bereits die beiden ersten schweren Naturgefährdungen durchstehen. Zunächst wurden sie 1862 von einer weiträumigen Überschwemmung überrascht, die 1863 von einer Dürreperiode abgelöst wurde und Anaheim zwei Jahre lang heimsuchte. Waren die Flutschäden schon schwer genug, so verursachte die Trockenheit sowohl in der Kolonie wie unter den Viehzüchtern große Schäden, wobei das kleinere Übel noch darin lag, daß man dem Vieh nicht Herr wurde, das aus Hunger und Durst in die Gärten eindrang und dort große Zerstörungen anrichtete. Die eigentliche Katastrophe vollzog sich auf den umliegenden Ebenen, wo zehntausende Rinder verendeten, weil Flüsse und Gerinne völlig versiegt waren.[22] Damit trug dieses Naturereignis bei, daß die alte Landbesitzerklasse geschwächt und z.T. in den Ruin getrieben wurde, denn zahlreiche Familien mußten aufgrund ihrer Verschuldung Grund und Boden veräußern, der dann oft-

---

22 Bei Friis (1983), p. 84 wird berichtet, daß allein auf den Stearns' Ranchos 50 000 Stück Vieh
    verendet sein sollen.

mals in die Hände von kapitalstarken, nordkalifornischen Immobilieninvestoren fiel, die nichts Wichtigeres und Eiligeres zu tun hatten, als die Anwesen in kleinere Farmeinheiten aufzuteilen und für 2 bis 10 Dollar pro ac weiterzuverkaufen.

Im Sommer 1864 war der Santa Ana Fluß soweit gesunken, daß für Anaheims Bewässerungssystem immer weniger Wasser zur Verfügung stand. Als die Gefahr echter Wasserknappheit bedrohlicher wurde, beschlossen die Trustees der Wasserwerke, einen zusätzlichen Graben ausheben zu lassen, um den Fluß an einer höher gelegenen Stelle zu erreichen, wo eine ganzjährige Wasserführung erwartet werden konnte. Der „zanjero", die Aufsichtsperson über das Kanalsystem (Abb. 20), wurde mit den Leitungs- und Durchführungsarbeiten beauftragt, während die anfallenden Kosten von den Aktionären getragen wurden. Mit der Fortdauer des heißen Wetters richteten sich nun alle Hoffnungen auf den neuen Anschluß, der gegen Ende Juli fertiggestellt war. Doch zur großen Enttäuschung stellte man fest, daß er ebenfalls nur unzureichende Wassermengen liefern konnte. Als Gewitterregen Teile des gerade geschaffenen Kanals zerstörten, und die Dürre weiter andauerte, fing die Solidarität der Weinbauern zu bröckeln an. Erst Ende Oktober kam es zu einem neuen Anlauf, der mit der Bereitstellung von 1 000 Dollar Arbeiten für einen Einlaß in Gang setzte, der noch weiter flußaufwärts lag und die Wasserzufuhr endgültig und zuverläßig sichern helfen sollte. Das scheint in der Tat erreicht worden zu sein, da die Erörterungen der Schwierigkeiten in der Gemeinde und die negativen Berichte der Wasserwerke ein Ende hatten.

Abb. 20: „Zanjero"-Aufsicht an einem, mit Weiden bepflanzten, Bewässerungskanal an der Placentia Ave. im Norden von Anaheim in den siebziger Jahren.
Quelle: Anaheim History Room, Anaheim Public Library.

Trotz aller Befürchtungen der Winzer hatten die Trockenjahre für die Weinproduktion kaum negative Folgen. Wahrscheinlich waren es die Ausbesserungsarbeiten und die neu angelegten Kanalstücke, mit denen der Krise einigermaßen begegnet werden konnte. Verläßt man sich auf die Angaben über die Erntemengen während dieser Jahre, so weisen sie eine stetige Leistungssteigerung auf. Naturgemäß brachten die jungen Weinstöcke im Herbst 1860 nur eine kleine Ernte hervor, doch waren es ein Jahr später immerhin 75 000 Gallonen (283 875 l). Danach kletterten die Erträge stetig und beliefen sich 1862 auf 125 000 Gallonen (473 125 l). 1863 waren es ungefähr 200 000 Gallonen (757 000 l) und 1864 lagen sie sogar bei 300 000 Gallonen (1 135 500 l).[23] Derartige Mengen mußten auf den Markt gebracht und verkauft werden, und damit war die Frage des Weintransportes vor allem zu den Abnehmern im nördlichen Kalifornien aufgeworfen.

Die schwere Fracht auf Ochsenkarren nach San Francisco zu schaffen, schied aus, und so blieb als einzige Route der Seeweg offen. Waren, die nach Anaheim geliefert wurden, gelangten schon zuvor auf diesem Wege in die Stadt, wobei August Langenberger, einer der ersten Geschäftsinhaber in der Siedlung, die Bestellungen entgegennahm und den Transport von San Francisco aus über den regionalen Hafenplatz Wilmington organisierte. Güter, die für Orte weiter im Inland bestimmt waren, gingen per Maultierkarawane über Anaheim, San Bernardino und Las Vegas bis in die Mormonenhauptstadt Salt Lake City. Da die Wegstrecke nach Wilmington beträchtlich war, wollten die Bürger Anaheims eine kürzere und einfachere Verbindung zum Meer herstellen und entschlossen sich zur Anlage einer eigenen Landestelle, die auf direktem Weg etwa 12 Meilen entfernt lag und unter dem Namen Anaheim Landing bekannt wurde. Die Anaheim Lighter Co. nahm den Betrieb im Hafen 1864 auf, arbeitete aber mit einem umständlichen Leichtersystem, da die Wasssertiefe für das Anlegen ozeangängiger Dampfschiffe nicht ausreichte (Tab. 3).

Auch in diesem Fall intervenierte die Natur und erzwang Änderungen, die mit Verzögerungen und hohen Kosten verbunden waren. 1867 ereignete sich nämlich eine zweite Flut, bei der der San Gabriel River seinen Lauf veränderte und plötzlich in die Alamitos Bay mündete, die er mit Schlamm auffüllte, wodurch der Landeplatz unbrauchbar wurde. Für die Neuerrichtung eines Hafenbeckens mit Dock und Warenschuppen fand man ein günstiges Gelände in der Anaheim Bay (Bolsa Chiquita), doch benötigte die Gesellschaft dafür die Genehmigung durch die Legislative. Erst dann konnte mit der Einrichtung einer neuen Landestelle begonnen werden, die ihre Export- und Importfunktion für Anaheim aber nur bis zur Ankunft der Eisenbahn im nächsten Jahrzehnt erhalten konnte und danach zu einem beliebten pazifischen Ausflugsziel und Badeort für die regionale Bevölkerung wurde.

23   Nach Friis (1983), p. 107.

Tab. 3: F r e i g h t   L i s t

Following is a list of names of Conseignees, with
the number of packages, per steamer Senator
to Anaheim Landing, October 23:

Conseignees.	Packages.
Dr. Dassonville	2
D. Bros.	231
H. G.	33
H. B.	6
J. Fischer	6
L. & Co.	151
M. C.	20
M. T.	2
P. Richards	6
P. Bros.	3
W. M. H.	1
W. H. S.	1
A. R.	2
B. P.	133
J. H .S.	292
M. & Co.	31
S. J.	27

OUTWARD
120 Bales of Wool   12 Pipes Wine   50 Hides

Anm.: Die Hauptausfuhrprodukte bestanden zu dieser Zeit aus Wein und Wolle.
Die Exportfracht betrug pro Transport etwa 60 bis 100 t. Friis (1983).
Quelle: Nach einer Meldung in der Anaheim Gazette v. 29.10.1870. (Erstausgabe)

Parallel zu den verhältnismäßig guten Erntejahren und steigenden Erträgen wuchs das Geschäfts- und Gewerbeleben in Anaheim, das bereits einen bescheidenen Bevölkerungszuwachs verzeichnen konnte und 1865 ungefähr 400 bis 500 Einwohner zählte. Eine Stadt war es noch nicht zu nennen, aber mit seiner Mittelpunktsfunktion erfüllte es als Marktort regionale Versorgungsaufgaben, zumal Nachbarsiedlungen wie die später gegründeten Santa Ana, Placentia, oder Fullerton auf der südkalifornischen Landkarte noch längst nicht existierten. Langenberger und Dreyfus hatten 1860 als Partner das erste Handelsgeschäft eröffnet, das in den frühen Jahren als zentrale Einkaufsstätte aufgesucht wurde und der, als einziger Postanlauf- und Nachrichtenstelle, öffentliche und soziale Bedeutung zukam (A 1).

Vor dem Hintergrund der Erfolge im Weinbau stellten sich bei den Anaheim-Bürgern nach kurzer Zeit mannigfaltige materielle Bedürfnisse und Wünsche ein, die nur durch ein gefächertes Geschäfts- und Gewerbeangebot zu decken waren. In der allgemeinen Aufbruchsstimmung regte sich die Nachfrage nach grundlegenden Gütern und Diensten, deren Erfüllung durch Unternehmensgründungen zuerst die Pionierfamilien selbst übernahmen. Aber auch Neubürger ließen sich zur Geschäftsaufnahme nieder, weil sie ihre Chancen, im Aufschwung gute Umsätze und Gewinne zu machen, ebenfalls wahrnehmen wollten (Abb. 21). Das spiegelt sich auch in der Namensliste der ersten Geschäfts- und Gewerbeübersicht für Anaheim um 1870 wider, die sowohl Familiennamen deutscher wie amerikanischer Herkunft enthält (Tab. 4).

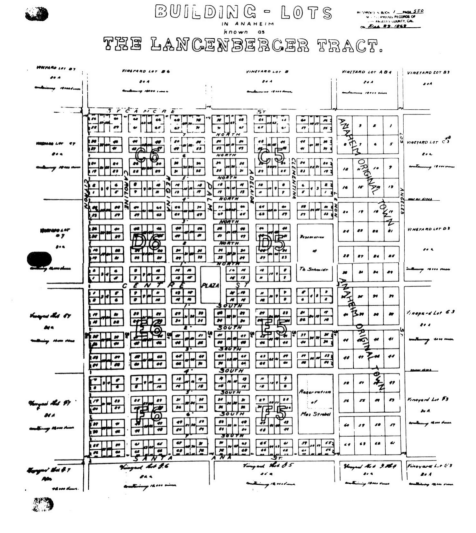

Abb. 21: Übersicht über den Stadtplan von Anaheim aus dem Jahr 1869, der die geplante Aufteilung von Weinbauflächen für Wohngrundstücke im sog. Langenberger Tract zeigt. Auf der rechten Seite die originale Einteilung der 64 Stadtgrundstücke.
Quelle: Reps, J.W.: Cities of the American West. Princeton 1979.

General Merchandise.

THE OLDEST
ESTABLISHED BUSINESS HOUSE IN ANAHEIM

Langenberger & Co.,

DEALERS IN

General Merchandise,

Keep constantly on hand a full assortment of CLOTHING,
BOOTS AND SHOES
HATS, CROCKERY,
Dry Goods, Hardware,
GROCRIES,
Agricultural Implements,

Wines and Liquors.

of all descriptions.
The MOST COMPLETE Stock,
South of LOS ANGELES.

We guarantee for the future, as we have always
done in the past, to give our Patrons entire satis-
faction

THE TRADE, is respectfully invited to exam-
ne our prices.

ALL GOODS sold at a slight advance on San
Francisco prices.

All kinds of
Country Produce
PURCHASED,
SUCH AS

HIDES, WOOL,

CORN, BARLEY, BUTTER, & EGGS.
*Our Stock of Native Wines, cannot be
surpassed* Lumber of all kinds, at our
yards in Anaheim, and at Anaheim
Landing.
Office in San Francisco, No. 321 Montgomery
Street, under Odd Fellows Hall. oct29tf

A 1: Werbeanzeige für das älteste Geschäft in Anaheim von August Langenberger. Anaheim Gazette
v. 5.11.1870. Quelle: Anaheim History Room, Anaheim Public Library.

Tab. 4: Namenliste früher Geschäfts- und Gewerbeinhaber in Anaheim 1865 (?)

Die erste Bank	Mr. Siebert
Das erste, größere Hotel	Mr. Fischer
Das erste Restaurant	Mr. v. Gulpen
Der erste Arzt	Mr. Heyermann
Der erste Zahnarzt	Mr. Cowan
Der erste Rechtsanwalt	Mr. Melrose
Der erste Richter	Mr. Baily
Der erste Lehrer	Mr. Kuelp
Der erste Juwelier	Mr. Luedke
Der erste Uhrmacher	Mr. Hammes
Der erste Drogist	Mr. Higgins
Der erste Friseur	Mr. Bean
Der erste Schneider	Mr. Hussmann
Der erste Kurzwarenladen	Mr. Rimpau & Goodman
Der erste Bäcker	Mr. Mills
Der erste Fleischer	Mr. Kuchel
Der erste Maler	Mr. Boge (Boege, Böge)
Der erste Maurer	Mr. Schindler
Die erste Gazette (Anaheim Gazette)	Mr. Melrose
Der erste Zeitungshändler	Mr. Helmsen
Das erste Möbelgeschäft	Mr. Backs
Der erste Kutschbetrieb	Mr. Mitchel
Das erste Fuhrunternehmen	Mr. Boge (Boege, Böge)
Der erste Holzhandel	Mr. Saxton
Der erste Blechschmied	Mr. Bennerscheidt
Der erste Schmied	Mr. Lorenz
Das erste Bestattungsunternehmen	Mr. Williams
Der erste Milchmann	Mr. Cowan
Der erste Kapellmeister	Mr. Fink

Anm.: Die Rückdatierung der Übersicht im Manuskript auf das Jahr 1865 dürfte nicht stimmen, und auch einzelne Namen von geschäftlichen Erstinhabern sind durch Erinnerungslücken wohl nicht richtig.

Quelle: Fröhling, A.: History of the First Days of Anaheim. Dedicated to the City of Anaheim in Memory of…, Manuscript, (1914). Anaheim History Room, Anaheim Public Library.

KUCHEL'S
MEAT MARKET,
Corner of Centre and Los Angeles Streets
ANAHEIM
This Market is supplied daily with Fresh
Beef, Mutton and Pork.
Purchases delivered to all parts of the City.
GEORGE KUCHEL
Proprietor

Quelle: Nach einer Annonce in der Anaheim Gazette v. 5.11.1870.

Je mehr Anaheim wuchs, desto brennender stellte sich die Frage nach zusätzlichen Arbeitskräften, um die neuen Aufgaben in der Stadt und in den Kulturgärten zu bewältigen. Auf der einen Seite expandierten nämlich die Geschäfte und das Transportwesen (Abb. 22), für die man mehr Hilfskräfte benötigte, auf der anderen Seite suchten aber auch die landwirtschaftlichen Betriebe mit wachsender Intensivierung eine größere Zahl von Feld- und Erdarbeitern. Bislang hatten vor allem einheimische indianische und mexikanische Kräfte den Arbeiterstamm gebildet, der zwar ständig zur Verfügung stand, mit dem die Arbeitgeber jedoch nicht völlig zufrieden waren, da diese Gruppenzugehörigen als nicht immer zuverlässig galten. Das änderte sich als die Einwanderungspolitk im Zusammenhang mit dem Eisenbahnausbau ein neues Reservoir an Arbeitskräften erschloß, die in China angeworben worden waren und sich nach dem Auslaufen ihrer Kontrakte im Lauf der Jahre über ganz Kalifornien verstreuten und auf diesem Wege auch nach Anaheim gelangten.[24]

Abb.: 22: Werbeannonce des Wagenmachers O. Luedke, 1872.
Quelle: The First Los Angeles City and County Directory 1872.
Anaheim History Room, Anaheim Public Library.

---

24 Die ersten sechs chinesischen Arbeiter wurden von der Anaheim Water Co. 1869 angeworben. Rinehart (1932), p. 33.

Ausgehend von einem gestärkten und von Optimismus getragenen Anaheim, das gerade zur Stadtgemeinde erhoben worden war, brachte Bürgermeister Max Strobel 1870 (Tab. 5) den ersten Gesetzentwurf in die kalifornische Legislative ein, der die Etablierung eines neuen County mit Namen Anaheim zum Ziel hatte. Die einzurichtende Verwaltungseinheit sollte vom Los Angeles County abgetrennt werden (A 2), was vor allem mit der Größe des Kreises begründet wurde und dem damit verbundenen Zeit- und Kostenaufwand, wenn Bürger in der Stadt wichtige Rechts- oder Verwaltungsangelegenheiten regeln mußten. Für die Reisenden zog sich die einfache Fahrt nämlich einen ganzen Tag hin, da man auf widrigen Pisten unterwegs sein mußte und unwegsame Flußbette zu queren hatte, um den „county"-Sitz zu erreichen. Wie zu erwarten war, löste der Vorstoß den Widerstand der Stadt Los Angeles aus, wodurch sich die Auseinandersetzungen in der Staatslegislative über zwanzig Jahre hinzogen. Dabei verschob sich die administrative Grenzziehung immer weiter nach Süden, und Anaheim geriet im neu zu bildenden Verwaltungsgebiet in eine geographische Randlage. Die Absicht, den Ort zum „county"-Hauptsitz zu erheben, scheiterte, wovon die konkurrierende Stadt Santa Ana 1889 durch ihre Aufwertung zum Verwaltungsmittelpunkt im neuen County mit Namen Orange profitierte.

Tab. 5: Die Vertreter öffentlicher Ämter in Anaheim 1870

Anaheim Corporate Officers.

Mayor ----------------------- Max Strobel.
Common Council ----------- John Fischer, President;
Councilmen: Henry Kroeger, John P. Zeyn.
E.W. Champlin and F. Goodrich.
City Attorney ---------------- S.J. Davis.
Treasurer --------------------- Th. Rimpau.
City Assessor ---------------- N.H. Mitchell.
City Marshal ---------------- D. Davies.

School Trustees.
J.P. Zeyn, W.M. Higggins, H.Werder

Officers of Anaheim Water Company.
J.P. Zeyn, President
D. Strodthoff, Vice President.
F. Schneider, Treasurer
Louis Dorr, Secretary.
A. Bittner

Anaheim Lighter Company.
BOARD OF TRUSTEES
F. Schneider, President.
F. Korn, Secretary.
A. Langenberger, Treasurer.
C. Lorenz, M. Strobel.

Quelle: Nach einer Auflistung in der Anaheim
Gazette v. 29.10.1870. (Erstausgabe)

Be sure to attend the mass meeting
at Enterprise hall today and hear all
about county division.

A 2: Aufruf zur Informationsversammlung über die Teilung von Los Angeles County.
Nach einer Meldung in der Anaheim Gazette v. 12.4.1873.
Quelle: Anaheim History Room, Anaheim Public Library.

Der Anlauf, Anaheim aufzuwerten und neben Los Angeles auf die Stufe eines gehobenen Verwaltungsortes zu stellen, war zwar vorerst mißlungen, dafür kam uner-
wartete Hilfestellung und Öffentlichkeitswirkung aus einer ganz anderen Richtung,
die wahrscheinlich einen nachhaltigeren Einfluß ausübte als seine angestrebte Position im Administrationsaufbau des Staates. Gerade während dieser Jahre bereiste
der Journalist Charles Nordhoff aus dem Osten der Nation den pazifischen Saum
und veröffentlichte in New York 1872 ein verheißungsvoll-optimistisch gehaltenes
Werk, das seine Werbewirkung für das spanisch-mediterrane California nicht ver-
fehlte.[25] Über das Siedlungsexperiment Anaheim sprach er sich sehr lobend aus und
empfahl Arbeitern aus den östlichen Staaten, es den Kolonisten gleich zu tun. Den
Vorteil sah er vor allem im Gruppenzusammenschluß und in fähigen und vertrau-
enswürdigen Leitungspersönlichkeiten sowie in den Leistungen, die damit seit den
Gründungsjahren erzielt worden waren (A 3 u. A 4). Er führt beispielsweise an, daß
die Eigentumswertsteigerungen auf das Fünf- bis Zehnfache angewachsen waren
und städtische Armut in Anaheim nicht anzutreffen sei. Für den Erfolg spreche auch
die sehr geringe Abwanderung und ein jährlicher Reingewinn von etwa 1 000 Dollar und mehr pro Winzerfamilie, wobei die Feldflächen zu diesem Zeitpunkt noch
nicht einmal voll bestellt waren. Für die Kinder der Kolonie wäre eine gute Schule
eingerichtet worden, und das Gemeindeleben sorge mit musikalischen Veranstaltungen sowie sozialen Festlichkeiten und Begegnungen für Abwechslung. ... „the
men are masters of their own lifes;"... „They live well; it is a land of plenty,"[26]...
(A 5).

We understand that the Odd Fellows' Building association have con-
tracted for 1,000,000 brick, and are
making other preparations for the
erection of their hall at an early date.

A 3: Mitteilung über die Vorbereitungen zum Bau des Odd Fellows' Building.
Anaheim Gazette v. 12.4.1873.
Quelle: Anaheim History Room, Anaheim Public Library.

---

25   Nordhoff, C. (1872): California For Health, Pleasure, and Residence. New York. Nordhoff ar-
     beitete für die Southern Pacific Railroad (SPR) und hatte auch ihre Interessen bezüglich des
     großen Landbesitzes und dessen Veräußerung für die Zukunft eines landwirtschaftlich prospe-
     rierenden Kaliforniens im Sinn.
26   Nordhoff (1872), p. 177.

The business houses along Los Angeles and Center streets, having sub-
scribed seventy dollars a month for
the purpose of having these streets
sprinkled Tim Boege will perform the
work and will commence operations in
about fourteen days. He proposes to
dig a ditch through Kuchel's vineyard,
and with water from the Anaheim
Water company's ditch to thoroughly
saturate the streets and then it will
be comparatively easy to keep them in
good condition with a common street
sprinkling cart. The good effects of
having the streets kept damp will be
apparent during the coming summer
months, making the atmosphere cooler
and preventing dust from blowing.

A 4: Die städtischen Hauptstraßen sollen durch sommerliches Sprengen verbessert werden.
Anaheim Gazette v. 14.6.1873
Quelle: Anaheim History Room, Anaheim Public Library.

The Anaheim Turn-verein are making preparations for a grand ball on
Sylvester eve.

A 5: Ballanzeige des Anaheimer Turnvereins für die Silvesterfeier 1873/74.
Anaheim Gazette v. 13.12.1873.
Quelle: Anaheim History Room, Anaheim Public Library.

Gleichzeitig empfiehlt er möglichen Ansiedlern, die Landwirtschaft nicht allein auf
die Weinkultur abzustellen (A 6), sondern einen beträchtlichen Teil der Flur mit
Orangen, Zitronen, Mandeln und Oliven zu bestellen, weil die Weinlagerung in teuren und kaum erhältlichen Fässern große Schwierigkeiten und der Transport sehr
hohe Frachtkosten mit sich bringen würde. Seiner Meinung nach sollte auch die
„Mission"-Traube ersetzt und die Rosinenproduktion wesentlich ausgebaut werden,
weil sie als überaus gewinnträchtig anzusehen, jedoch wesentlich kostengünstiger
als die Weinerzeugung auszuführen sei.[27] Seine praktischen Vorschläge fügten sich
ganz in die Vorstellung von Kalifornien als einem großartigen Zukunftsland ein,
das fast überall nicht nur ein gesundes Klima böte, sondern mit seinen riesigen öffentlichen und dazu billigen Landreserven vor allem in Südkalifornien und im San
Joaquin Tal ein neues Kapitel seiner Geschichte einläuten würde, das den alten
Mythos der Glückssucher mit Spekulationsfieber, sagenhaft-schnellem Reichtum

27   Nordhoff schlägt die weiße Malaga Traube für die Produktion vor. Nordhoff (1872), p. 178.

und Gesetzlosigkeit ablösen würde. Mit seiner Beschreibung lag Nordhoff ganz auf der Linie der Southern Pacific Railroad, die ihre internen kalifornischen Verbindungen ausbaute und mit der landesweiten Propagierung seines bejahenden, zukunftsgläubigen und auffordernden Berichtes Reiseanstieg, Frachterhöhung und eine Landverkaufssteigerung in diesem Teil des Westens zu ihren Gunsten erwartete (A 7 u. A 8).

Two hundred thousand gallons of
wine were shipped from Anaheim
Landing during the year ending November 30th, instead of 14,000 as reported by the Wine Dealers Gazette.

A 6: Erfolgsmeldung über die Ausfuhr von Wein über Anaheim Landing.
Anaheim Gazette v. 13.12.1873.
Quelle: Anaheim History Room, Anaheim Public Library.

Large number of eastern arrivals in
town last week. We hope to record a
number of land sales in consequence.

A 7: Meldung über die Ankunft zahlreicher, möglicher Landkunden aus dem Osten.
Nach einer Meldung in der Anaheim Gazette v. 12.4.1873.
Quelle: Anaheim History Room, Anaheim Public Library.

Deeds Filed —Hugo Schenck to
Adolphus Schmolz, two vineyard lots
in Anaheim, 41 acres, for $11,000. Cajus
Beythien to Adolphus Schmolz, two
vineyard lots in Anaheim 41 acres,
for $8000. Adolphus Schmolz to E. L.
Goldstein, the four lots named above,
for $19,000. Samuel Dencot to Jacob
Winter, 30 acres of the Santa Ann
Rancho for $900. James McFadden
to Adam Rowe, 26 1-2 acres, for $400.
James McFadden to W. M. Price, 32
1-2 acres, for $400. Paul Pryor to
Henry Charles, 26 1-2 acres adjoin-
ing the Rancho Boca de la Playa, for
$250.

A 8: Verschiedene Landtransfers mit Größen- und Preisangaben.
Anaheim Gazette v. 12.4.1873.
Quelle: Anaheim History Room, Anaheim Public Library.

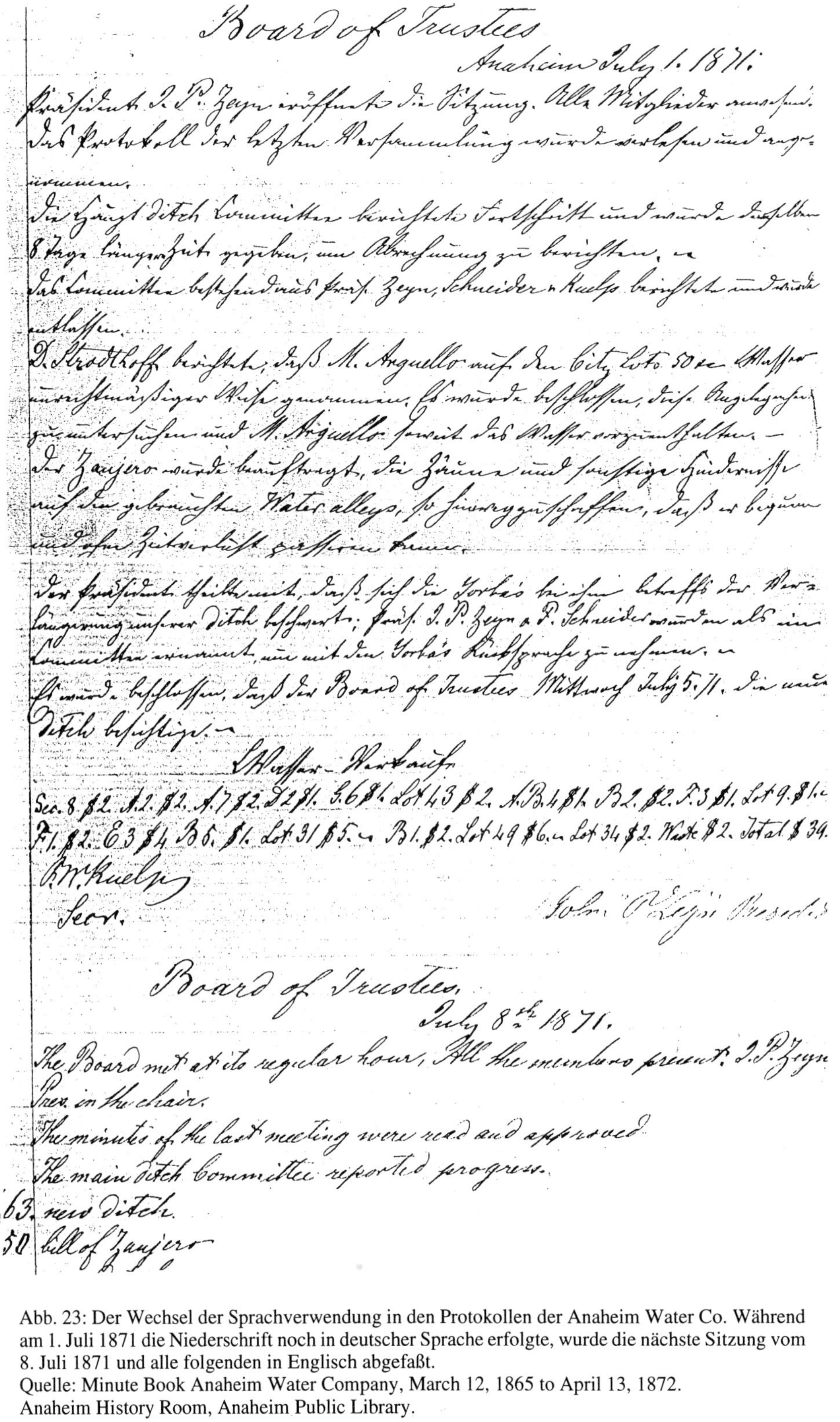

Board of Trustees

Anaheim July 1. 1871.

Präsident J. P. Zeyn eröffnet die Sitzung. Alle Mitglieder anwesend. Das Protokoll der letzten Versammlung wurde verlesen und angenommen.

Das Haupt ditch Committee berichtete Fortschritt und wurde demselben 8 Tage Zeit gegeben, um Abrechnung zu berichten.

Das Committee bestehend aus Herr Zeyn, Schneider u. Kuelp berichtete und wurde entlassen.

D. Strodthoff berichtet, daß M. Arguello aus der City Lots 50 ac Wasser unrechtmäßiger Weise genommen. Es wurde beschlossen, daß Angelegenheit zu untersuchen und M. Arguello somit das Wasser vorzuenthalten —

Der Zanjero wurde beauftragt, die Bäume und sonstige Hindernisse aus den gebrauchten Water alleys, so hinwegzuschaffen, daß er bequem und in kurzer Zeit verlaufen könne.

Der Präsident theilt mit, daß sich die Yorbas hinsichtlich betreffs der Verlängerung unserer ditch beschwert; Herr J. P. Zeyn u. F. Schneider wurden als in Committee ernannt, um mit den Yorbas Rücksprache zu nehmen.

Es wurde beschlossen, daß der Board of Trustees Mittwoch July 5. 71. die neue Ditch besichtige. —

Wasser–Verkauf.

Sec. 8. $2. A2. $2. A7 $2. S2 $1. 368$. Lot 43 $2. AB4$1. B2. $2. S3 $1. Lot 9 $1. F1. $2. 63 $4. B5. $1. Lot 31 $5. B1. $2. Lot 49 $6. Lot 34 $2. Wast $2. Total $ 39.

B. W. Kuelp
Secr.

John P. Zeyn President

Board of Trustees.

July 8th 1871.

The Board met at its regular hour, All the members present. J. P. Zeyn Pres. in the chair.

The minutes of the last meeting were read and approved.

The main ditch Committee reported progress.

63. new ditch.
50. bill of Zanjero

Abb. 23: Der Wechsel der Sprachverwendung in den Protokollen der Anaheim Water Co. Während am 1. Juli 1871 die Niederschrift noch in deutscher Sprache erfolgte, wurde die nächste Sitzung vom 8. Juli 1871 und alle folgenden in Englisch abgefaßt.
Quelle: Minute Book Anaheim Water Company, March 12, 1865 to April 13, 1872.
Anaheim History Room, Anaheim Public Library.

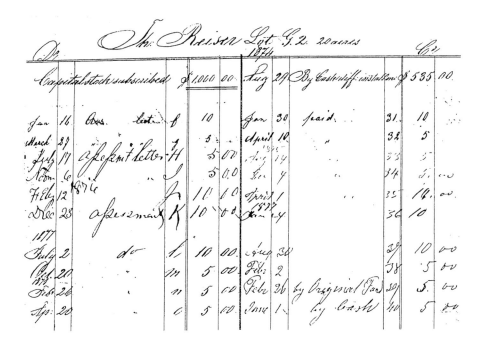

Abb. 24: Auszug aus dem Einlagen-Hauptbuch für Theodore Reisers Weinbaugrundstück von 20 ac, 1874.
Quelle: Capital Stock Ledger 1874 – 1877.
Anaheim History Room, Anaheim Public Library.

1.3 RÜCKSCHLAG UND BOOM IM „GILDED AGE"

An sich hatte Anaheim im Netz der wichtigen Überlandverbindungen in Südkalifornien eine günstige Position. Es lag nämlich kaum abseits der alten Route, auf der schon die Missionsreisenden auf ihrem Weg von San Diego über San Juan Capistrano und weiter nach San Gabriel und Los Angeles gezogen waren. Wollte man umgekehrt in die südliche Richtung, so bot sich Anaheim nach einem Tagesritt als der erste Halte- und Übernachtungsplatz außerhalb von Los Angeles an. Bei dieser Route handelte es sich um den berühmten „Camino Real", den Pfad, der die Missionsstationen verband, der aber seinem königlichen Namen wegen der Unwegsamkeiten und der Reisebeschwerlichkeiten längst nicht gerecht werden konnte.

Das änderte sich grundlegend, als die Southern Pacific Railway, von Los Angeles kommend, 1874 Anaheim erreichte, und mit dem Eintreffen des ersten Personenzuges 1875 Reise und Transport überaus erleichtert wurde (Abb. 25). Damals lagen Bahnstation und Depot vor dem westlichen Tor der Center Street (San Pedro Gate) und blieben zwei Jahre lang Linienendpunkt, bis die Strecke nach Santa Ana in Betrieb genommen wurde. Das war Anlaß und Grund genug, erneut die ehrgeizige Idee zu fassen, Anaheim zum zweiten südkalifornischen Zentrum auszubauen,

Geographisches Institut
der Universität Kiel

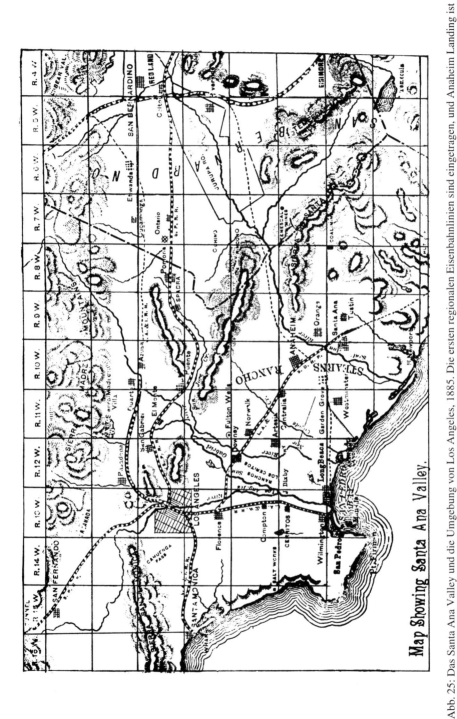

Abb. 25: Das Santa Ana Valley und die Umgebung von Los Angeles, 1885. Die ersten regionalen Eisenbahnlinien sind eingetragen, und Anaheim Landing ist verzeichnet.
Quelle: Santa Ana Valley Immigration Assn.: The Santa Ana Valley of Southern California: It's Resources, Climate, Growth and Future. Santa Ana 1885. Anaheim History Room, Anaheim Public Library.

die aber, kaum war sie gedacht, sogleich wieder fallengelassen werden mußte, weil der Ort nur vorübergehend diese besondere Funktion erfüllte.[28] Dazu kann gesagt werden, daß die Konkurrenzsituation und der Makel Anaheims, stets hinter Los Angeles zu rangieren und von ihm in vielen Dingen abhängig zu sein bzw. dominiert zu werden, sich beinahe durch die ganze Geschichte der Stadt zieht und erst in der Folge des 2. Weltkrieges teilweise überwunden wurde.

Infolge des Anschlusses von 1874 war ein gewisser Bedeutungsschub spürbar, der in der Bauqualität der Wohnhäuser, in Gemeindebauten wie auch in der Vermehrung von geschäftlichen Einrichtungen im Ortsbild sichtbar wurde (Abb. 26, 27, 28 u. 29).

Abb. 26: August Langenbergers Wohnhaus Ecke Lemon und Sycamore St., ca. 1880. Oben links ist sein Geschäftshaus in der Innenstadt abgebildet.
Quelle: Anaheim History Room, Anaheim Public Library.

28 Erst in den Folgen der Nachkriegszeit gelang es Orange County und Anaheim zumindest in statistischer Hinsicht, eine Art Unabhängigkeitszustand zu erreichen, als nämlich das US Bureau of the Census 1963 OC neben LA zu einer selbständigen SMSA machte und damit seiner raketenartig beschleunigten Bevölkerungsentwicklung Rechnung trug. Über seine angestrebte, eigenständige Rolle vis-à-vis LA wird an anderer Stelle ausführlicher zu berichten sein. Findlay, J.M. (1992): Magic Lands. Western Cityscapes and American Culture After 1940. Berkley, Los Angeles, Oxford. Bermerkung, p. 28.

WINE CELLARS, VINEYARD & RESIDENCE OF **WM. KOENIG**   ANAHEIM, LOS ANGELES CO. CALIFORNIA.

Abb. 27: Wohnhaus und Weinkellerei von William Koenig in der South Los Angeles St., ca. 1880.
Quelle: Anaheim History Room, Anaheim Public Library.

PUBLIC SCHOOL BUILDING.
ANAHEIM, LOS ANGELES Cº CAL.

Abb. 28: Das 1878 errichtete Schulgebäude Anaheims.
Quelle: Anaheim History Room, Anaheim Public Library.

RESIDENCE OF **HENRY KROEGER**, ANAHEIM,
LOS ANGELES Cᵒ, CAL.

Abb. 29: Henry Kroegers Wohnhaus Ecke Center und East St., ca. 1880.
Quelle: Anaheim History Room, Anaheim Public Library.

Vier Jahre nach dem Eisenbahnanschluß und 21 Jahre nach seiner Gründung wies
das offizielle Geschäftsverzeichnis für Anaheim ein vermehrtes und differenziertes
Sortiment an Waren, Gewerben und Diensten aus, die in zahlreichen Geschäften
(Abb. 30), Werkstätten und büroähnlichen Etablissements angeboten wurden (Tab.
6). In den Steuerverzeichnissen tauchen neben deutschen, englischen und spanischen Nachnamen nun auch chinesische Gewerbetreibende auf (Abb. 31). Von dem
Zuwachs profitierten vornehmlich die Center und Los Angeles Street, die zu Haupt-
geschäftsstraßen aufgerückt waren (Abb. 32, 33/Beilage u. 34), deren Aussehen jedoch durch eine Reihe von Holzbauten mitbestimmt wurde, die stellenweise noch
den Eindruck einer Pioniersiedlung machten (Abb. 35 u. 36).[29]

Abb. 30: Werbeanzeige der Firma Goodman & Rimpau für Kurzwaren und Bekleidung, 1872.
Quelle: The First Los Angeles City and County Directory 1872.
Anaheim History Room, Anaheim Public Library.

Tab. 6: Übersicht über Handels- Gewerbe- und Dienstleistungseinrichtungen in Anaheim 1878

Handel u. Gewerbe	Handel u. Gewerbe/ Fortsetzung	Dienstleistungen
1 Bäckerei	2 Böttcher	2 Banken
1 Fleischer	2 Büchsenmacher	2 Zeitungen/ Anaheim Gazette (wö.); Young Californian (wö.)
3 Lebensmittel-u. Kurzwarenläden	2 Schneider	2 Friedensrichter
2 Gemischt-u. Eisen- warenläden	3 Maurergeschäfte	1 öffentl. Notar
2 Bücher-u. Papierhand- lungen	3 Malergeschäfte	2 Hotels (Anaheim/ Planter's)
3 Stiefel-u. Schuhläden	4 Wäschereien (davon 3 chinesische)	3 Gästehäuser
1 Kurzwarenladen	3 Bau-u. Zimmereiunter- nehmen	3 Restaurants
1 Möbelgeschäft	2 Stellmacher	6 Ärzte
2 Früchte- u. Konfektläden	2 Fuhrunternehmen	1 Zahnarzt
5 Mode- u. Bekleidungsgeschäfte	1 Holzhandelsgeschäft	5 Immobilienagenturen
2 Zinnläden	3 Baumschulen-u. Gartenbetriebe	10 Versicherungsagenturen
2 Uhrmacher- u. Juwelierläden	1 Milchgeschäft	1 Wells Fargo & Co. Vertretung
2 Tabakläden	2 Dampfmühlen	1 Western Union Telegra- phenbüro
2 Herrenfriseure	15 Schankstätten (inkl. Anaheim u. Planter's Hotel)	1 Postamt
1 Damenfriseur	**u.a.**	1 öffentl. Schule
3 Schmiede		2 Mietstallungen
1 Chin. Warenladen		2 Bestattungsunternehmen
		u.a.

Quelle: Business Directory of the Town of Anaheim, Los Angeles Co. Cal. Anaheim 1878. In: Friis, L.J. (1968): When Anaheim was 21. Santa Ana.

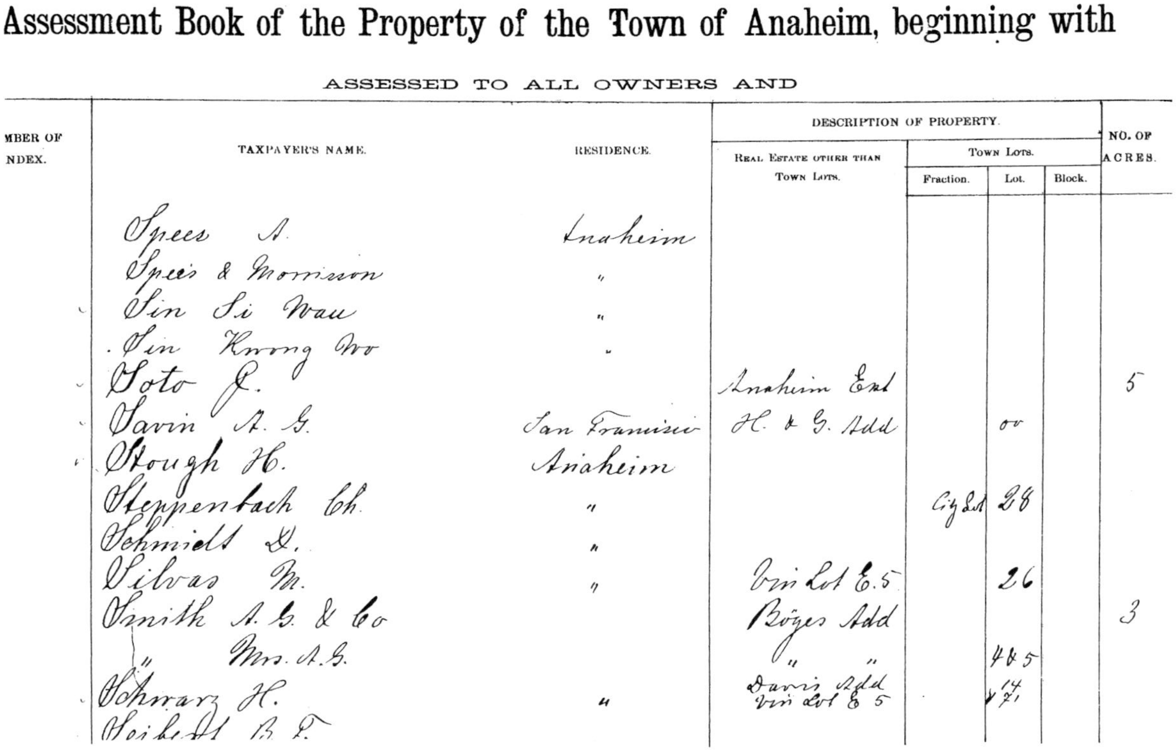

Assessment Book of the Property of the Town of Anaheim, beginning with

ASSESSED TO ALL OWNERS AND

[NU]MBER OF [I]NDEX.	TAXPAYER'S NAME.	RESIDENCE.	DESCRIPTION OF PROPERTY. Real Estate other than Town Lots.	Town Lots. Fraction.	Town Lots. Lot.	Town Lots. Block.	NO. OF ACRES.
	Spees A.	Anaheim					
	Spees & Morrison	"					
	Sin Si Wau	"					
	Sin Kwong Wo	"					
	Soto J.		Anaheim Ext				5
	Savin A. G.	San Francisco	H. & G. Add		00		
	Stough H.	Anaheim					
	Steppenbach Ch.	"		City Lot	28		
	Schmidt D.	"					
	Silvas M.	"	Vin Lot E. 5		26		
	Smith A. G. & Co		Böges Add				3
	" Mrs. A. G.		" "		4 & 5		
	Schwarz H.	"	Davis Add Vin Lot E 5		14 / 7		
	Seibert B. F.						

Abb. 31: Auszug aus der steuerlichen Veranlagung Anaheimer Bürger wie z.B. Ch. Steppenbach und D. Schmidt, 1876/77. In der Liste finden sich auch Mitbewohner chinesischer Herkunft wie z.B. Sin Kwong Wo, dessen persönliches Vermögen mit $ 550 und seine steuerliche Belastung mit $ 4,16 angegeben ist.
Quelle: Assessment Book of the Property of the Town of Anaheim, beginning with the Fractional Fiscal Year 1876–77, Ending…
Anaheim History Room, Anaheim Public Library.

Business Houses.

BANKS.
Bank of Anaheim........Center St.
  B. F. Siebert, Cashier.
P. Davis & Bro. Bankers, Center St.

BAKERIES.
Anaheim Bakery..........Center St.
  C. Hille, Proprietor.

BARBERS.
Frank Ey....................Center St.
J. H. T. Dean.............   "   "

BLACKSMITHS.
H. McDermott........Lemon Street.
H. A. Stough & Co. Clementina "
W. Morrison..............Center "

BOARD & LODGING.
Geo. Miller...... ....Los Angeles St.
C. Hilmer......... ....Center "
T. Moran.................   "

DRY GOODS.
Goodman & Rimpau..... Center St.

DRY GOODS & GROCERIES.
Cahen & Willard......... Center St.
D. & G. D. Plato.........   "   "
Isaac Cohen........ Los Angeles "

GROCERIES & HARDWARE.
A Langenberger...........Center St.
P. Davis & Bro..............   "   "

DRUG STORES.
W. M. Higgins...... ..... Center St.
J. Ellis..................... .Lemon "

FURNITURE.
J. Backs ....Los Angeles St.

FRUIT & CONFECTIONERY.
A. G. Beebe..................Center St.
J. Helmsen.................   "   "

Abb. 32: Ausschnitt aus der Faksimile Wiedergabe des „Business Directory" für Anaheim, 1878. Quelle: Friis, L.J.: When Anheim Was 21. Santa Ana, California 1968.

PLANTERS HOTEL,

Corner of Center and Los Angeles Sts.,
ANAHEIM, CALIFORNIA.

JOHN FISCHER, - - Proprietor.

———ooo———

This well known Hotel has lately been

RE-BUILT and RE-FURNISHED,

and offers inducements to the traveling public that cannot be surpassed in

SOUTHERN CALIFORNIA.

LARGE AND AIRY ROOMS.

THE TABLE

Is supplied with the best the market affords.

TERMS MODERATE.

Abb. 34: Werbeanzeige für das zentral gelegene Planters' Hotel aus dem Jahr 1872, das in der Sanborn Karte von 1887 (Ecke Center St. u. Los Angeles St.) in Abb. 33/Beilage verzeichnet ist. Quelle: Anaheim History Room, Anaheim Public Library.

Abb. 35: Geschäfte in der Center Street von Anaheim, ca. 1883: Goodman & Rimpau/ Kurzwaren u. Bekleidung, Pellegrin/ Uhrmacher und Juwelier, Bank of Anaheim, Post Office.
Quelle: Anaheim History Room, Anaheim Public Library.

Abb. 36: Blick in die Center St. Richtung Osten. Der Straßenzug vermittelt noch den Eindruck einer Pioniersiedlung. Auf der rechten Seite die Hufschmiede von Fred Pressel. (o. J.)
Quelle: Anaheim History Room, Anaheim Public Library

Man erneuerte außerdem den Stadtstatus von Anaheim, der zwischenzeitlich aus
Steuergründen aufgegeben worden war, erweiterte das Stadtgebiet und verlegte auf
der Center Street das erste Gleis für eine Pferdebahn (Abb. 37),[30] während in der
weiteren Umgebung die wirtschaftlichen Tätigkeiten mit dem Abbau von Silber
und Kohle im Silverado und Black Star Canyon kurzzeitig anwuchsen.

Abb. 37: Anaheim Street Car Co. von 1887–1899. Die Pferdebahn verkehrte auf der Center St. zwischen der Santa Fé Railroad Station und dem Southern Pacific Railway Depot.
Quelle: Anaheim History Room, Anaheim Public Library.

Ganz im Gegensatz zu den ehrgeizigen Plänen in den Köpfen führender Bürger,
verliefen die tatsächlichen Anstrengungen der Gemeindeführung, den notwendigen
Bahnanschluß zum eigenen Hafenort voranzutreiben, so halbherzig, daß die Stadt
ins Hintertreffen geriet und praktisch zusehen mußte, wie ihre Rivalin Santa Ana
eine Schienenverbindung nach Newport Beach schuf. Für Anaheim Landing bedeutete es das endgültige Aus als Umschlagsplatz (Abb. 38). In diesen unsteten Zeiten
pendelten die Jahre zwischen Aufschwung und Rückschlägen hin und her und den
Anaheimer Bürgern blieb dabei der Trost, daß wenigstens die Lebensmittel für sie
einigermaßen erschwinglich blieben (Tab. 7).

---

30   Es wird aus der Literatur nicht eindeutig klar, ob die erste Pferdebahn tatsächlich bereits 1875
     oder erst 1887 mit dem Anschluß an die Santa Fé Railroad auf der Center Street angelegt wurde.

Abb. 38: Anaheim Landing als Ausflugsziel am Pazifik, 1888.
Quelle: Anaheim History Room, Anaheim Public Library.

Tab. 7: Beispiele für Lebensmittelpreise in Anaheim 1878

Rindfleisch pro lb.	8 c & 10 c
Hammel pro lb.	8 c
Schwein pro lb.	10 c & 12 ½ c
Speck (California) pro lb.	16 c & 18 c
Eier (1 Dutzend)	25 c
Butter pro lb.	37 c
Kartoffeln pro 100 lb.	75 c & 1 $
Mehl (superfein) pro 100 lb.	2 ½ $
Zucker (Hawaiian) pro lb.	9 c & 12 c
Reis pro lb.	10 c & 12 c
Pfirsiche (getrocknet) pro lb.	12 ½ c
Maismehl pro 100 lb.	3 $
Kaffee (gemahlen) pro lb.	20 c & 40 c

Quelle: Nach Friis, L.J.: When Anaheim Was 21. Santa Ana 1968, p. 9. Der Autor greift auf eine Aufstellung in der Anaheim Gazette v. 17.8.1878 zurück.

Während sich die geschilderte Entwicklung auf der Stadtbühne Anaheims vollzog (Abb. 39), spitzte sich außerhalb, auf dem ländlichen Schauplatz ein Kampf um die lebenswichtigen Wasseranteile zu. Die Ursache lag in der zunehmenden Besiedlung, die sich sogar schon bis in die inneren Ebenen am oberen Lauf des Santa Ana River in Riverside County ausgebreitet hatte. Auch dort wurde Flußwasser entnommen, so daß der Abfluß in die stromabwärts gelegenen Gebiete in regenarmen Jahren spärlich ausfiel. Da auch gegenüber von Anaheim auf dem südlichen Ufer Kommunen wie Santa Ana (1869), Orange und Tustin entstanden waren, wurden die begehrten Wassermengen aus dem Santa Ana Flußbett zum Streitobjekt. Als 1877 der Fluß trocken fiel, verklagte die Anaheim Water Co. (Abb. 40) die Nutzer am südlichen Ufer in Form der Semi Tropic Water Co. (seit 1873) und andere private Nutznießer. Der Rechtsstreit dauerte jahrelang und wurde nicht nur vor den Gerichten ausgetragen, sondern von den gegnerischen Parteien auch handgreiflich mit Waffeneinsatz geführt. In der Zeit der Rechtsunsicherheit ging es dabei in erster Linie um die Kontrolle der günstigen Entnahmestellen entlang des Flußlaufes. Deshalb wurden die Arbeitsgruppen nicht nur mit Werkzeugen, sondern auch mit Gewehren ausgestattet, um die erstellten Ableitungsdämme schützen zu können. In der Zwischenzeit war die südliche Wassergesellschaft in die stärkere Santa Ana Valley Irrigation Co. übergeführt worden (100 000 Dollar Kapitaleinlage bei 20 000 Anteilen zu 5 Dollar pro ac), gegen die der Kampf weitergeführt wurde.[31] Anaheim befand sich in der Tat im Nachteil, denn sein Hauptkanal, der „Old Anaheim Ditch", lag am weitesten flußabwärts, je höher hinauf aber die Ableitungsdämme gelegt wurden, desto gesicherter schien die Wasserentnahme.

Auf der Nordseite stieg, mit der sich entfaltenden Landwirtschaft um Yorba Linda, Placentia und Fullerton, der Wasserbedarf ebenfalls an. 1875 war hier mit dem Bau des 12 Meilen langen Cajón-Kanals (Cajón Water District No. 1) begonnen worden, für den chinesische Arbeiterkolonnen angeheuert wurden, und der drei Jahre bis zu seiner Fertigstellung in Anspruch nahm. Auch diese Anlage war den Anaheimer Winzern ein Dorn im Auge, weil seine Abzweigstelle weit stromaufwärts bei Bedrock Crossing an der Grenze zu Riverside County lag. Mit den Baukosten von 100 000 Dollar hatte sich die Cajón Irrigation Co. allerdings übernommen und diesen Umstand nutzte die liquide Anaheimer Gesellschaft, um mit 20 000 Dollar in die bankrotte Company einzusteigen. Damit sicherte sie sich gleichzeitig die hochgelegene Anzapfstelle und mußte nur noch eine Verbindung zum eigenen Kanalsystem herstellen. Die Entscheidung trug auch zur eigenen Konsolidierung bei, weil sie sich bis 1884 schrittweise mit insgesamt vier nördlichen Bewässerungsorganisationen zur Anaheim Union Water Co. vereinigte. Um gleichzuziehen, verlegte ihre Gegnerin, die Santa Ana Irrigation Co., die Entnahmestelle ebenfalls auf die Höhe des Cajón-Kanals. Als das Wasser noch knapper wurde, kam es erneut zu Auseinandersetzungen, bei der es zwischen den bewaffneten Gruppen glücklicherweise zu keiner Gewaltanwendung kam. Doch beschäftigten sich die Gerichte weiter mit der Angelegenheit und empfahlen schließlich, den Wasserstreit durch Konsensfindung zu beenden.

---

31   Pleasants, J.E. (1931): History of Orange County, California. 3 vols., Los Angeles, Phoenix, p. 217.

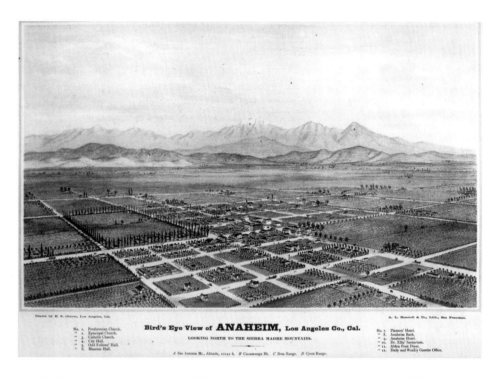

Abb. 39: Ansicht von Anaheim mit Blick auf die Sierra Madre Mountains, ca. 1875–1877.
Quelle: Bancroft Library, Berkeley.

Anaheim Water Company

Assessment No. 16 LOS ANGELES COUNTY, CALIFORNIA. Lot No. 15

This certifies that the ANAHEIM WATER COMPANY, under and by agreement entered into with G. Bauer *prior to this date, has received of* G. Bauer *the sum of* 5 *dollars, the same being* 16 *assessment as called for by resolution of the Board of Trustees, passed* Feb. 27 the *A. D., 187*5 *of Lot* 15 *containing* 20 *Acres.*

Dated, Anaheim March 27 the 1875

Charles Lorenz *PRESIDENT.* F. A. Korn *SECRETARY.*

H. Werder *TREASURER*

Anaheim "CALIFORNIAN" Print.

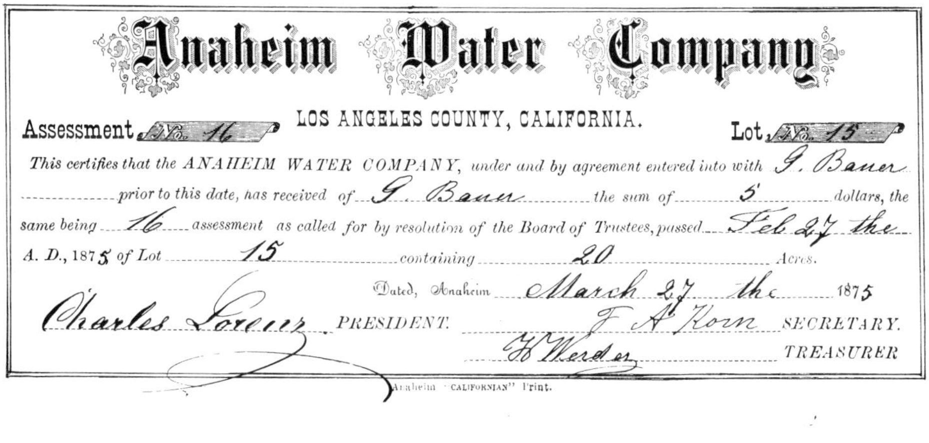

Abb. 40: Veranlagung zur Wassergeldabgabe von G. Bauer durch die Anaheim Water Co., 1875.
Quelle: Anaheim History Room, Anaheim Public Library.

In der erwähnten Ausbauperiode erlebte Anaheim in einem kurzen Intermezzo eine Aufwertung völlig anderer Art, die sich nicht in seine bisherige kulturelle Tradition einfügte, sondern von zwei Persönlichkeiten getragen wurde, welche die Existenz des Ortes weit über die Region hinaus bekannt machten. Sie waren in die Stadt gekommen, um eine kleine polnische, teils künstlerische, teils landwirtschaftliche Kolonie aufzubauen, die jedoch nicht so recht gedeihen wollte, weil sie u.a. auch unter Geldmangel litt. Helena Modjeska als späterhin berühmte Schauspielerin und der Schriftsteller Henryk Sienkiewicz spielten dabei auf der ländlichen Bühne Anaheims die Rollen kosmopolitischer Bürger und Vertreter einer Lebenskultur, die weit über die gesellschaftliche Lokalgebundenheit Anaheims hinausging (Abb. 41). Ihr Auftreten verlieh der Stadt Publizität und ein gewisses Künstlerflair, doch brachte es ihren ursprünglichen utopischen Traum vom prosperierenden Dasein im sonnigen, fruchtbaren und gesunden Kalifornien der Verwirklichung nicht näher.[32] Auch sie hatte der Arkadien-Mythos angezogen, doch blieb von ihren kurzlebigen Bemühungen letztlich nur eine verklärte Episode weltbezogener Berühmtheit übrig, die für die Stadtbiographie einen schillernden historischen Moment bedeutete. Man sonnte sich im ephemeren Glanz, der die ländliche Kultur und die Unbedeutenheit des Geschehens in Anaheim überstrahlte.

Gerade als Anaheim auf dem Höhepunkt seiner jungen Entwicklung angekommen schien (Tab. 8), setzte der Rückschlag ein, der sich in kurzer Zeit zur Katastrophe für die Weinkulturen ausweitete. Zunächst begann die Rezession scheinbar harmlos mit kleineren Ernteeinbußen auf den westlich des Ortes gelegenen Anbauflächen, die bei keinem der Kultivatoren Befürchtungen auslösten, da 1884 auf den etwa 50 Weingütern immerhin 1 250 000 Gallonen (4 725 000 l) Wein erzeugt wurden (Abb. 42). Selbst im folgenden Jahr wurde das Problem in seiner Gefährlichkeit nicht richtig erkannt, und man tröstete sich damit, daß wieder einmal ein schlechtes Erntejahr eingetreten sei. Die Erträge waren jedoch rapide gesunken, während in den frühen 80er Jahren auf dem Anwesen der Dreyfus Co. ein ac 10 Tonnen lieferte, waren es im Jahr 1885 nur noch 6 Tonnen. Ein Jahr später produzierten 18 acres gerade eine Wagenladung. Nun nahm auch die Gazette davon Notiz und brachte am 24. Juli 1886 die erste Meldung über die Krankheit. „The affected vines are of all ages, in widely differing soils and in all kinds of localities."[33] Das ganze Ausmaß des Krankheitsbefalls trat zu Tage, denn die Weinstöcke vertrockneten reihenweise, ihre Früchte verfärbten sich frühzeitig und fielen von den Zweigen. Binnen weniger Monate waren alle Flächen infiziert und die Pflanzen abgestorben. Auch Nachbargebiete wurden erfaßt, doch für Anaheim, das vom Weinbau so hochgradig abhing, war es ein Verhängnis als 25 000 ac (10 000 ha) Anbaufläche vernichtet waren (Abb. 44). Sozusagen in letzter Minute versuchte man noch Rettung zu holen und schickte nach Los Angeles, um Prof. Hilgard von der University of California als Berater zu gewinnen. Aber auch er stand vor einem Rätsel, denn die Ursache konnte damals nicht entdeckt werden (A 9). Die Plage blieb unbekannt und

32   Helena Modjeska legte ihren Ruhesitz „Arden" später für etliche Jahre in die Nähe Anaheims. Henryk Sienkiewicz war der Autor des Romans – und späteren, berühmten Filmstoffes – Quo Vadis?
33   H.F. Raup Manuskript. Anaheim History Room, Anaheim Public Library.

unbekämpft, und die Niederlage fiel eindeutig und trostlos aus.[34] Angesichts der Aussichtslosigkeit blieb nichts Anderes übrig, als die toten Pflanzen umzulegen und das Gestrüpp zu verbrennen, was gleichzeitig das Ende der Hoffnungen der deutschen Erstsiedlerfamilien bedeutete und unübersehbar den Zusammenbruch des kommerziellen, unternehmerisch geführten, Weinbaues in Südkalifornien anzeigte.

Abb. 41: Das Denkmal zur Erinnerung an Helena Modjeska, der berühmten Schauspielerin und Bürgerin Anaheims im Pearson Park.
Eigene Aufnahme, Juni 1996.

34 Die Krankheit war von Heuschreckenschwärmen eingeschleppt worden und befiel die Mission Varietät zuerst. Sie erhielt zunächst den Namen Anaheim-Krankheit. Erst viele Jahrzehnte später wurde sie als eine spezielle Viruskrankheit diagnostiziert, und ging als „Pierce`s desease" in die Landwirtschaftsannalen ein. Nach Westcott, J. (1990): Anaheim. City of Dreams. Chatsworth, p. 35.

Tab. 8: Beispiele für Anheims Weinbauareal in der Blütezeit 1879

Name	Weinbaufläche in ac
B. Dreyfus a. Co.	240
J.P. Zeyn	30 (300 Orangenbäume, davon 100 tragend)
H. Kroeger	40
F.A. Korn	36
T. Reiser	20
A. Langenberger	70
T. Rimpau	20
A. Bitner	24
F. Hartung	45
H. Weder	20
S. Sheffield	40
-- Kraemer	30

Quelle: H.F. Raup Manuskript, Anaheim History Room, Anaheim Public Library. Raup führt Thompson and West: History of Los Angeles County, Cal. Oakland 1880 an.

Abb. 42: Theodore Reisers Haus Ecke Santa Ana und Olive St., ca. 1880.
Quelle: Anaheim History Room, Anaheim Public Library.

Steiger's German Series.

A H N'S

Second German Book,

Being **THE SECOND DIVISION** of

A H N'S

Rudiments of the German Language.

BY

Dr. P. HENN.

NEW YORK:

E. Steiger.

1879.

Abb. 43: Henry Kroegers Lehrbuch der deutschen Sprache von 1879.
Quelle: Anaheim History Room, Anaheim Public Library.

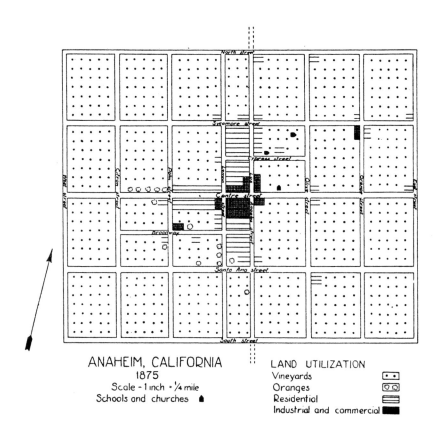

Abb. 44: Landnutzungsmuster im alten Anaheim, 1875. Auffallend sind die monokulturartigen Weinbauflächen.
Quelle: Raup, H.F.: The German Colonization of Anaheim, California. University of California Publications in Geography, vol. 6, No.3. Berkeley 1932.

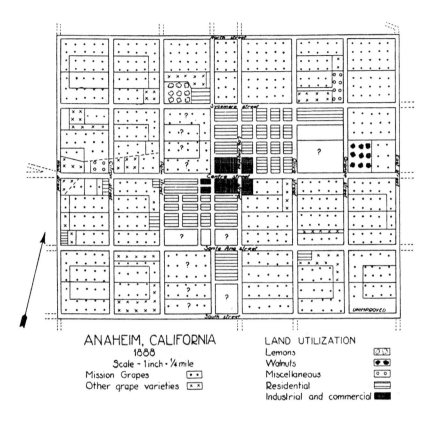

ANAHEIM, CALIFORNIA
1888
Scale - 1 inch - ¼ mile
Mission Grapes
Other grape varieties

LAND UTILIZATION
Lemons
Walnuts
Miscellaneous
Residential
Industrial and commercial

Abb. 45: Diversifikation der Landnutzung im alten Anaheim, 1888. (Ein Vergleich der landwirtschaftlichen Nutzungsveränderungen gegenüber 1875 (Abb. 44) bietet sich an).
Quelle: Raup, H.F.: The German Colonization of Anaheim, California. University of California Publications in Geography, vol.6, No.3. Berkeley 1932.

The Horticultural Commission
has done a good work for this
section by securing through cor-
respondence with the Agricultural
Department at Washington, a special entomologist, who has made
a study of the insect pests of the
country, and who will arrive here
shortly and examine the scale
bugs and other vermine which in-
fest our orchards. The gentleman
has recently been in Florida
where he studied the habits of the
insects which have devastated the
orange orchards there. These insects were all killed by the cold
weather and his services in the
flowery state were no longer required. In connection with him,
D. W. Coquillett of Anaheim will
act as a special local agent, and
it is expected that together they
will obtain much information of
interest and value to our orchard-
ists.

A 9: Bericht über die Arbeit der „Horticultural Commission" in der Weinbaukrise.
Anaheim Gazette v. 20.2.1887.
Quelle: Anaheim History Room, Anaheim Public Library.

Einige Weinbauunternehmer, wie die erwähnte Familie Dreyfus, die gerade größere
Investitionen in ein Lagergebäude mit Kellerei getätigt hatte und durch deren plötz-
lichen Verlust in finanzielle Bedrängnis geriet, entgingen dem völligen Bankrott
nur dadurch, daß sie ihre Betriebe verkauften und Anaheim verließen (Abb. 46).
Aber es gab – wie wir wissen – auch eine kleinere Zahl von Ausnahmen, da in den
landwirtschaftlichen Berichten späterer Jahre weiter von der Weinerzeugung und
vom Weinverkauf berichtet wird (A 10).

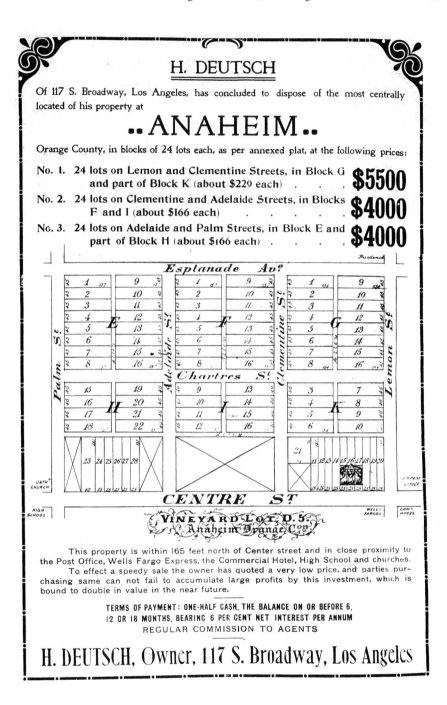

Abb. 46: Verkaufsanzeige für Stadtgrundstücke auf ehemaligen Weinbauflächen in der Innenstadt von Anaheim. (o.J.)
Quelle: Anaheim History Room, Anaheim Public Library.

> Fred Hartung · produced 20,000
> gallons of wine the past season
> from his 20-acre vineyard, he has
> been offered and has refused the
> sum of $5.000 for the vintage. Mr.
> Leonard Parker sold net one
> thousand, and five dollars worth of
> oranges the past season from 110
> trees, amounting to about $500 per
> acre.

A 10: Meldung über Fred Hartungs Erfolg im Weinbau.
Anaheim Gazette v. 27.2.1887.
Quelle: Anaheim History Room, Anaheim Public Library.

In der Krise verloren die Arbeiter, die im Weinbau tätig gewesen waren, ihre Beschäftigung und hatten ihre Hoffnungen schon aufgegeben, als sich die allgemeine
Lage mit einem Ereignis schlagartig veränderte, das wiederum nicht aus der Stadt
selbst kam, sondern von außen auf sie einwirkte, dabei aber ihr Geschäftsleben an-
kurbelte und ein überhitztes Bodenspekualtionsfieber auslöste.

Das geschah 1887, als die zweite bedeutende Eisenbahngesellschaft, die Santa
Fé Railroad (SFR) von Osten her durch das Santa Ana Tal ihren Anschluß nach
Anaheim fertiggestellt hatte und nun im freifallenden Wettbewerb mit der Southern
Pacific, die Fahrpreise taumelnd in die Tiefe rutschen ließ. Aber das war nicht die
einzige Voraussetzung, denn als Boomfaktor wirkte auch die Werbung (Tab. 9) und
Mundpropaganda, die von der kurz zuvor veröffentlichten Broschüre einer einfluß-
reichen Anaheimer Bürgergruppe ausging, welche die klimatischen, gesundheitli-
chen und gewerblichen Vorteile wie auch die äußerst günstigen Bodenpreise und
Lebenshaltungskosten hervorhob.[35]

35 Es handelte sich überhaupt um die erste Werbebroschüre für die Stadt und war von der Anaheim
    Immigration Association in Auftrag gegeben worden und mit dem Titel versehen: Anaheim
    California, Its History, Climate, Soil and Advantages, by its Citizens. 1885. Es wurden z.B.
    industrielle Installationen für die Landwirtschaft aufgeführt und Landpreise angegeben: z.B. im
    NO von Anaheim (Placentia Gegend) mit Wasserrechten 75 bis 125 $ pro ac. Noch unerschlos-
    sener Boden war für 25 $ pro ac erhältlich. Nach Rinehart (1932), p. 49/50.

Tab. 9: Kostenaufstellung für Werbezwecke eines 20 ac-Weingutes in Anaheim 1885 in Dollar

1. Jahr: Grundstückskosten mit Wasserrechten $ 125 pro ac	2 500
Pflügen etc.	50
17 000 Setzlinge	34
Pflanzen der Setzlinge	80
Bewässern	30
2 x Pflügen	60
2 x Pflegearbeiten	24
1 x Hacken	10
	$ 2 788
2. Jahr: Beschneiden	20
Bewässern	20
2 x Pflügen	60
3 x Pflegearbeiten	36
Hacken	10
Aufbinden	170
	$ 316
3. Jahr: Beschneiden	40
2 x Bewässern	40
2 x Pflügen	60
3 x Pflegearbeiten	36
Hacken usw.	20
	196
	Insg. $ 3 292

Anm.: Das Werbeblatt entstand in den Krisenzeiten des Weinbaues. Seine Aussichten wurden aber noch zuversichtlich eingeschätzt. Wenige Jahre zuvor konnte auf einem etablierten, gut geführten Weingut ein jährlicher Gewinn von etwa 5 000 bis 6 000 Dollar erwirtschaftet werden.
Quelle: H.F. Raup Manuskript, Anaheim History Room, Anaheim Public Library. Raup bezieht sich auf die von der Anaheim Immigration Association 1885 herausgegebene Werbebroschüre für Ansiedler.

Die niederen Fahrkartenpreise und die verlockende, doch überhöhte Vorstellung eines angenehmen und leichten Lebens in Kalifornien mit beinahe ungehinderten Verdienst- und Aufstiegsmöglichkeiten lockten einen Strom von erwartungsvollen Besuchern, ansiedlungswilligen Gesundheitssuchenden, neugierigen Touristen und ehrlichen Arbeitssuchenden an.[36] Zu ihnen gesellten sich nicht zuletzt viele kleine

---

36 Der Preiskampf zwischen den Gesellschaften dauerte 6 Monate und ging soweit, daß zu einem Zeitpunkt die Fahrtkosten zwischen Kansas City und Los Angeles 15 Dollar und weniger betrugen. Die Verluste zwangen die Kontrahenten zu einer Übereinkunft. Auch Los Angeles erlebte diesen Ansturm. Seine Bevölkerung stieg bis 1889 auf 50 000 Einwohner. Die Geschäfte mit Grund und Boden blühten spekulativ. Eine Landaufteilung folgte der anderen bis der Markt 1888 zusammenbrach und sich Städteträume in Luft auflösten. Starr (1985), p. 49.

Handelsleute und gewitzte Geschäftemacher sowie die professionellen, vom Eigennutz gelenkten, Landspekulanten, die schon in anderen Städten des Westens ihre Erfahrungen „Geld zu machen" gesammelt hatten und nun den „Mythos California" auszunutzen gedachten (A 11).

> If land seekers who are coming into this county in such numbers will consult their own interests and not allow their common sense to be obscured by the not altogether uninterested advice of the agents that they meet in Los Angeles they will visit Anaheim and inspect some of the many superior tracts of land which are here offered for sale. They very finest fruit land is offered at from $100 to $125 per acre, including the right of irrigation. This is an excellent time of year to purchase land with a view to improvement. Irrigation water is cheap and abundant and it is the proper time to plow the land and get it in shape for planting of vines and trees.

A 11: Informationen und Hinweise für mögliche Landkäufer.
Anaheim Gazette v. 5.12.1886.
Quelle: Anaheim History Room, Anaheim Public Library.

Diesem Ansturm nach Land, Immobilien und Arbeit verdankten die Städte Fullerton und Buena Park ihre Entstehung, doch scheiterten andere Gründungsversuche wie Carlton in der Nähe Anaheims, das, wie viele urbane Träume in der westlichen Expansionsphase, eine Stadt „auf dem Papier" blieb. In Anaheim selbst verkörperte der Bau des geräumigen und noblen, 40 000 Dollar teuren Hotels Del Campo, das glanzvoll aufstieg und dann in wenigen Jahren verkam und verfiel, symbolisch am besten die von lukrativen Erwartungen getragene Betriebsamkeit einer kurzen, hektischen Zeitspanne. Ähnlich ambitioniert war die Errichtung eines Opernhauses (Reiser Opera House 1888/89), das zwar weit weniger kostete,[37] aber das städtische Bevölkerungswachstum, das bis 1890 zu nur 1 273 Personen geführt hatte, ebenso wie den Publikumszuspruch weit überschätzte (Tab. 10).

---

37 Erwähnt bei Rinehart (1932), p. 63.

Tab. 10: Bevölkerungsentwicklung Anaheims von 1860 bis 1890

JAHR	EINWOHNERZAHL
1860	225
1861	zw. 230 und 300
1870	881
1880	1 469
1890	1 273

Verschiedene Quellen.

Wie schon erwähnt, beteiligten sich auch Anaheimer Bürger an den hitzigen Land-geschäften, um durch Liegenschaftsverkäufe aus der desolaten Lage des Weinbaus einen Ausweg zu finden. Die Nachfrage glich jedoch einem Strohfeuer von kurzer Dauer, dem eine Baisse folgte, aus der kein allgemeiner und nachhaltiger, wirt-schaftlicher Aufschwung zustande kam. Die Region war eben immer noch auf die Landwirtschaft ausgerichtet, die sich erst neu orientieren und erholen mußte, und es dauerte einige Jahre, bevor sie das Fundament für eine breitere Entwicklung abge-ben konnte. Die Bedingungen dafür waren in einem bestimmten Umfang vorhan-den, denn neben dem Weinbau hatten einige Farmer in der Anaheimer Gegend be-reits etwa 4 000 ac mit anderen Kulturen bestellt, bei denen Walnußhaine und Oran-gengärten besonders hervortraten. Das Ausweichen auf die Nußbaumplantagen blieb nicht die einzige Ersatzlösung für die angeschlagene Agrikultur, die zusätzlich auf die Chili-Pfefferschote zurückgriff, die bislang nicht im geschäftlich betriebenen Agrarhandel angeboten wurde und plötzlich in größerem Maße die früheren Wein-felder eroberte. Eine solche Expansion ließ die Anaheimer Gegend in ganz Kalifor-nien mehrere Jahrzehnte lang zum Hauptproduzenten einer besonderen Varietät dieser im Süden geschätzten, scharfen Würzpflanze werden. Außerdem versuchte man Zuckerrüben, Zitronen und Aprikosen zu kultivieren, doch erfüllten alle diese An-baufrüchte in den Augen der Agrikultoren nur Zusatzfunktionen, denn an sich dach-ten sie an ein Landwirtschaftserzeugnis, das sich in großen Mengen ernten ließ und das saisonunabhängig, qualitätsvoll und von einer großen Nachfrage getragen, ge-winnbringend in der ganzen Nation Absatz finden könnte. Noch wußte man nicht genau, welche Kultur das sein konnte, weil z.B. der Walnußanbau diesen Wünschen nicht entsprach, und seine Schädlingsanfälligkeit hoch war. Während sich im Nor-den Kaliforniens, im Großen Längstal der Weizen als zwischenzeitliche Großöko-nomie durchgesetzt hatte, begann sich im Süden der Orangenanbau wegen der gera-de erwähnten, positiven Eigenschaften mehr und mehr auszubreiten und übernahm allmählich die Rolle der führenden Dauerkultur im Southland. Anaheim war eigent-lich nicht der Ausgangspunkt für diese Bewegung, die traditionsgemäß weiter nörd-lich, in der Umgebung von Los Angeles, schon seit längerer Zeit gepflegt worden war und von dort immer weitere Verbreitungskreise gezogen hatte.[38] Die Orangen-

---

38 1881 gab es in Los Angeles County schätzungsweise 500 000 Orangenbäume. Starr (1985), p. 140. In Orange County waren 1890 1 800 ac und 1900 4500 ac bepflanzt. Pleasants (1931), p. 234.

pflanzungen galten wegen ihres wirtschaftlichen Erfolges als ein nachahmenswertes Vorbild und schienen gut geeignet, die ausgefallenen Kulturen weiter im Süden zu ersetzen. Es blieb aber nicht bei einer einfachen Übernahme, denn im Zuge dieses Wandels ereigneten sich überraschenderweise noch ein botanischer Züchtungserfolg und ein Verkaufsschlager, die sozusagen als bodenständige Beiträge unmittelbar aus der Region selbst kamen und eine nachhaltig-erfolgreiche, landwirtschaftliche Umwälzung in Gang setzten.

Abb. 47: Bürgerstolz in Anaheim. Ein „viktorianisches" Wohnhaus in der Orange St., das vor der Jahrhundertwende errichtet wurde.
Eigene Aufnahme, Juni 1996.

Zwei Namen waren damit verbunden, zum einen war Dr. William N. Hardin, Arzt und Friedensrichter aus Anaheim, daran beteiligt und zum anderen Charles C. Chapman aus Placentia. Während Hardin für die Gegend als Pionier des Orangenbaus gelten kann, der 1870 aus geschenkten Tahiti Orangen junge Pflanzen zog, damit einen ertragvollen Hain anlegte und ein aufstrebendes Geschäft mit Setzlingen begann, entwickelte Chapman in den 90er Jahren mit der Sorte Valencia und der imagestarken, historisch bezogenen Marke „Old Mission" eine werbewirksame und zeitlich wohl überlegte Vermarktungsstrategie, die auf die mittelwestlichen und östlichen Märkte zielte und zu großartigen Erfolgen führte.[39] Ohne die Frachtlinien der

---

39 Zur Geschichte der Valencia Orange wie der Washington Navel s. Starr (1985), p. 141. Dort

Eisenbahnen, die Orange County inzwischen durchzogen und die ersten, experimentellen eis-und luftgekühlten Waggons mit sich führten, hätte der Export allerdings nicht stattfinden können, der in bescheidenem Umfang bereits 1888 aufgenommen worden war und nebenbei in Anaheim die Wirkung zeitigte, zum Entstehen eines ersten Industriezweiges in der Verpackungsbrache beigetragen zu haben, die den Namen Orange Packing Industry trug.

Die Valencia Orange hat einige bemerkenswerte Vorteile, die z.B. darin liegen, daß sie ohne größeren Qualitätsverlust bis zu sechs Monate nach der Reife am Baum bleiben kann. Ihre Vermarktungsspanne reicht vom April bis zum November und ihr hoher Saftgehalt macht sie gerade für die heißen Monate sehr attraktiv. Während die Washington Navel besser für das trockenheiße Inland in San Bernardino und Riverside County geeignet ist, gedeiht die Valencia vorteilhafter im nebelkühleren Küstenbereich.[40] Dort reift sie – wie gesagt – im Sommer, während die Washington Navel in der Wintersaison ihr Pflückstadium erreicht. Wie bei den Vorläuferkulturen war auch die Orangenpflanze nicht vor Insektenschädlingen gefeit, doch setzte in diesem Fall die Prävention rechtzeitig und verstärkt ein. Sie lief auf zwei Ebenen, einem biologischen Kontrollverfahren und den experimentellen Sprüh- und Fumigationstechniken, mit deren Hilfe sich die Krankheiten tatsächlich eindämmen ließen, so daß derart immense Ausfälle wie in den Jahren zuvor beim Weinbau nicht mehr eintraten. Damit war die Grundlage für eine Plantagenkultur geschaffen worden, die solche Blütenträume trieb, daß die Grenzen von Orange County um 1930 die größte Konzentration des Valencia Anbaus in Kalifornien umschlossen. Von den landbesitzenden Familien, die sich auf diese Anbauversion eingelassen hatten, konnten Vermögen erwirtschaftet werden, die in großzügig gestalteten, viktorianisch geprägten Wohn- und Gartenanlagen Ausdruck fanden und einen entsprechenden Lebensstil erlaubten (Abb. 47). Man sollte meinen, daß sich mit der Ausweitung der Kulturflächen die Beschäftigungsmöglichkeiten für die ansässige Landarbeiterbevölkerung enorm verbessert hätten, doch bestanden die angebotenen Tätigkeiten vor allem in saisonaler Pflückarbeit während der mehrmonatigen Erntezeit, die obendrein mit einem niederen Leistungsentgelt entlohnt wurde (Abb. 48). Mit der Einführung des Orangenanbaus im großen Stil, der sich in der Citrus Industrie bald zu einem herrschenden Wirtschaftszweig aufschwang,[41] trat ein Nebeneffekt für Kalifornien ein, der nach dem untergegangenen „Goldenen Zeitalter" ein neues, attraktives und epochebestimmendes Image des Staates kreieren sollte. Sein Entstehungshintergrund liegt im Baum und der Frucht selbst, in ihrem ästhetischen und wechselvollen Erscheinungsbild, der sagenhaften Herkunft, ihren historischen und divers-kulturellen Bezügen und Verbreitungsleitlinien, die schließlich über Spanien

---

sind weitere verdienstvolle Namen aufgeführt, die mit dem Aufblühen der Orangenkultur verbunden sind. Ihre Historie wird dadurch nicht übersichtlicher, denn wer, wo, wann gewirkt hat und wie sich die Beteiligten beeinflußt haben, wird nicht so recht klar.

40 Näheres s. Pleasants (1931), p. 229 ff.

41 Als Agrarindustrie wird sie bezeichnet, weil sie beispielsweise mit folgenden Zusatzeinrichtungen verbunden war: Verpackungsunternehmen und Verpackungsanlagen (später mit Kühlvorrichtungen und Kühlwaggons), Schädlingsbekämpfungsmethoden, Agrarkontrollen, Werbeagenturen, Landwirtschaftsausstellungen und Produzentenorganisationen.

und seine koloniale Expansion in den amerikanischen Herrschaftsbereich führte und dort zu einer Art agrarer Superkultur gedieh, die einen unerwarteten, kaum zu glaubenden Siegeszug antrat.[42] Umgeben von einer mediterranen Naturkulisse überhöhten in erster Linie die Kalifornier selbst ihre geld- und glückbringende „Hesperidenkultur", indem sie auch metaphorisch („Sunkist") zu Beginn des 20. Jhs. ein agrarzivilisatorisches Paradies- und Fruchtbarkeitssymbol schufen, das zum zeitweiligen Leitbild ihrer regionalen Identität aufstieg.

Abb. 48: Eine Gruppe weißer Arbeiter und Jugendlicher bei der Orangenernte, 1899.
Quelle: Anaheim History Room, Anaheim Public Library.

42 „The orange tree and the lemon tree then implied for Californians a connection, a continuity
    with fabled Asia, ancient Greece, medieval Islam, Arab Spain, and the Spanish translation to the
    New World,"… Starr (1985), p. 140.

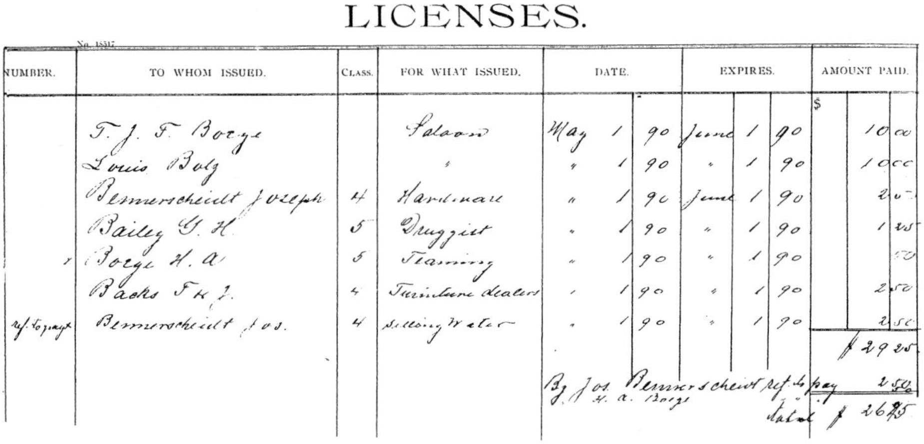

LICENSES.

NUMBER.	TO WHOM ISSUED.	CLASS.	FOR WHAT ISSUED.	DATE.		EXPIRES.		AMOUNT PAID.
	T. J. F. Boege		Saloon	May 1	90	June 1	90	10 00
	Louis Bolz		„	„ 1	90	„ 1	90	10 00
	Bennerscheidt Joseph	4	Hardware	„ 1	90	June 1	90	2 00
	Bailey G. H.	5	Druggist	„ 1	90	„ 1	90	1 25
	Boege H. A.	5	Teaming	„ 1	90	„ 1	90	2 50
	Backs F. H. J.	4	Furniture dealer	„ 1	90	„ 1	90	2 50
	Bennerscheidt Jos.	4	Selling Water	„ 1	90	„ 1	90	2 50
								$ 29 25
	By Jos Bennerscheidt ref. to pay							2 50
	H. A. Boege						Total $ 26 25

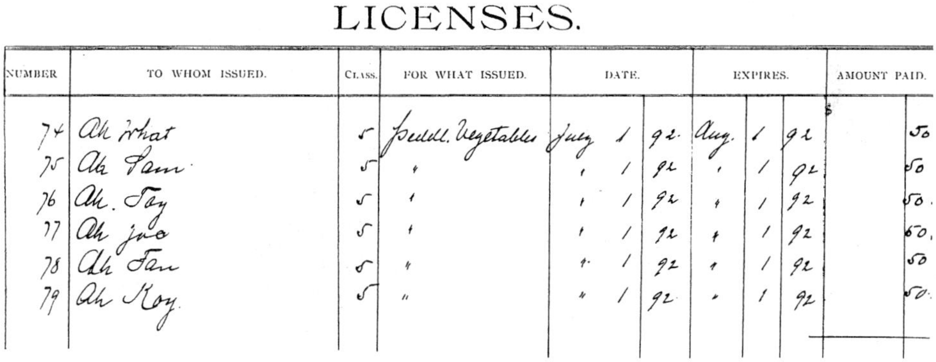

LICENSES.

NUMBER	TO WHOM ISSUED.	CLASS.	FOR WHAT ISSUED.	DATE.		EXPIRES.		AMOUNT PAID.
74	Ah What	5	Peddl. Vegetables	July 1	92	Aug. 1	92	50
75	Ah Fam	5	„	„ 1	92	„ 1	92	50
76	Ah Tay	5	„	„ 1	92	„ 1	92	50
77	Ah joe	5	„	„ 1	92	„ 1	92	50
78	Ah Fan	5	„	„ 1	92	„ 1	92	50
79	Ah Koy	5	„	„ 1	92	„ 1	92	50

Abb. 49: Auszüge aus dem Hauptbuch für Gewerbelizenzen, 1890/92 für Boege (Salooninhaber), Bennerscheidt (Eisenwaren), Ah What (Gemüsehändler) u.a.
Quelle: License Ledger Book, City of Anaheim 1890–95. No.18517.
Anaheim History Room, Anaheim Public Library.

Abb. 50: Blick gegen Norden auf das Zentrum von Anaheim, um 1910. Im Vordergrund Claudina
St., die zur City Hall führt. „The town that can't be beat"... (Die angegebene Bevölkerungszahl ist
übertrieben.)
Quelle: Anaheim History Room, Anaheim Public Library.

2. DER ÜBERGANG ZUR MODERNE

2.1 DIE KOMMERZIELLE LANDSTADT

Mit dem ausgehenden Jahrhundert setzte für Anaheim eine jahrzehntelange Konsolidierung ein, die auf dem immer größer werdenden Exporterfolg seines neuen landwirtschaftlichen Hauptprodukts aufbaute, das als Valencia Sorte beispielsweise im Jahr 1923 in Orange County auf 37 528 ac angepflanzt wurde und bei der Ernte 4,3 Mio. Kartons Orangen einbrachte, die einen Wert von 10,9 Mio. Dollar hatten.[1] (A 12, A 13 u. A 14).

> One of the new industries of Anaheim which has insinuated itself into the business world with very little noise, is the new packing house of the Anaheim Orange Growers association, which is being erected on the Santa Fe track between the depot and Dauser's mill. It is one of the largest packing houses in this region, being 52 x 170 feet in dimensions, with a basement 52 x 70 feet beneath.

A 12: Eine neue Industrie macht sich breit – die Verpackungshallen für Zitrusfrüchte.
Anaheim Gazette v. 23.11.1911.
Quelle: Anaheim History Room, Anaheim Public Library.

> All records were broken in Valencias, when the world's highest mark, $17.25 per box, was obtained in New York the other day for some strictly fancy fruit. This price was paid by Hick & Son, fruit buyers at 1179 Broadway. The nearest approach to these figures was $14.35, which the same brand sold for in 1905.

A 13: In New York setzt sich die Valencia Orange durch.
Anaheim Gazette v. 28.12.1911.
Quelle: Anaheim History Room, Anaheim Public Library.

---

1 Westcott (1990), p. 57. Gelegentlich traten Rückschläge auf. So 1913, als das Thermometer unter den Gefrierpunkt sank und die Früchte erfroren. Die Obstfarmer versuchten dann mit ihren Wärmeöfen das Schlimmste abzuwenden. Westcott (1990), p. 58.

Orange county citrus fruit is
rapidly assuming its proper place
on the market—the top of the
list—and its market is also ex-
panding and enlarging. Last Friday the Placentia Orange Growers
association shipped a car of oranges direct to London, England,
a distance of more than six thousand miles. If Orange county
made a large splash on the map it
would soon be supplying the entire world with its choicest citrus
fruits, walnuts, celery and sugar.

A 14.: Die internationale Exportexpansion der Orange County-Zitrusprodukte.
Anaheim Gazette v. 18.1.1912.
Quelle: Anaheim History Room, Anaheim Public Library.

Mit der gedeihenden Agrarökonomie und guten Absätzen, die im städtischen Ge-
schäfts- und Gewerbeleben Investitionen förderten (Abb. 51), wuchs auch die örtliche Bevölkerung langsam, aber stetig an (Tab.11).

Abb. 51: Ein berühmter Männertreffpunkt in Anaheim. Kroeger's Favorite Saloon in der W. Center
St. 144, um 1906.
Quelle: Anaheim History Room, Anaheim Public Library.

Tab. 11: Bevölkerungsentwicklung Anaheims von 1890 bis 1940

JAHR	EINWOHNERZAHL
1890	1 273
1900	1 456
1910	2 628
1920	5 526
1930	10 995
1940	11 031

Verschiedene Quellen.

Dennoch blieb Anaheim vorerst eine ruhige, ja man kann sagen, verschlafene Provinzstadt, in der noch zahlreiche Nachfolger von Familien, aus der Frühphase heimisch waren (Tab. 12). Seine ländliche Bedeutung machte sich auch in der Weise bemerkbar, daß z.B. die Qualität der regionalen Straßenverbindungen nach wie vor hinter der sich verbessernden wirtschaftlichen Lage zurückblieb. Immer wieder wurden Klagen laut über den schlechten Straßenzustand, aber es dauerte noch etliche Jahrzehnte, bis erste offizielle Schritte unternommen wurden, den Beschwerden zu begegnen und Abhilfen einzuleiten. 1910 war man endlich soweit und setzte die erste County Highway-Kommission ein, die den Auftrag bekam, eine Straßenübersicht zu erstellen und Empfehlungen zum Ausbau der Verkehrswege auszusprechen. Erst mit diesem Bericht waren die Voraussetzungen für die Wähler gegeben, Schuldverschreibungen für den Straßenbau zu genehmigen, und bis 1917 hatte man tatsächlich 168 Meilen der „county"-Straßen gepflastert.[2] Man feierte den Ausbau als Fortschritt, doch lag dies in erster Linie an der wachsenden Verwendung des Automobils bzw. an dem politischen Druck, der von der Besitzer-Lobby ausging. Während nämlich die Verwendung des Kraftfahrzeuges vor der Jahrhundertwende noch gering war und als belächelte Spielerei galt, hatte sich die Zahl der Automobilisten im county nach 1910 schon auf mehrere tausend erhöht und stieg weiter an. Man sollte dabei nicht übersehen, daß das Automobil um die Jahrhundertwende nicht nur als Personen-und Familienbeförderer angesehen wurde, sondern auch als epochemachendes Transportmittel für Landwirtschaft und Gewerbe, das mit Ladungen von hohem Gewicht ungewohnte Distanzen zurücklegen konnte.

---

2   Westcott (1990), p. 46.

Tab. 12: Anaheimer Bürgernamen 1890, die zu den Pionierfamilien zählten

Name	Alter	Beruf
Bennerscheidt, C.H.	51	Maschinist
Bennerscheidt, J.	46	Blechschmied
Boege, H.A.	46	Weinbauer
Boege, T.J.F.	52	Kaufmann
Fischer, F.A.	36	Schankwirt
Fischer, W.	34	Böttcher
Koerner, C.	---	Bauer
Konig, W.	58	Weinbauer
Kroeger, H.	60	Bauer
Kroeger, H, Jr.	21	Bauer
Lorenz, C.	74	Weinbauer
Kroeger, W.	27	Bauer
Luedke, O.R.	28	Juwelier
Luedke, R.	66	Uhrmacher
Kuchel, C.	24	Drucker
Kuchel, H.	31	Herausgeber
Langenberger, A.	66	Kaufmann
Langenberger, C.	32	Bauer
Padderatz, E.	25	Arbeiter
Reiser, T.	61	Weingärtner
Rimpau, A.	38	Kaufmann
Rimpau, F.T.	31	Apotheker
Rimpau, F.	35	Kaufmann
Rimpau, J.L.	21	Vertreter
Rimpau, T.	63	Kaufmann
Rust, C. O.	31	Weingärtner
Werder, H.L.	67	Ex-Weinbauer
Zeyn, F.R.	30	Weinbauer
Zeyn, J.P.	59	Weinbauer

Quelle: Orange County California Genealogical Society (comp.): 1890. The Great Register of Orange County, State of California. Orange 1996.

Bevor jedoch das Auto auf den Straßen der Region auftauchte, war Anaheim erneut in einem weitreichenden, innovativen verkehrspolitischen Modernisierungsschritt ausgelassen worden, von dem zunächst die Kreise von Los Angeles und Orange profitierten. Von Los Angeles aus hatte sich nämlich eine attraktive Verkehrseinrichtung schnell ausgebreitet, die als elektrisches Bahnsystem angelegt war und den Namen Pacific Electric Co. trug, hinter der H.E. Huntington als einflußreicher, mächtiger Unternehmer stand. Sein persönliches, materielles Interesse an dieser Einrichtung bestand im Bau von Bahnlinien in Nachbargemeinden bzw. in bisher nicht entwickelte Gebiete, in die er als Hauptakteur Grunderwerbskapital investiert hatte wie beispielsweise in die Los Angeles Pacific Boulevard and Development Co. Das Unternehmen erwies sich – wie erwartet – als sehr profitabel und nachdem man

1902 die Verbindung nach Long Beach ausgebaut hatte, wurden bis 1910 fünfzig Gemeinden in vier „counties" angeschlossen. Darunter befanden sich Newport Beach im Süden, Santa Ana sowie Riverside im Osten, nicht aber Anaheim, für das ein Anschluß geplant war, aber nicht zustande kam. (Abb. 52).[3] Wahrscheinlich war Anaheim als Landgemeinde noch nicht bedeutend genug, um unmittelbares Wachstum erwarten zu lassen, weshalb es sozusagen die elektrische Transportphase übersprang und sich direkt in das aufkommende Zeitalter des Kraftfahrzeuges stürzen konnte.

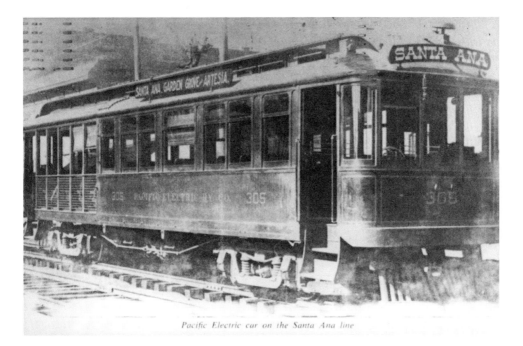

Pacific Electric car on the Santa Ana line

Abb. 52: Triebwagen der Pacific Electric Co., die zwischen Santa Ana, Garden Grove und Artesia verkehrte.
Quelle: Anaheim History Room, Anaheim Public Library.

Im Ort selbst war mit der Anlage von befestigten, d.h. zementierten Bürgersteigen in der Center Street begonnen worden und die ersten elektrischen Beleuchtungen erhellten des Abends die Geschäfte. Aber es dauerte noch bis zum I. Weltkrieg, bis sich die Bürger an beleuchteten Straßenzügen erfreuen konnten. Auch der Stadtbildpflege nahm man sich nun an, und beschloß, die Hauptgeschäftsstraße als kommunales Aushängeschild künftig vom Unkraut- und Gestrüppbewuchs freizuhalten. Darüberhinaus errichtete die Stadt als nicht zu übersehenden Ausdruck ihrer Zuversicht für das zu klein gewordene erste Rathaus einen Neubau, mit dem die Selbst-

3   Siehe Starr (1985), p. 70/71.

verwaltung zum Ende des 19. Jhs. als aktive, die Initiative ergreifende Bürgervertretung wie auch als arbeitseffektive Instanz auftrat.

In etwa parallel zum Bevölkerungswachstum in diesen Jahren verliefen auch die Baugenehmigungen, die einerseits als Teilindikator für die Fluktuationen in der lokalen Wirtschaftstätigkeit gelten können, andererseits aber auch Schlüsse auf die räumliche Ausdehnung der Stadtfläche zulassen (Tab. 14). Private Entwicklungsgesellschaften wandelten vornehmlich die im Westen, am Stadtrand gelegenen Orangenhaine, besonders in den frühen zwanziger Jahren in Bauland um, teilten den Boden in Wohngrundstücke auf und bebauten sie mit Einfamilienhäusern, so daß sich die Stadtgrenze und der Stadtkörper selbst merkbar in das ehemalige umliegende Gartenland hinein erweiterte.

Tab. 14: Baugenehmigungen in Anaheim (ausgewählte Jahre)

JAHR	ANZAHL	WERT (Tsd. Dollar)
1908	85	77
1910	129	149
1912	195	192
1915	98	158
1918	62	92
1919	174	465
1921	564	1 254
1923	822	2 269
1925	205	448
1928	206	403
1931	193	302
1932 (die ersten 6 Monate)	73	75

Quelle: Nach Rinehart (1932), p. 8.

Von Reformbestrebungen und politischen Bewegungen wie dem Progressivism mit seinen visionären und pragmatischen Absichten am Anfang des Jahrhunderts war in Anaheim kaum etwas zu bemerken, was mit seiner ländlich, konservativen Kultur zusammenhängen mag. In den Jahren der Normalität vor dem I. Weltkrieg wird das Alltagsleben Anaheims weder von einschneidenden inneren noch ungewöhnlich-aufregenden, äußeren Ereignissen beeinflußt, wenn man nicht den Wandel im Verkehrswesen als eine Revolution sehen will, die sich schleichend, Auto für Auto, in zahlreichen Familien breitmachte, ihren Status anzeigte und ebenso den behäbigen Lebensrhythmus änderte.

> Born--To the wife of Louis
> Kroeger on Monday, a daughter.
> Mother and child doing well, and
> Louis passing out the cigars.

A 15: Jahre der Normalität. Geburtsanzeige für eine Tochter von Louis Kroeger im Januar 1912.
Nach einer Meldung in der Anaheim Gazette v. 18.1.1912.
Quelle: Anaheim History Room, Anaheim Public Library.

Erst der ausgebrochene Krieg und die Teilnahme Amerikas unterbrach den Lebenslauf der Städter, doch waren die verbliebenen, ursprünglich deutschen, Familien schon so tief in der amerikanischen Gesellschaft verwurzelt, daß damals niemand öffentlich für Kaiser und Reich eintrat, sondern sich vielmehr lokalpatriotisch begeisterte und die amerikanische Sache durch einen beinahe übereifrigen Kauf von „Liberty bonds" unterstützte. Außerdem ließen sich die jungen Männer als Freiwillige registrieren und nahmen mit Engagement an demonstrativen Aktionen teil. Die deutschstämmige Gemeinde bedauerte allerdings, daß der Deutschunterricht im Lehrplan der High School nicht mehr auftauchte und dort gelegentlich anti-deutsche Stimmen laut wurden. Die Anfeindungen gingen aber nicht soweit, daß Anaheim seinen Stadtnamen aufgeben mußte, wie das in anderen Fällen mit der Amerikanisierung deutscher Gemeindenamen geschehen ist. Die Benutzung der deutschen Sprache ging in der Gemeinde nicht völlig unter, da man die Unterhaltungen im geselligen Kreis oder im deutschen Klub in der alten Weise weiterführte. Ein derartiger Treffpunkt war der Concordia Club von 1910, hervorgegangen aus dem Liederkranz von 1861 und dem späteren Turnverein, der seine Konzerteinladung 1920 noch in deutscher Sprache druckte (Abb. 53). Auch heute existiert ein deutscher Phoenix-Verein, der 1960 in die Fußstapfen der alten Zusammenschlüsse trat und in einem markanten Neubau mit großem Gartenareal im traditionsreichen Anaheim residiert. Mit 3 300 Familien als permanente Mitglieder bietet der Klub ein umfangreiches Aktivitätsprogramm für das gesamte Southland an (Abb. 54 u. 55).

Was sich mit dem Krieg änderte, war die Einstellung zur Industrie in der von Landwirtschaft geprägten Region Anaheims, in der vor Kriegsbeginn nur zwei Fabriken gebaut worden waren, von denen eine Zucker herstellte (Abb. 56 u. 57) und die andere Soda produzierte (Tab. 13). 1924 ergriff die Chamber of Commerce die Initiative und rief eine Organisation ins Leben, die Industriegrundstücke zu günstigen Bedingungen vergab und als Community Industrial Land Co. auftrat, die bis 1966 arbeitete. Als Ziel hatte sie sich die Verbreiterung der wirtschaftlichen Basis der Stadt gesetzt und erwarb dafür mit privatem Kapital zuerst das Gelände der ehemaligen Anaheimer Zuckerfabrik nördlich der La Palma Avenue, wo sich dann einige Unternehmen wie z.B. ein Safthersteller und eine Konzentratfabrik u.a. niederließen (A 16 u. Abb. 58).

Grosses Konzert
Zum Besten der
Notleidenden in Deutschland und Oesterreich
veranstaltet vom

Männerchor Anaheim Concordia
Dirigent Herr LUDWIG THOMAS.

Freitag, den 12. März 1920, Abends 8 Uhr.

ANAHEIM HIGH SCHOOL AUDITORIUM.

Programm:

1) Ouverture: „Die Zigeunerin" .... Balfe
   Orchester.
2) Wander-Marsch: „Sänger, heraus!" .... E. Kirsch
   Männerchor Concordia.
3) Violin-Solo .... J. W. Rice
   J. W. Rice.
4) Kunst-Tanz — Caprice .... Grieg
   Frl. Cecilia Zobelein.
5) Walzer — „An der schönen blauen Donau" ..... Joh. Strauß
   Concordia und Orchester.
6) Piano-Solo — Polonaise .... McDowell
   O. Rasbach.
7) Bariton-Solo ....
   Percy Rice.
8) Violin-Solo — Cavatina .... Raff
   Julius Bierlich.
9) Poeten auf der Alm: ....Engelsberg
   a) „Der frohe Wandersmann".
   b) „Auf dem See".
   c) „Die Spröde".
   d) „Gruß".
   e) „Abschied".
   Concordia und Orchester.
10) Ansprache.........................
   Herr Max E. Socha.
11) a. „Grüße an die Heimat" .... Carl Kromer
   „The Star-Spangled Banner" .... Keys
   Chor und Publikum.
Sämtliche Begleitungen werden von Herrn Rasbach gespielt.

Abb. 53: Einladungsplakat in deutscher Sprache zum Benefizkonzert für die kriegsbetroffene Bevölkerung in den Heimatländern, 1920.
Quelle: Anaheim History Room, Anaheim Public Library.

Chronik des Phoenix Clubs. Inc.,
Deutscher Verein in Orange County.

Datum		Mitglieder Familien

1960 4. August, Gründung des Klubs in Orange.   15
1018 Palmyra Ave. Praeamble: "Zur Erhaltung
unserer gemeinsamen deutschen Sprache.
Kultur. Sitten und Gebräuche.

1964 10. Mai, mit nur $12,000.00 Eigenkapital,   500
Ankauf von 4.2 acre Land an Douglas Road in
Anaheim ($92,000.00)

1964 20. September, erster Spatenstich für ein
eigenes Klubhaus. Etwa 17,000 sq.ft umbauten
Raum. ($200.00.00) zu 80% mit freiwilliger
Hilfe in 7 Monaten fertig.

1965 24. April, Gala-Einweihung für 600 Gäste,   600
Bühne, Balkon, für 150 Gäste, Küche,
Restaurant für 90 Gäste. Parkplatz für 300
Automobile

1967 Ankauf von weiteren 1.2 acre Land im Osten   1200
bis zum Santa Ana River für $32,000.00

1970 Erwerb von weiteren 2 Acre Land für
$60,000.00

1972 Die gesamte Hypothek für das Klubhaus   2400
bezahlt.

1977 Ausbau des grossen Klubparks für $130,000.00   3200

1978 Erste Skat-Weltmeisterschaft der ISPA im Klub.   4100
Mehr als 1,000 Besucher aus Deutschland.

1978 Bundestagspräsidentin, Annemarie Renger, zu
Gast.

1986 Staatssekretär, Mathias Kleinert, von Baden
Würtenberg zu Gast.

1989 Grosse Wiedervereinigungs-Kundgebung im Klub.
Bundestagspräsident und erster Bürgermeister
von Berlin, Walter Momper, spricht zu 1500
Klub-Mitgliedern.

1989 Die Stadt Anaheim beschliesst eine grosse Arena
auf dem Gelände des Phoenix Clubs zu bauen! Es
besteht die Gefahr der Enteignung! Wir müssen
umziehen!

1989 Die Stadt Anaheim macht erstes Angebot, dem   3100
Klub eine Entschädigung von $5.6 Millionen zu
bezahlen. Auf der Mitgliederversammlung mit
grosser Mehrheit abgelehnt. Starker Protest!!

1990 Die Stadtväter versichern, sich für den Fortbes-
tand des Phoenix Clubs in der jetzigen Form
und Grösse voll einzusetzen. Beide Parteien
einigen sich, nach schwierigen Verhandlungen
auf eine Entschädigung für das gesamte Klub-
gelände von $8.1 Millionen, mit dem
Versprechen, uns ein Grundstück von 7.2 acre
nur 500 Meter von Douglas Road entfernt, für
einen Preis von $2.78 Millionen zu verkaufen.
Die Stadt Anaheim verpachtete dem Klub aus-
serdem zusätzliche 1.3 acre Land mit Verkaufs-
recht für 75 Jahre, für den Preis von $1.00 per
Jahr.
Die Hauptzufahrtsstrasse zu unserem neuen
Gelände wird im Jahre 1993 in "Phoenix Club
Drive" umbenannt. Die Summe von $8.1
Millionen muss am 1. August 1991 bezahlt sein.

1991 Der Klub erlaubt der Stadt, schon vor Räum-
ung des Klubhauses, mit den Bauarbeiten für
die Arena auf unserem südlichen Parkplatz zu
beginnen. Die Stadt übernimmt die Kosten für
die Bereitstellung von neuen Park und
Kinderspielplätzen.

1991 15. Juni, erster Spatenstich für das neue
Phoenix Club Projekt. Die neue Anschrift wird
festgelegt: 1340 S. Sanderson Ave. Anaheim

1992 15. März, letzte Veranstaltung im Phoenix
Klub

1992 4. Juni, ein trauriger Tag in der Geschichte des
Klubs! Das Haus wird abgerissen, und alle
Anlagen zerstört!!

1992 6. November, das Neue Phoenix Clubhaus ist
fertig gestellt. Stolz, feiern die Mitglieder die
Eröffnung des schönen Hauses. Gala-Eröffnung
wird für 3 Tage festlich gefeiert.

1992 Ein Klubhaus mit 40,000 Quadrat Fuss um-   3300
bautem Raum wird der Mitgliedshaft
übergeben. Eine Landmark im Süden Kalifo-
niens öffnet seine Türen für Gäste vom In- und
Ausland. Mit seinen so elegante Räumlich-
keiten, wird der Phoenix Klub nun für die
Zukunft die Heimstätte aller Deutschen in
Südkalifornien werden. Ein neuer Abschnitt in
der Geschichte unseres Klubs hat begonnen.
Wir wollen hoffen, daß dem Phoenix Club
auch weiterhin das Glück zur Seite stehen
wird.

Calendar of Events

All events are open to the public unless noted
otherwise. Prices and dates are subject to change
without further notice.

JANUARY 1994

5. Januar, Mittwoch/Wed.   8.00-12.00pm
Tanz/Dance. "The Red Barons".
Admission $2.00 Members Free.

7. Januar, Freitag/Fri.   7.00-12.00pm
Country Western Tanz/Dance. "Justice
Band". Admission $5.00 Members $ 4.00

8. Januar, Samstag/Sat.   8.00pm-1.30am
**KARNEVALS KOSTUEME BALL. /Mardi
Gras.** Visitors: Calif. Funken K.G. ."Ex-
press Band."
Admission $6.00 Members $ 4.00.

10. Januar, Montag/Mon.   8.00-11pm
Ballroom Dancing, "Howard Reynolds Or-
chestra".
Admission:$ 5.00 Members $4.00.

FEBRUARY 1994

2. Februar, Mittwoch/Mon.   8.00-12.00pm
Tanz/Dance, Connection Band.
Admission: $ 2.00 , Members : Free.

4. Februar, Freitag/Frid.   7.00-12.00pm
Country Western Tanz/dance. "Randall
Williams Band".
Admission:$ 5.00, Members:$4.00

5. Februar, Samstag/Sat.   8.00pm-1.30am
"KARNEVAL auf der REEPERBAHN".
Visitors: German-Americ. Societies of San
Diego and German Southbay Club
Karnevals Groups. Band:"The Bluebirds".
Admission: $ 6.00 Members $ 4.00

6. Februar, Sonntag/Sun.   1.00-3.00pm
Kinder-Karneval. Connection Band.
Admission: Free.

7. Februar, Montag/Monday   8.00-11.00pm
Ball-Room Dancing. Howard Reynolds
Orch. Admission: $5.00, Members:$4.00

9. Februar, Mittwoch/Wed.   8.00-12.00pm
Tanz/Dance. "The Red Barons".
Admission:$2.00, Members: free.

11. Februar, Freitag/Fri.   8.00pm
Membership-meeting. Gardenpavillion.
Members only. Dance: Bluebirds.
Country Western Tanz/Dance. Im
Ballroom. "Western Union Band".
Admission: $ 5.00 Members:$4.00

MARCH 1994

2. Maerz, Mittwoch/Wed.   8.00-12.00pm.
Tanz/Dance. "Burt Harris Band."
Admission:$ 2.00 , Members Free.

4. Maerz, Freitag/Fri.   7.00-12.00pm
Country Western Tanz, dance.
Admission: $5.00 Members: $4.00

7. Maerz, Montag/Mon.   8.00-11.00pm
Ball-Room Dancing. Howard Reynolds
Orch. Admission: $ 5.00, Members$ 4.00

9. Maerz, Mittwoch/Wed.   8.00-12.00pm
Tanz/Dance. Connection Band.
Admission: $ 2.00 Members: Free.

11. Maerz, Freitag/Fri.   8.00pm
Membership Meeting, Members only.
Band:"Bluebirds" 7.00-12.00 in the Ball-
room.
Country Western Tanz/Dance.
Admission: $5.00 Members: $ 4.00

12. Maerz, Samstag/Sat.   8.00pm-1.30am.
Skatmeisterschaft mit anschliessendem
Tanz. Band: Bluebirds.
Admission: $ 5.00 Members $ 4.00

14. Maerz, Montag/Mon.   8.00-11.00 pm
Ball-Room-Dancing. Howard Reynolds
Orch. Admission:$ 5.00, Members: $ 4.00

Abb. 54: Chronik und Ausschnitt aus dem Veranstaltungskalender des Phoenix Clubs in Anaheim.
Quelle: Der Phoenix. Vereinszeitung des Deutschen Vereins in Orange County. Ausgabe 1, 94, No.
124.

Abb. 55: Einladungsanzeige des Phoenix Clubs für das mehrtägige German Fest im Juni 1996 in Anaheim.
Quelle: The Orange County Register v. 13.6.1996.

Abb. 56: Die Zuckerfabrik an der La Palma Ave. im Norden von Anaheim, 1913.
Quelle: Anaheim History Room, Anaheim Public Library.

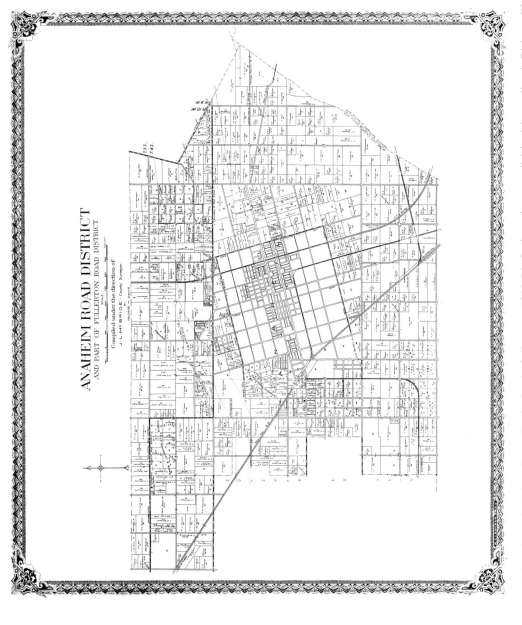

Abb. 57: Das alte Stadtviereck von Anaheim mit umgebender Landaufteilung, um 1915. Die Stadterweiterung vollzieht sich vor allem in Richtung Westen und Norden. An der La Palma Ave. der Eintrag der Anaheim Sugar Co.
Quelle: Anaheim History Room, Anaheim Public Library.

Tab. 13: Industrie- und Gewerbebetriebe in Anaheim 1913

1 Zuckerfabrik
1 Safthersteller
1 Dampfwäscherei
1 Futtermühle
2 Hobelwerke
3 Holzhandlungen
3 Verpackungshallen (Citrus)
1 Brauerei

Anm.: Die im Text erwähnte Sodafabrik ist in dieser Aufstellung nicht aufgeführt.
Quelle: Anaheim Board of Trade (Hrsg.) (1913): Anaheim, Orange County, California, o.O.

OPTION SECURED ON FACTORY SITES

FORTY ACRES NEAR THE SUGAR FACTORY UNDER CONTRACT TO THE C. OF C.

A. E. Schumacher Subscribes First Money to the Industrial Fund— Anaheim Awakening to The Fact That She Must Have Manufacturing Plants — Situation Explained by Mayor Stark and Harry D. Riley, President of Chamber of Commerce

A 16: Anaheim tritt offiziell in das Industriezeitalter ein.
(C of C= Chamber of Commerce).
Anaheim Gazette v. 14.2.1924.
Quelle: Anaheim History Room, Anaheim Public Library.

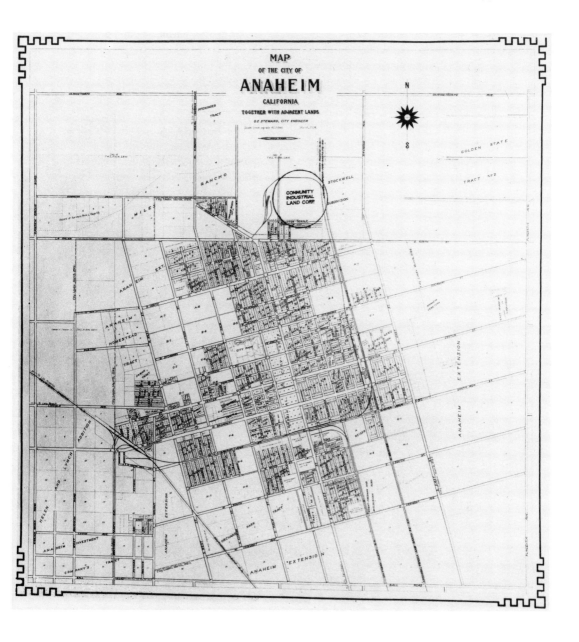

Abb. 58: Stadtplan von Anaheim (1924) mit der Standortangabe der Community Industrial Land Corp. an der La Palma Ave., welche die städtischen Industrialisierungsbemühungen anzeigt.
Quelle: Anaheim History Room, Anaheim Public Library.

Das hieß nicht, daß die landwirtschaftliche Tradition und Kultur in den Hintergrund trat, sondern man wollte im Gegenteil die regionalwirtschaftliche Basis stärken, hervorheben und weiter bekanntmachen. Die Handelskammer initiierte deshalb 1921 zum ersten Mal eine Ausstellung, die die goldene Frucht in den Mittelpunkt stellte. Dabei verband sie die Fachausstellung mit einem unterhaltsamen Teil und nannte die agrare Qualitäts- und Werbeveranstaltung California Valencia Orange Show. Die Ausstellung verlief erfolgreich und wurde von da an als jährliche Schau wiederholt, die bis zu 150 000 Besucher anzog. Die Attraktivität ließ erst nach, als die Wirtschaftskrise einsetzte. Um dem Niedergang zu begegnen, schlossen sich die Nachbargemeinden mit Anaheim zusammen und retteten die Festivität, indem sie gemeinsam die Orange County Valencia Orange Show and Fair organisierten (Abb. 59).

Abb. 59: Die beliebte regionale Valencia Orange Show in Anaheim, 1927.
Quelle: Anaheim History Room, Anaheim Public Library.

1921 begannen auch die Arbeiten zur Anlage eines modern gestalteten Mehrzweck-stadtparks, der die Fläche eines ehemaligen Orangenhaines einnahm. Im Zuge der Neuerungen führte man einen dritten Rathausneubau in klassizistischem Stil auf, der trotz seiner antikisierenden Architektur als Zeichen eines vorwärtsweisenden, optimistischen Ausblicks in das junge Jahrzehnt gesehen wurde und ohne großes, öffentliches Bedauern das erst dreißig Jahre alte Vorgängergebäude ersetzte (Abb. 60).

Es wurde bereits gesagt, daß die Bevölkerung Anaheims seit der Jahrhundert-wende stetig wuchs, aber das eigentlich Auffallende war die sprunghafte Vervier-fachung seiner Einwohnerzahl in nur zwei Jahrzehnten seit 1910. Besonders inten-siv war die Zuwanderung in der ersten Hälfte der zwanziger Jahre als sich eine neue Bevölkerungswelle ins Southland ergoß, die auch Anaheim berührte. Mit ihr tauch-te plötzlich ein politisches Phänomen in der Stadt auf, das in der traditionell konser-vativen Welt der Agrarier und Geschäftsleute und der gerade dominierenden Pro-hibitionsideologie einen guten Nährboden fand. Unter dem Deckmantel der Ana-heim Christian Church nistete sich der Ku Klux Klan zunächst im sozialen Leben der Gemeinde ein, um dann auch in ihren politischen Institutionen Fuß zu fassen. Mit der Gründung der Men's Bible Class gelang es ihm, seinen Einfluß in der Ge-meinde auszuweiten (A 17 u. A 18).

PETITION FILED ASKS BROWN'S REMOVAL

MEN'S BIBLE CLASS OF CHRIS-TAIN CHURCH TRYING TO OUST CITY RECORDER

Petition Signed by 228 Persons De-manding His Removal Presented to the Trustees—Board Will Fix Date for Hearing and Consider Evidence —Bible Class Charges That He is too Lenient in Punishing Violators of the Prohibition and Traffic Laws.

A 17: Mit einer ersten Aktion der Men's Bible Class tritt der Ku Klux Klan in der Stadt in Erschei-nung.
Anaheim Gazette v. 20.12.1923.
Quelle: Anaheim History Room, Anaheim Public Library.

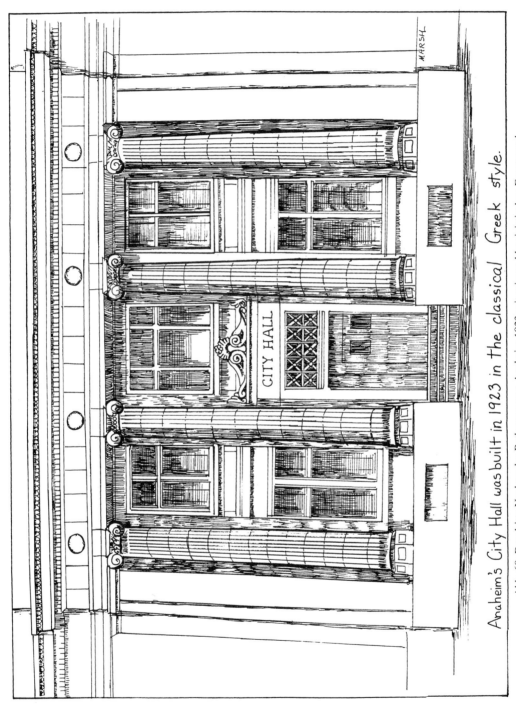

Abb. 60: Der dritte Neubau des Rathauses von Anaheim 1923 mit seinem klassizistischen Frontportal.
Quelle: Anaheim History Room, Anaheim Public Library.

ECONOMY LEAGUE WINS AN EASY VICTORY

SWEEP THEIR CANDIDATES INTO
OFFICE BY HEAVY MA-
JORITIES

Two Thousand Seven Hundred Votes
Cast at the Muncipal Election Mon-
day—Metcalf, Knipe, Hasson and
Slaback Elected Trustees—Boege
Outruns the Field for City Treasur-
er—Proposition to Pay Trustees
$50 a month Carries.

A 18: Wahl neuer Mitglieder in den Anaheimer Stadtrat.
Anaheim Gazette v. 17.4.1924.
Quelle: Anaheim History Room, Anaheim Public Library.

Sein Erfolg rührte wohl auch daher, daß er nicht so militant auftrat wie in anderen Landesteilen, sondern auf psychologischem Wege versuchte, seine Anhängerschaft zu vergrößern, indem er eine vehement anti-katholische Ideologie, Alkoholfeindlichkeit, Nationalismus und Fremdenfeindlichkeit predigte. Anaheim stieg zum Hauptquartier des Geheimbundes im Westen des Landes auf („Klanheim") und schaffte es, in einem zweiten strategischen Schritt mit Unterstützung eines Teils der Presse, die Organisation per Wahl mit vier Klan-Kandidaten in den fünfköpfigen Stadtrat zu bringen (A 19).

Als das erreicht war, war sich der KKK sicher, auf der Höhe seiner Macht zu sein, und feierte zur Jahresmitte mit der größten Mitgliederparade in der Geschichte Südkaliforniens und einer anschließenden Versammlung im neuen Anaheimer Stadtpark demonstrativ seinen erfolgreichen Aufstieg[4] (A 20).

---

4   800 Mitglieder nahmen daran teil und etwa 20 000 Zuschauer beobachteten das Ereignis. Westcott (1990), p. 55.

A communication from S. L. Scott,
Kleagle of the Ku Klux, was read by
Clerk Merritt and will be filed among
the archives. It follows:
To the new Council of Anaheim,
    Greetings:
    It is now no secret that the Knights
of the Ku Klux Klan were a considerable factor in your election to the
position of responsibility which you
now occupy by reason of our suffrages
with which we helped to elevate you
to office. Therefore, we desire at the
outset of your work to place you at
ease as to our expectations because of
the above facts.

A 19: Der Klan macht seinen Einzug in den Stadtrat öffentlich bekannt.
Anaheim Gazette v. 1.5.1924.
Quelle: Anaheim History Room, Anaheim Public Library.

KU KLUX KLAN HOLDS
BIG DEMONSTRATION

**Parade Down Center Street and Ini-
tiate a Thousand New Members**

Anaheim was invaded by the Ku
Ku Klux Klan Tuesday night and the
populace surrendered to the invaders
without a struggle. It was probably
the greatest demonstration of the or-
der ever staged in Southern California. Many thousands of people from
all points of the compass came in
autos and the late comers found it
necessary to drive into the country
to find parking space.
    It is estimated that ten thousand
people gathered at the municipal park
where it had been announced that
thousand candidates, all from Orange
county would be initiated into the or-
der.

A 20: Der Ku Klux Klan feiert seinen Sieg in der Stadt mit einem großen Treffen und einer Parade.
Anaheim Gazette v. 31.7.1924.
Quelle: Anaheim History Room, Anaheim Public Library.

Erst jetzt begann sich eine Opposition zu formieren, an der vor allem auch Familien deutscher Herkunft beteiligt waren. Sie sammelten sich zu gemeinsamem
Vorgehen im USA-Klub („Union, Service, Americanism") und unternahmen unter
heftigen, kämpferischen Auseinandersetzungen, die auf jeder Seite ein Presseorgan
einschloß, verschiedene konkrete politische Aktionen (z. B. eine Unterschriften-
sammlung), die schließlich dazu führten, den Klan-Einfluß in der Gemeinde zu eli-
minieren.[5] (A 21 u. A 22).

COUNCIL ASKED
TO REMOVE
K. K. SIGNS

**PETITION, NUMEROUSLY SIGNED,
PRESENTED TO THE BOARD
THURSDAY**

Mystic Messages to Passing Members
of the Klan Painted on Our Pave-
ments Obnoxious to the Citizens and
a Violation of the State Law—Trustees Announce Steps Already Taken
to Remove Them — Saturday, October 18, Fixed for Power Plant
Election.

A 21: Widerstand gegen das Auftreten des Klans macht sich bemerkbar.
Anaheim Gazette v. 4.9.1924.
Quelle: Anaheim History Room, Anaheim Public Library.

---

5   Zu den näheren Umständen und den wirtschaftlichen Folgen siehe Westcott (1990), p. 55/56. Es
     war vor allem die Anaheim Gazette unter Henry Kuchel, die das Vorgehen gegen den Klan
     publizistisch unterstützte.

Geographisches Institut
der Universität Kiel

MAJORITY VOTES FAVORING THE RECALL

CANVASSERS REPORT OPPOSI-TION TO PRESENT ADMINIS-TRATION OVERWHELMING

Ratio of Those Who Expressed an Opinion Two to One, but Many are Indifferent—Recall Petitions Being Circulated this Week—Eloquent Speakers Denounce the Klan at a Meeting of the U. S. A. Club at Fairyland Theatre Friday Night.

A 22: Der U.S.A.-Klub meldet sich zu Wort, und der Ruf nach Absetzung von Stadtratsvertretern wird lauter.
Anaheim Gazette v. 6.11.1924.
Quelle: Anaheim History Room, Anaheim Public Library.

Als das Jahrzehnt zu Ende ging, hatte sich die Umgegend Anaheims zu einer ertrag-reichen, beinahe industriell produzierenden, Valencia-Orangen Agrarlandschaft ent-wickelt (ca. 10 000 ac) (A 23 u. Abb. 61 u. 62), und die Stadt selbst hatte – wie erwähnt – mit der Anlage eines Industrieviertels im N begonnen, das flächenmäßig zum Kernbereich seines heutigen, erweiterten North Central Industriedistriktes wurde (Abb. 63 u. Tab. 15).

FRUIT GROWERS HOLD ANNUAL MEETING

MEMBERS OF CITRUS FRUIT AS-SOCIATION GATHER AT EIKS CLUB HOUSE

Several Hundred Men and Women Enjoy a Luncheon and Hear Reports on the Years' Business—Shipments During the Season Aggregated 665½ Cars—Membership Now 229, Controlling 2305 Acres of Fruit—Season was a Prosperous One.

A 23: Meldung über die Mitgliederversammlung des für die Region bedeutendsten, landwirtschaftlichen Unternehmensverbandes.
Anaheim Gazette v. 14.2.1924.
Quelle: Anaheim History Room, Anaheim Public Library.

Abb. 61: Frühe Werbeanzeige für die Anaheimer Valencia-Sorte als Mauerschmuck am Citrus Park der City of Anaheim.
Eigene Aufnahme, Juni 1994.

Abb. 62: Anaheim Orange and Lemon Growers Ass. Building von 1919. Orangenverpackungshalle an der Ecke Anaheim Blvd. (Los Angeles St.) und Santa Ana St. (Gleisanschluß). Architektonische Reminiszenzen mit spanisch-mexikanischen Stilelementen und einer Orange über dem Eingang als Symbol des regionalen landwirtschaftlichen Haupterwerbszweiges.
Eigene Aufnahme, Juni 1994.

Tab. 15: Industriebetriebe in Anaheim 1929

9 Verpackungshallen (Citrus)
1 Walnußlagerhaus
1 Ind. Alkoholfabrik
1 Fleischfabrik
1 Ind. Kraftstoffwerk
1 Citrusverarbeitungswerk
1 Safthersteller
1 Packmaschinenwerk (Citrus)
1 Fluorfabrik
1 Betonformwerk
1 Insektenmittelfabrik
1 Maschinenbaufabrik
1 Konservenfabrik

Quelle: Anaheim Chamber of Commerce, Anaheim, 13.11.1929.

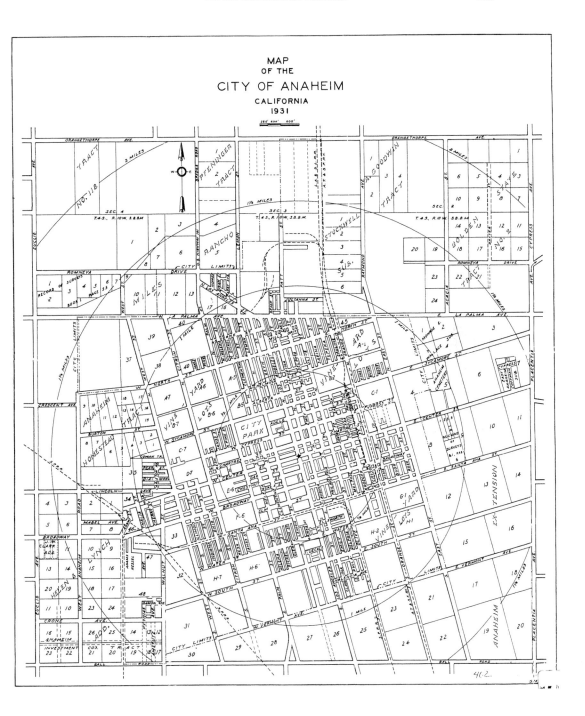

Abb. 63: Stadtplan und Umgebungskarte von Anaheim mit der Eintragung der Stadtgrenze (City Limits), 1931. (Ebenfalls eingetragen sind kreisförmige, vom Zentrum aus gemessene, Entfernungsangaben im Abstand von ½ Meile.)
Quelle: Anaheim History Room, Anaheim Public Library.

2.2 KRISE UND ABSTIEG IN DEN 30ER JAHREN

Die Stadt hatte sich trotz ihres Bevölkerungsanstiegs zwischen 1924 und den beginnenden 30er Jahren in ihrer flächenmäßigen Ausdehnung kaum merklich verändert (Abb. 57). In der Karte von 1931 (Abb. 63) treten jedoch vermehrt sog. tract-Eintragungen auf (z.B. A. Goodwin Tract oder Pfeninger Tract), die Erschließungsvorhaben, Grundstückseinteilung und Wohnbauplanung vermuten lassen (Abb. 64). Allerdings geben die Kartenvermerke über die Verwirklichungsstadien einzelner Ausbauschritte keine Auskunft. Als aber das Wirtschaftsgeschehen ins Stocken geriet und die Krise eintrat, spürten die Bewohner Anaheims sie nicht sogleich, weil die Stadt in ihrer Arbeitsplatzstruktur nur zum Teil von Industriebetrieben abhängig war. Sie nahmen den Einbruch deshalb nicht richtig wahr und meinten, einen kurzen Niedergang schnell überwinden zu können. Darin täuschten sie sich allerdings und spätestens als sich das erste, ernste Anzeichen in Form steigender Arbeitslosigkeit ankündigte und im „county" bald die permanente Quote von 15% erreichte, mußten sie sich auf die schwieriger werdende Lage einstellen. Noch augenfälliger wurde der Mißstand, als die Depression länger anhielt und in der Stadt wandernde Arbeitssuchende auftauchten, für die keine andere Unterbringungsmöglichkeit vorhanden war, als das Gefängnis zu öffnen. Den Anaheimer Bürgern begegneten auf ihren eigenen Straßen obdachlose und hungernde Familien, die sie mit der akuten sozialen Not konfrontierten und sie veranlaßten, in ihren Kirchengemeinden und karitativen Vereinigungen aktiv zu werden. In der Folge übernahm z.B. die Heilsarmee die Betreuung von Notleidenden und die Stadt suchte über ein öffentliches Arbeitsprogramm Abhilfe zu schaffen, das die Sicherung des Santa Ana Flußbettes und Verbesserungen im Bewässerungssystem vorsah. Die Bemühungen waren jedoch von vorübergehender Dauer und erreichten immer nur eine kleine Zahl von Betroffenen. Die Stadt konnte ihr Hilfsprogramm aus finanziellen Gründen nicht lange fortführen, weil sie seit Ende der 20er Jahre ihre Hauptsteuereinnahme aus den Immobilienwerten schrittweise vermindert hatte, um die Hauseigentümer zu entlasten und zu schützen.[6] Bei allen Ausgaben mußten nun Einsparungen vorgenommen werden, die weder vor der Kürzung der städtischen Angestelltengehälter, noch vor der Einsparung von Verwaltungsposten (z.B. der Position des „city manager") Halt machten. Bevölkerung und Stadtregierung waren nicht allein betroffen, denn die Fortdauer der Depression brachte auch die vermeintlich festen Säulen des örtlichen Finanzkapitals zum Einsturz, als nämlich die Öffentlichkeit zusehen mußte, wie ihr heimisches Geldinstitut, die Southern County Bank, auf die sie sich immer verlassen hatten, ihre Tresore und Tore schloß (A 24).

---

6   Die Steuerquote betrug 1927 $ 1,45 pro 100 Dollar Schätzwert und 1936 70 cents. Westcott (1990), p. 61.

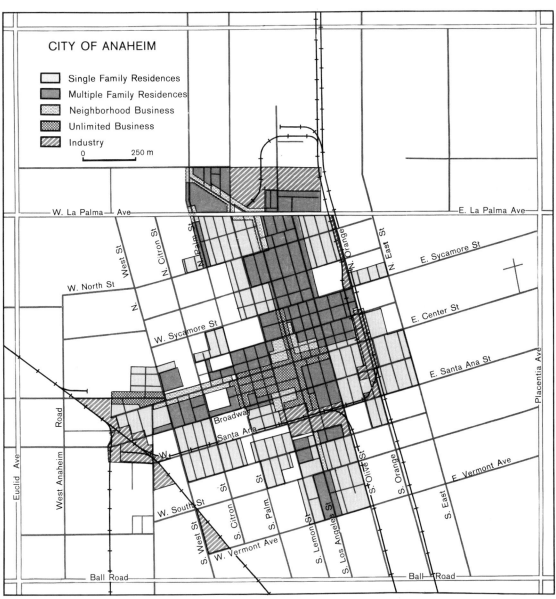

Abb. 64: Funktionale Struktur des Anaheimer Stadtgebietes, 1932.
Quelle: Nach Rinehart, C.H.: A Study of the Anaheim Community with Special Reference to its Development. Los Angeles 1932.
Anaheim History Room, Anaheim Public Library.

NUMBER OF BANK 571
COMBINED REPORT OF CONDITION OF

THE SOUTHERN COUNTY BANK

at Anaheim, California, as of the close of business on the 31st day of December, 1936.

RESOURCES	Commercial	Savings	Combined
1. Loans and discounts ....$	441,551.74		$ 441,551.74
2. Loans secured by real estate	23,435.02	$373.366.45	401,801.47
3. Overdrafts	488.77		488.77
5. All other bonds, warrants and other securities (including premiums, less all adjustment accounts)	23,958.16	227,829.38	251,787.54
6. Bank premises furniture and fixtures and safe deposit vaults	11,700.00		11,700.00
7 Other real estate owned	51,337.69	62.861.61	114,200.40
8 Cash on hand and due from banks	621,361.11	88,689.36	710,050.47
9. Exchanges for clearing-house-	4,859.99		4,859.99
10. Checks and other cash items	209.38		209.83
14. Items in transit between head office and branches net	1,505.69		1,595.69
18. Other resources	383.34		383.34
TOTAL ....$	1,185,586.09	$752,752.70	$1,938,338.79

LIABILITIES			
21 Capital, paid in:			
a. Class A preferred stock, 625 shares, Par $100.00	12,500.00	50,000.00	62,500.00
c. Common stock, 1125 shares, Par $100.00	112,500.00		112,500.00
22. Surplus	35,000.00	5,000.00	40,000.00
24. Undivided profits—net	37,666.26		37,666.26
25a. Reserves for contingencies	15,619.76		15,619.76
30. a. Dividends unpaid	2,435.00		2,435.00
b. Individual deposits — demand	951,899.02		951,899.02
d. Savings deposits		577,229.20	577,229.20
f. Time certificates of deposit		21,523.50	21,523.50
g. Cashiers checks	10,672.49		10,672.49
h. Certified checks	3,676.64		3,676.64
31 State, county and municipal deposits	1,600.00	99,000.00	100,600.00
36. Other liabilities	2,016.92		2,016.92
TOTAL ....$	1,185,586.09	$752,752.70	$1,938,338.79

MEMORANDUM: Loans and Investments Pledged to Secure Liabilities

2. Other bonds, stocks and securities	1,750.00	116,700.00	118,450.00

A 24: Anzeige zur Schließung der bankrotten „Southern County Bank", 1936.
Anaheim Gazette v. 14.1.1937.
Quelle: Anaheim History Room, Anaheim Public Library.

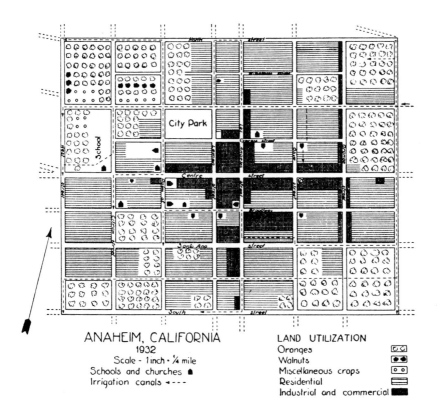

ANAHEIM, CALIFORNIA
1932
Scale - 1 inch · ¼ mile
Schools and churches ●
Irrigation canals ◄- - -

LAND UTILIZATION
Oranges
Walnuts
Miscellaneous crops
Residential
Industrial and commercial

Abb. 65: Landnutzungsstruktur im alten Karree von Anaheim, das von Wohn- und Industrienutzung beinahe ausgefüllt ist, 1932.
Quelle: Raup, H.F.: The German Colonization of Anaheim, California. University of California Publications in Geography, vol.6, No.3. Berkeley 1932.

Von den speziellen New Deal Einrichtungen waren in Anaheim die Public Works of Art Administration und die Civil Works Administration tätig, die je ein öffentliches Kunstwerk schufen. Die von der Bevölkerung am dringendsten benötigten Arbeiten führte die WPA (Works Progress Administration) aus, die den Straßenbau, die Erweiterung des metropolitanen Wasserversorgungssystems und andere Aufgaben zum Ziel hatten (A 25, A 26 u. A 27). Dadurch konnte z.B. die Abhängigkeit der Stadt von der Brunnenversorgung verringert werden, die in den vergangenen Jahrzehnten wegen des Absinkens des Grundwasserspiegels in immer größere Tiefen vorangetrieben werden mußte.

Work On Santa Ana Street To Start Tuesday

Two WPA Projects To Begin December 1; Paving Costs $26,000

Work on two WPA projects in Anaheim is expected to begin December 1, it was announced yesterday by E. P. Hapgood, city engineer. The projects include widening and paving of Santa Ana street and the construction of a garage at the power plant.

Plans for the paving project include grading, setting curbs and paving from Lemon street to Manchester boulevard. The entire project will not be completed at this time, Hapgood said, because only a little more than $26,000 is available from WPA funds and the city's share of the gasoline tax monies. The work will be concluded when additional gasoline ta funds are available.

A 25: WPA-Notprogramm (Works Progress Administration) für den städtischen Straßenbau.
Anaheim Gazette v. 26.11.1936.
Quelle: Anaheim History Room, Anaheim Public Library.

Anaheim Projects Approved by WPA

Two Anaheim WPA projects were among the 13 such projects approved for Orange county, it was announced this week in Washington.

The Anaheim projects are: Anaheim grammar school repairs, $1,885, and Anaheim water main extension, $26,682. Eight men will be required on the school job and 37 men on the water main work.

A 26: Verschiedene Projekte im Rahmen der WPA-Administration.
Anaheim Gazette v. 28.1.1937.
Quelle: Anaheim History Room, Anaheim Public Library.

LEGAL NOTICE

NOTICE TO PAVING CONTRACTORS

NOTICE IS HEREBY GIVEN that sealed proposals will be received by the City Council of the City of Anaheim, at the office of the City Clerk of said City, up to 8 o'clock P.M. of Tuesday, March 23, 1937, for furnishing and laying the following approximate quantities of asphalt concrete pavement with Type B surface, in accordance with specifications entitled "City of Anaheim, State of California, Specifications and Special Provisions for the Improvement of Santa Ana Street from Lemon Street to Manchester Blvd. in the City of Anaheim":

ITEM 1—Santa Ana Street between Lemon and Citron Streets, 2400 tons;

ITEM 2—Santa Ana Street between Citron Street and Manchester Blvd., 2100 tons;

ITEM 3—Citron Street between Center and Cypress Streets, 600 tons.

The work under Items 1 and 2 is in conjunction with W.P.A. projects, requiring intermittent prosecution of the paving work.

In accordance with the provisions of Chapter 397, Statutes of 1931, the City of Anaheim has ascertained the general prevailing rate of wages applicable to the work to be done to be as follows:

Classification	Minimum rate per hour
Asphalt mechanical finisher operator	$1.00
Asphalt plant dryerman or fireman	.90
Asphalt plant operator	1.10
Asphalt raker (hand)	1.00
Asphalt shoveller	.68
Blacksmith	.82
Blade grader operator, (finish work)	1.00
Carpenter	1.00
Chipping or Jack hammer operator	.75
Clam Shell or Dragline operator (shovel type)	1.375
Compressor operator	1.10
Cook	.68
Flagman	.50
Grader operator (towing or motor) rough work	.75
Guard	.50
Handy man (roustabout)	.50
Headerboard man	.75
Laborer	.50
Machinist	1.25
Machinist's helper	.68
Mechanic (trouble shooter)	.88
Metal worker (miscellaneous)	1.25
Metal worker's helper (miscellaneous)	.68
Oil distributor bootman	.75
Oiler (power shovels, etc.)	.82

A 27: Straßenbauvorhaben in Anaheim und minimale Stundenlöhne für spezifische Arbeitsaufgaben. Anaheim Gazette v. 18.3.1937.

Neben den wirtschaftlichen Turbulenzen und ihren sozialen Folgen zeigte auch die Natur in diesen Jahren ihr Janusgesicht, das in einer endogenen und einer exogenen Katastrophe sichtbar wurde. Zuerst ereignete sich 1933 ein regionales Erdbeben und etliche Jahre danach eine Überflutung durch den Santa Ana River, die beide Menschenleben forderten und große materielle Schäden im Innenbereich der Stadt, in den Obstplantagen sowie der Infrastruktur anrichteten. Um eine künftige Bedrohung dieser Art auszuschließen, wurde der Fluß 1941 in Riverside County durch den Prado Damm abgeriegelt.

Womit man ständig zu kämpfen hatte, war die Bedrohung der Orangenpflanzungen durch immer wieder auftauchende Schädlingswellen, die hauptsächlich durch Fumigation bekämpft wurden. Gerade während der wirtschaftlich schwierigen Zeiten griff eine weitere, bislang unbekannte Krankheit auf die Bäume über, die „quick decline" hieß, weil sie die Pflanzen schnell absterben ließ. Sie durchzog die Orangenhaine von Orange County innerhalb weniger Jahre und wurde erst 1946 als Viruskrankheit diagnostiziert. Noch im Jahre 1960 verdorrten im „county" mehr als 200 000 Bäume an diesem Schädlingsbefall.[7] Trotz aller Unbill und des Preisverfalls für die Früchte kletterte die verkaufte Erntemenge bis 1938 auf 9,3 Mio. Kartons. Sie hatte sich seit 1923 mehr als verdoppelt und ihr Wert belief sich auf 16,9 Mio. Dollar (Abb. 66).[8] Auch während der Kriegsjahre hatte die Zitruswirtschaft eine gute Konjunktur, konnte aber wegen Arbeitskräftemangel nur mit Hilfe des „bracero"-Programms, für das mexikanische und jamaikanische Saisonarbeiter angeworben wurden, aufrecht erhalten werden. Die schwierigen Jahre gingen an dieser Arbeiterschicht nicht spurlos vorüber. Denn die sozialen Verwerfungen in Orange County manifestierten sich schließlich nicht allein in schleichender Arbeitslosigkeit und umherziehenden Gruppen von Wanderarbeitern, sondern steigerten sich, traten offen zu Tage und brachen 1936 in heftige und kämpferische Auseinandersetzungen aus (A 28). Sozusagen über Nacht wurden die Anaheimer Bürger mit den Folgen des Streikgeschehens konfrontiert, das durch den Ausstand der Orangenpflücker ausgelöst worden war. Ihre Forderungen waren auf gewerkschaftliche Organisationsrechte und die Verbesserung der Arbeitsverhältnisse gerichtet und mit ihren Demonstrationen gingen sie über bloße Arbeitsniederlegungen hinaus, so daß die Streikmaßnahmen das Arbeitsleben in den Pflanzungen und Verpackungshäusern auf längere Zeit lahmlegten und das öffentliche Leben behinderten. Die Verantwortlichen stellten sich gegen die Bestrebungen des organisierten Zusammenschlusses (A 28) und begegneten den Unruhen und dem Widerstand mit Polizeieinsätzen, konnten ihn aber auf diese Weise nicht brechen, was erst gelang, als massive Gruppen von Streikbrechern angeheuert und eingesetzt wurden.

---

7   Westcott (1990), p. 67.
8   Westcott (1990), p. 67.

Abb. 66: Schrägbild von Anaheim mit Blick gegen Osten, umgeben von Zitrushainen, 1938. Im Vordergrund die westlichen Ausbauten und in der Mitte die Kreuzung von Center St. und Los Angeles St.
Quelle: Anaheim History Room, Anaheim Public Library.

STRIKE CONDITIONS IN COUNTY SHOW LITTLE DISTURBANCE; TWO WOMEN SENTENCED JAIL MONDAY

Anaheim police officers made their first arrest and conviction in connection with the strike of Mexican orange pickers Monday when Virginia Torres, 29, on Placentia and Epifania Marquez, 30, of La Jolla were taken into custody on charges of disturbing the peace. The former was arrested by Anaheim police while Lloyd Groover of the State Highway patrol took the latter into custody custody.

Jail sentences were meted out to both women by City Judge Frank Tausch when they appeared before him for trial Monday afternoon after pleading not guilty when arraigned Monday morning.

Miss Torres was sentenced to 60 days in the county jail. Mrs Marquez was ordered to spend 30 days in the county jail.

Strike disturbances within the city limits have been negligible since the arrest Monday morning of two women picketers on charges of disturbing the peace, Anaheim police officers said today.

Pickers were escorted to the city limits each morning this week by Anaheim officers, they said.

Officers answered a call on South Kroeger street early today where two Mexican women were reported to be attempting to detain pickers. Investigating officers reported the women asked the pickers not to go to work, but made no physical effort to stop them.

A 28:. Situationsbericht über die Streiksituation bei den mexikanischen Orangenpflückern.
Anaheim Gazette v. 18.6.1936.
Quelle: Anaheim History Room, Anaheim Public Library.

County Farmers Oppose Forming Of Labor Unions

Ranch Workers do Not Gain by Organizing Under Radical Guidance

Organized labor in Orange county has more to lose by forcing unionism on farmers and their packing associations than they have to gain, in the opinion of the Associated Farmers of Orange County, Inc.

A public statement released today by the farmers' group hit directly at the proposal to organize citrus workers in the field and packing houses, the statement said, in part:

It is with considerable interest that the citrus growers of Orange county learn of the allegedly admitted program of the Orange county Central Labor Council for organization of citrus packing house and field workers in Orange county. The reasons stated for this organization activity are "to combat radicalism and prevent disturbances such as tied up the industry last year."

A 29: Meldung über die Opposition der Farmervereinigung gegen die gewerkschaftliche Organisierung der Zitrus- und Verpackungsarbeiter.
Anaheim Gazette v. 7.1.1937.
Quelle: Anaheim History Room, Anaheim Public Library.

Was das politische Klima anbetrifft, so waren die 20er Jahre rückwärtsgewandt-
konservativ und fanden im extremen Rechtsruck des KKK ihren Höhepunkt. Sobald
das Intermezzo vorbei war, übernahm die Republikanische Partei die lokale politische Führungsrolle. Als sich die Wirtschaftsbaisse allgemein ausbreitete und ver-
tiefte, gingen die Wähler ins andere Lager über und gaben bei den Präsidentschafts-
wahlen 1932 und 1936 Franklin D. Roosevelt ihre Stimme, in der Hoffnung, die
neue Politik würde die nationale Krise überwinden (A 30).

Inauguration
Ceremonies
Held Wednesday

Orange Growers Receive Larger Returns in 1936

Anaheim Citrus Fruit has
Membership Meeting;
Reports Given

Moer than 300 persons attended
the annual membership meeting
of the Anaheim Citrus Fruit association held Tuesday at the
Anaheim Elks clubhouse with
President S. C. Hartranft presid-
ing.

The annual report of the association was read by John D. Dunn,
secretary-manager. The report
showed approximately 700 cars
shipped, with returns to the growers amounting to about $700,000
f. o. b. packing house. In addition
to this amount approximately
$100,000 in refunds was paid to
the growers.

President Franklin D. Roosevelt

A 30: Die Amtseinführung von Präsident Roosevelt 1937 und eine Mitteilung über die zufriedenstel-
lende Situation der Orangenpflanzer in Anaheim während der Krisenjahre.
Anaheim Gazette v. 21.1.1937.
Quelle: Anaheim History Room, Anaheim Public Library.

Bald gingen ihnen die New Deal Reformen zu weit und traditionell rückblickend, schwenkten die Anaheimer Wähler zu Hause wieder auf den republikanischen Kurs ein. Thomas Kuchel, dessen deutscher Familienname sich bis etwa 1859 bzw. 1870 zurückverfolgen läßt, wo er bei der Landvergabe und in einer Gewerbeübersicht mit einem Fleischergeschäft verzeichnet ist, war ein prominenter und erfolgreicher politischer Vertreter dieser Richtung (Tab. 16). Es gelang ihm sowohl ein Mandat im kalifornischen Abgeordnetenhaus zu erlangen als auch die Karriere eines Senators von Kalifornien einzuschlagen und Mitglied des US Senats zu werden (Abb. 67).

Tab. 16: Übersicht über die Familie Kuchel

1.) C.C. Kuchel	Weinbauer (1859)
2.) G. Kuchel (Sohn von 1)	Fleischer
3.) H. Kuchel (Sohn von 1)	Verleger der Anaheim Gazette
4.) C. Kuchel (Sohn von 1)	Mitherausgeber der Anaheim Gazette
5.) T. B. Kuchel (Sohn von 3)	Verleger der Anaheim Gazette
6.) T. Kuchel (Sohn von 3)	Rechtsanwalt und Politiker (US Senator)

Quelle: Eigene Zusammenstellung.

Wie in andere Städte Südkaliforniens zogen während des 2. Weltkrieges kriegswichtige Industrien in die Stadt. Mit den Rüstungsunternehmen entstanden neue oder erweiterte Industrie- und Gewerbeareale, die die wirtschaftlichen und räumlichen Stadtstrukturen veränderten. Nach dem Krieg faßten weitere militärtechnische Unternehmen in Anaheim Fuß wie die Northrop Nortronics 1951 mit etwa 2 000 Mitarbeitern und 1959 die Firma North American Aviation (Rockwell International). Die Areale für die Erweiterung zogen sich bevorzugt entlang der Haupteisenbahnlinien. Im Westen lagen sie in etwa parallel zur SPR (Southern Pacific Railroad) und im Osten und Norden begleitend zur ATSFR (Atkinson Topeka & Santa Fé Railroad) bzw. an einzelnen ihrer Nebengleise bzw. Stichlinien (Abb. 64). Die Folgen zeigten sich bald, denn die Bedeutung der Zitrusindustrie ging nach dem Kriege rasch zurück und wies darauf hin, daß Anaheim künftig andere Wege einschlagen würde.

KUCHEL'S
MEAT MARKET,
Corner of Centre and Los Angeles Streets
ANAHEIM
This Market is supplied daily with Fresh
Beef, Mutton and Pork.
Purchases delivered to all parts of the City.
GEORGE KUCHEL
Proprietor

Assessment Book of the Property of the Town of Anaheim, beginning wit

ASSESSED TO ALL OWNERS AND

NUMBER OF INDEX.	TAXPAYERS NAME	RESIDENCE	REAL ESTATE OTHER THAN TOWN LOTS.	Fraction	Lot.	Block.
	Kuchel C (Estate		Vineyard lot D 5	2.3.4.7. 8.9.10.		D.
"	"	"				'Ess
"	"	"	"		5	76.
"	"	"	½ of City 61		5⁴	

(Town Lots)

Kuchel, H and wife, editor Gazette, res north Claudina st.
Kuchel, Mrs S, res Chartres and Hermine sts.
Kuchel, Miss L, res Chartres and Hermine sts.

Kuchel Chas Justice of the Peace Masonic Bldg....444l
Kuchel H r 315 S Claudina....................138l

ANAHEIM GAZETTE
Established 1870
Orange County's Oldest Newspaper

HENRY KUCHEL, Editor and Publisher 1887-1935

The Anaheim Gazette has been owned and edited
by the same family since 1875. Published every
Thursday at 259 East Center Street, Anaheim, Calif.

MRS. HENRY KUCHEL — THEODORE B. KUCHEL
Editors and Publishers

KUCHEL CHAS Justice of the Peace 255 E Center
h124 N Philadelphia, Anaheim

" Lutetia C Mrs h315 S Claudina, Anaheim

**KUCHEL THEO B (Genevieve) Publisher Anaheim
Gazette** h547 S Lemon, Anaheim

**KUCHEL THOMAS H (Blodget Kuchel & Tobias) At-
torney-at-Law and Assemblyman 410 Bank of
America Bldg** r315 S Claudina, **Anaheim**

Kuchel Lutetia C (wid Henry) h 315 S Claudina★.............Anahm
Kuchel Theo B (Genevieve) (Anahm Gazette) also air Orngthpe Citrus Assn
          h 17451 El Cajon★ rt 1 Yrba Lin Plac

Kuchel Lutetia C Mrs
   h315 S Claudina ....KE 5-243
Kuchel Theo B pres mgr Anahm Gazette Inc
   r17451 El Cajon Yorba Linda
Kuchel Thos H US Senator
   r315 S Claudina ....KE 5-243

Kuchel Theodore B 23662Cantante LagHls ..837-6098

Abb. 67: Mitglieder der Familie Kuchel, wie sie in verschiedenen Verzeichnissen, Adress- und Telefonbüchern zwischen 1870 und 1974 aufgeführt sind.
Quelle: Anaheim History Room, Anaheim Public Library.

2.3 DER AUFSTIEG MIT DER VISION UND VERWIRKLICHUNG VON DISNEYLAND

Die überwältigende Zuwanderung nach „California, den Garten Amerikas"[9] in der aufkommenden Nachkriegsprosperität, während der Korea Krise und des Kalten Krieges brachte es mit sich, daß Anaheim seine rurale Vergangenheit völlig hinter sich ließ, einen radikalen Wandel mitmachte und für die Zukunft eine komplett andere funktionale Rolle übernahm.

Die spektakulären Veränderungen muß man im Zusammenhang mit der gesamten Entwicklung des Westens im Verlauf und in der Folge des 2. Weltkrieges sehen, die sich besonders auf wirtschaftlichem Gebiet wie auch demographisch niederschlugen.[10] Die ökonomische Antriebskraft kam aus den Verteidigungsanstrengungen, die den Pazifikrand mit einer militärisch-industriellen Grundstruktur überzogen, für die bereits während der New Deal-Zeit ein Großteil der infrastrukturellen Voraussetzungen wie Dammbauten, Kraftwerke, Wasser- und Stromversorgungsanlagen (z.B. Bonneville, Grand Coulee, Shasta-Dämme) geschaffen worden war. Sie konnten nun nach ihrer Inbetriebnahme die anlaufenden Produktionsstätten mit den notwendigen Ressourcen versorgen. Die Verteidigungsbemühungen hatten sich seit 1940 intensiviert und mit dem Eintritt der USA in den 2. Weltkrieg 1941 forcierte die Bundesregierung im Westen den Aufbau von Rüstungsindustrien und Militäreinrichtungen aller Art. Das geschah unter zeitlichem Zugzwang und in einem bisher nicht gekannten Ausmaß, das beinahe jede städtische Ökonomie betraf. Kalifornien stand an der Spitze dieser Entwicklung und erhielt für diese Zwecke bis zum Ende des Krieges etwa 35 Mrd. Dollar an Bundesmitteln.[11] Obwohl nicht alle größeren Städte auf Dauer gleichermaßen davon profitierten wie beispielweise San Francisco und Oakland im Schiffbau, kam Südkalifornien mit zukunftsträchtigem Flugzeugteilebau und Waffenherstellung wesentlich vorteilhafter weg. Für den Staat war das eigentlich nur der Beginn, denn nach dem Krieg setzte sich diese rasante Entwicklung unter der neuen weltpolitischen Konstellation fort, indem nun noch die Raumfahrttechnologie (NASA) und die vom Pentagon geförderte Elektronikbranche hinzukamen. Alle Mittel, die von Bundesseite in diesen Sektor flossen, bewirkten ihrerseits wieder einen Wanderungseffekt, der den Metropolgebieten zu gute kam. Schon 1962 übertraf der Golden State als bevölkerungsreichstes Teilgebiet der USA den Staat New York und fast ebenso rasch schritt sein Urbanisierungsgrad voran. Seine Ökonomie wuchs wie eine „Schaumkrone" und als Bundesstaat eroberte er sich während dieser Wachstumsphase eine Position unter den ersten zehn Wirtschaftsnationen der Welt. Von den Städten wurde die von außen bewirkte, einseitige Entwicklung durchaus begrüßt und mitgetragen, doch trachteten sie während der drei Ausbaujahrzehnte (1950–1980) danach, ihre wirtschaftliche Basis zu erweitern, um ihre Abhängigkeit vom „Washingtoner Topf" bei konjunkturellen Rück-

---

9   Starr (1985), p. 139.
10 Als Grundlage für die nachfolgenden Ausführungen diente das bereits erwähnte Buch von Findlay, J.M. (1992): Magic Lands. Western Citysapes and American Culture After 1940. Berkeley, Los Angeles, Oxford.
11 Findlay (1992), p. 19.

schlägen und ihren Auswirkungen auf den Arbeitsmarkt zu mildern. Das gelang
nicht in allen Fällen, doch blieb die andauernde Bevölkerungsvermehrung ein Phänomen, das sich an einigen Orten wie z.B. San Bernardino zwischen 1940 und 1970
in der Versiebenfachung seiner Einwohner niederschlug. Orange County übertraf es
noch, indem es seine Bewohnerschaft verelffachen konnte. Damals konnten Entwicklungsgesellschaften in den Städten und Gemeinden Bauland noch zu erschwinglichen Preisen erwerben, und die Zinsen für Hausbaukredite in Kalifornien lagen für
die Kriegsveteranen bei 2%. Andere Metropolgebiete wie San José blieben nicht
weit hinter diesem Wachstum zurück, und Anaheim selbst wies 1960 gegenüber
1950 eine auf das Siebenfache angestiegene Bevölkerung auf. Nur ein Jahrzehnt
später betrug die rasante Steigerung mehr als das Elffache. Zum Teil resultierte das
Anwachsen auch auf ausgreifenden, städtischen Eingemeindungen, doch weisen de-
mographische Studien nach, daß der davon unabhängige, allgemeine Anstieg während dieser Zeit zum größeren Teil der Immigration und jedenfalls nicht dem natür-
lichen Wachstum zuzuschreiben war (Tab. 17).

Tab. 17: Bevölkerungsentwicklung von Anaheim und Orange County

JAHR	ANAHEIM EINWOHNERZAHL	ORANGE COUNTY EINWOHNERZAHL
1950	14 556	216 224
1960	104 184	703 925
1970	166 701	1 420 386
1980	221 847	1978:1 808 200
1990	279 408	2 410 556
1993	285 477	---
1995	296 497 (gesch.)	2 563 971

Verschiedene Quellen.

Unter den Neu-Kaliforniern waren zunächst Hunderttausende von Veteranen, die
als Soldaten, Seeleute, Techniker und Verwaltungspersonal in den Armee-, Luft-
und Marinebasen stationiert gewesen waren oder am Kriegsgeschehen im Pacific
teilgenommen hatten und anschließend im Westen blieben oder später zurückkehr-
ten. In Orange County gab es allein sechs dieser Stützpunkte. Hinzu kamen die
Menschen, die von den neu geschaffenen Industrien (z.B. Boeing Corp., Kaiser's
Portland Schiffbau und Fontana Stahlwerk) und Service Firmen angezogen wurden,
weil ihnen dieser Teil des Landes im ganzen mehr zu versprechen schien als andere
Regionen. Die gerade begonnene Ära brachte mit der jungen Wählerschaft eine neue
Politikergeneration in die Stadtregierungen, die die eingeschlagene Richtung unein-
geschränkt befürwortete, auf weiteres Wachstum und Expansion setzte und diesen
Weg als unproblematischen Fortschritt ansah. Anaheim war in dem Entwicklungs-
strom keine Ausnahme, wenngleich seine verteidigungswichtigen Industrien vom
Umfang und von ihrer Beutung nicht zu den Generatoren des Wirtschaftsaufschwungs
zählten. Auch in dieser Stadt setzte man auf Ausbau und Aufstreben, schlug aber
einen ganz anderen Weg ein, der direkt in die Zeitepoche der Freizeitindustrie und
der kulturellen Massenunterhaltung im Dienstleistungswesen führte.

Walter Elias Disney, kurz Walt Disney (WD), hatte seinen Berufsweg und sein monetäres Glück eigentlich in der Filmbranche gesehen. Er verließ deshalb in den zwanziger Jahren die Stadt Kansas City, in der er seine ersten Berufserfahrungen gesammelt hatte und wandte sich nach Hollywood, wo unter seiner Leitung bis in die 40er Jahre hinein der Zeichentrickfilm in den Walt Disney Studios zur Reife entwickelt wurde. Danach produzierte er Naturfilme, wurde aber mehr und mehr auch von den geschäftlichen Möglichkeiten angezogen, die andere kommerzielle Unterhaltungsarten boten. Schon Jahre zuvor, als er mit seinen Töchtern Vergnügungsparks besuchte, fanden sie das Angebot langweilig und zu Beginn des fünften Jahrzehnts war die Überlegung gereift, ein „Kiddieland" einzurichten, wo Jugendlichen Szenen aus der amerikanischen Geschichte unter pädagogischen Gesichtspunkten vorgeführt werden sollten. Weder dies noch sein Projekt „Disneylandia" kamen je zur Ausführung, doch reiften die Pläne weiter, auf dem Gelände neben den Walt Disney Studios in Burbank mit einer kleinen Ausführung von Disneyland (8 ac) zu beginnen. Schon bei diesem Vorhaben waren die Figuren aus Disneys Trickfilmen, die Kreation neuer Produkte sowie ihre Vermarktung bzw. die Präsentation des Unternehmens via eines nationalen Fernsehkanals zentrale, inhaltliche Bestandteile des Firmenkonzeptes. Gerade an den Mehrfachaufgaben scheiterten auch diese Planungen, weil das zur Verfügung stehende Gelände nicht ausreichte. In dieser Lage wandte sich WD Anfang 1953 an das Büro des Stanford Research Institute (SRI) in Los Angeles mit dem Auftrag ein geeignetes Landstück von mindestens 100 ac Größe und in Reichweite der Stadt ausfindig zu machen. Das Gutachten empfahl neben anderen Standorten, wie z.B. Santa Ana ein 140 ac großes, mit Orangenbäumen bepflanztes Areal, am Rand von Anaheim, dessen Umgebung noch wenig entwickelt war und das weder in der Nähe von Ölfeldern noch von staatlich kontrollierten Landflächen lag. Zu diesen, für WD wichtigen Kriterien, kamen außerdem die sehr akzeptablen Wetterbedingungen und das Plus der Verkehrsanbindung durch den im Bau befindlichen Santa Ana Freeway, der als zentraler Zubringer gedacht war und überdies in Orange County allgemein als wachstumsfördernd angesehen wurde (Abb. 69/Beilage).[12] Deshalb standen Geschäftsleute wie auch die Anaheim Chamber of Commerce und die Stadt selbst nach anfänglichem Bedenken voll und ganz hinter dem Projekt, während sich die Entwicklungs- und Baugesellschaften die größten Vorteile in der Ausweitung des suburbanen Raumes von Los Angeles aus entlang der I5 in Richtung Süden „ausrechneten". Die Stadtverwaltung annektierte das Gelände noch vor Baubeginn und schloß für die Parkanlage sogar die Cerritos Avenue als Durchgangsstraße (Tab. 18).

12 Findlay (1992), p. 58.

Tab. 18: Eingemeindungen in Anaheim

JAHR	STADTFLÄCHE in sq miles
1929	3,6
1950	4,9
1962	27,5
1978/79	42,0
1994	45,0

Verschiedene Quellen.

Das Gelände wurde von fünfzehn einzelnen Familien erworben und von seiner land-wirtschaftlichen Nutzung zunächst in eine „tabula rasa" umgewandelt. Später be-dauerte WD, daß er nicht zusätzliches Land im Umkreis von Disneyland kaufen konnte, um den angrenzenden baulichen Wildwuchs einzudämmen. Es kann aber als Geniestreich gelten, daß WD gerade zu der Zeit, als sich das Massenwohnen in Einfamilienhäusern im Southland mehr und mehr ausbreitete, sein Unternehmen zur Massenunterhaltung mit Erlebnisangeboten und visuellem Konsum die kom-merzielle Entertainmentbühne betrat.

Noch zeichnete sich das „Wunder", auf eine geschäftliche Goldader gestoßen zu sein, nicht so klar ab, daß die zunächst gehegten Überlegungen, die Burbank Studios durch eine Disneyland-Produktionsstätte für Fernsehfilme zu ergänzen, zu-rückgenommen wurden. Die Herstellung von Disney-Produktionen an diesem Ort lag deswegen nah, weil zur Kapitalbereitstellung für die gestiegenen Baukosten (von ursprünglich 4 Mio. Dollar auf etwa 17 Mio. Dollar) noch ein Investor für das Wag-nisunternehmen gesucht werden mußte. Im etwas konkurrenzschwachen Unterneh-men der American Broadcasting Company (ABC) konnte dieser Geldgeber nach einigem Suchen gefunden werden. Der Vertrag beteiligte die Gesellschaft mit 35% am „Theme Park" und sah einen Disney-Wochenbeitrag für ihr diesbezügliches TV-Programm vor. Die Kostenexplosion war nicht zuletzt auch ein Grund dafür, vom Eröffnungstage an Eintrittsgeld zu erheben, was zunächst wegen der Fernsehpläne nicht so prompt in Erwägung gezogen worden war. Während diese Vorbereitungen liefen, waren die Planungen soweit gediehen, daß 1954 der Bau begonnen wurde und unter enormem zeitlichen Druck der Park am 17. Juli 1955 mit einer Aufsehen erregenden Eröffnungsshow, an der mehr als 25 000 Gäste, darunter „Ronnie" Rea-gan und andere Hollywood-Berühmtheiten teilnahmen, eingeweiht werden konnte (Abb. 70 u. 71).

Abb. 70: Die Disneyland Baustelle sechs Wochen vor der Eröffnung. Im Vordergrund die Kleinbahnstation mit dem dahinterliegenden „Empfangsplatz" und der „Main Street"-Anlage.
Quelle: Anaheim History Room, Anaheim Public Library.

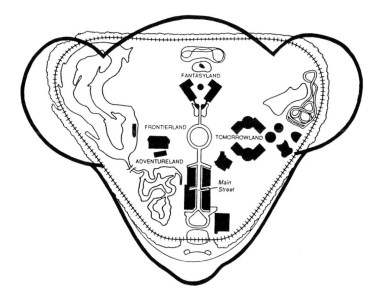

DISNEYLAND 1955

Abb. 71: Die ersten Attraktionen in Disneyland („Mouseland"), 1955.
Quelle: Anaheim History Room, Anaheim Public Library.

**DISNEYLAND
FACTS**

OPENS – Monday, July 18,
to public. Press preview, July 17.

HOURS – 10 a.m. to 10 p.m., 7
days a week in summer, closed
Mondays in winter.

ADMISSION – $ 1 for adults,
50 cents for children. Car parking,
25 cents.

SIZE – 60 acres inside park, 100
acres of parking.

COST – Over $ 17 million.

Quelle: Anaheim Bulletin, Juli 1955.

Nachdem Kinderkrankheiten, wie mangelnde Steuerung des hohen Verkehrsaufkommens, fehlende Trinkwassersäulen bzw. Toilettenräume und Mängel in der Fahrtechnik behoben waren, kamen im ersten Monat der sommerlichen Hochsaison etwa 10 000 Tagesbesucher nach Disneyland und nach einem halben Jahr war die erste Million erreicht. Ein außerordentlicher Erfolg bahnte sich an, und binnen drei Jahren war es die größte Touristenattraktion in California und dem Westen (Tab. 19).

Tab. 19: Besucherzahlen in Disneyland, Anaheim

ZEITRAUM/JAHR	BESUCHERZAHL
Juli 1955 – Juli 1958	ca. 12 100 000
1960	ca. 5 000 000
1970	ca. 10 000 000
1976	10 211 000
1979	10 760 000
1980	11 522 000
1982	10 421 000
1983	9 980 000
1990	ca. 12 000 000
1993	11 400 000 leicht rückläufig
1994	10 300 000
1995	14 100 000
Insgesamt	>300 000 000

Verschiedene Quellen, z.T. geschätzt.

Nach dem Motto von WD „Disneyland will never be completed"[13] wurden die Un-
terhaltungsattraktionen von 1955 bis 1976 von 22 auf 52 erhöht. Außerdem waren
zwei neue Themenareale hinzugefügt worden (New Orleans Square 1966, Bear
Country 1972), und da der Platz trotz einiger Erweiterungen innerhalb des Parkes
nicht ausreichte, baute man in die Tiefe (Pirates of the Carribean) und in die Höhe
(Matterhorn Bobsleds).[14] Jede Neuerung brachte im ersten Jahr ihrer Einführung
10% Besucherzuwachs, der die Einnahmen mehr als proportional zum investierten
Kapital steigen ließ.[15] Die Eintrittspreise waren über die Jahre hinweg ohnehin kräf-
tig gestiegen, und ein Familienausflug von zwei Erwachsenen mit zwei Kindern
belastete 1995 die Haushaltskasse ohne alle Nebenkosten mit zusätzlich 114 Dollar.
Ein stolzer Preis! (Tab. 20).

Tab. 20: Eintrittspreise für Disneyland, Anaheim

JAHR	PREISE
1955	1 Dollar
1965	2 Dollar
1980	5 Dollar
1982	12 Dollar „passport" für alle Attraktionen; Kinder 9 Dollar
1994	30 Dollar (regulär); Kinder 3–11 24 $; Kinder unter 2 J. frei; Senioren über 60 J. 24 $
1995	33 Dollar (regulär); Parken: 6–9 Dollar

Verschiedene Quellen.

Die Besucherfülle stellte sich bald als ein Problem heraus, denn lange Warteschlangen bildeten sich vor den Fahrtzugängen oder den anderen Erlebnisangeboten. Aber
seltsamerweise wurden die lästigen Beschränkungen nicht als Überfüllung oder chao-
tische Organisation wahrgenommen und auch nicht lautstark beklagt.[16] Offenbar
schien ihnen das ungebremste, urbane Wachstum, das sich außerhalb des Böschungs-
schutzwalles („berm") in und um Los Angeles vollzog viel weniger übersichtlich
und handhabbar als die persistente, beruhigende und säuberliche Ordnung der Dis-
ney-Umwelt. Außerdem sorgten Spezialisten der Öffentlichkeitsarbeit in gekonnter
Manier dafür, daß Negativimages dieser Art draußen in der Öffentlichkeit nicht über-
hand nahmen. Drinnen spürten die Besucher zwar die Verdichtung, doch blieb das
„Funland" für sie „the happiest place on earth".[17] „Happiness" zu vermitteln, war

---

13 Findlay (1992), p. 61.
14 Findlay (1992), p. 62.
15 Findlay (1992), p. 63.
16 Optisch waren die Warteschlangen natürlich durch zahlreiche Windungen und durch die künst-
    liche Verhinderung eines Überblicks verkürzt.
17 Findlay (1992), p. 64.

ein Hauptanliegen und dafür zu bezahlen, war für die teilnehmenden Konsumenten eigentlich selbstverständlich. Die Angestellten (Tab. 21) waren auf die Vermittlung von Fröhlichkeit geeicht, und einer ihrer Lehrsätze während der Ausbildung lautete: „Creating fun is our work; and our work creates fun – for us and our guests".[18] Aber es sind nicht allein Befindlichkeiten, die Disneyland vermittelt, sondern von ihm werden auch Botschaften der Wirtschaft und Wissenschaft, der Geschichte und Moral an das Publikum herangetragen.

Tab. 21: Zahl der Beschäftigten in Disneyland, Anaheim

JAHR	BESCHÄFTIGTENZAHL
1955	1 280
1958	3 650
1970	6 200
1994	ca. 7 000 + ca. 3 000 Saisonbeschäftigte

Verschiedene Quellen.

In der Literatur wird Disneyland als eine typische pop-kulturelle Kreation des Westens im Fernsehzeitalter angesehen, das zwar seine Vorläufer in der herkömmlichen Art von Rummelplätzen bzw. Unterhaltungsparks bei großen Ausstellungen hatte, sich aber gleichzeitig von ihnen absetzte (Abb. 72). Vom Geruch des grobbilligen, aufpeitschend-anpreisenden und rüden Schaustellerplatzes mit Achterbahnfahrten und Bratwurst (amerikanisch: „roller-coaster rides and hot dogs") wie es sich für den Einzelbesucher im einst modernen, hochaktuellen, frequentierten und gerühmten New Yorker Coney Island darbot, sollte es frei sein.[19] Vielmehr war es als Ziel für Familien gedacht, die in einem parkähnlichen Gelände mit unterschiedlichen, aber zusammenhängenden, bühnenbildgleichen Themeninseln in übersichtlicher, kontrollierter, sicherer, sauberer und freundlicher Umgebung ihrer Schaulust und ihrem aktiven, d.h. Spaziergängervergnügen, nachgehen sollten. Ein anderer, besserer, weißer Mittelstandsbürger und elterlicher Mitbesucher sowie ein anderes, qualitätvolleres Stadtmodell, das den negativen Seiten der Städte mit Verkehrsdichte, Schmutz, Lärm, Straßenkriminalität und Segregation entgegenstand, machte seine erwartete Anziehungskraft aus. Im Grunde war der Park für die bürgerliche Mittelklasse gedacht und sozial selektiv, denn die unteren Schichten nahmen daran so gut wie nicht teil, während sozial noch tiefer stehende Personen („undesirables", „troublemakers") allein durch die Eintrittsabgabe ferngehalten wurden. Das bedeutete, daß Formen von Armut innerhalb des Parkes – ähnlich wie den kalifornischen Wohnvororten – ausgeblendet waren.

---

18   Findlay (1992), p. 75.
19   Coney Island reiht sich ein in die Kette von Amüsierparks, deren Wurzeln zurückgehen auf Unterhaltungsplätze wie „county"-Ausstellungen, Erholungsorte, Zirkusdarbietungen und Unterhaltungsparks bei Weltausstellungen. Einmal einzigartig und attraktiv, war Coney Island allmählich abgestiegen.

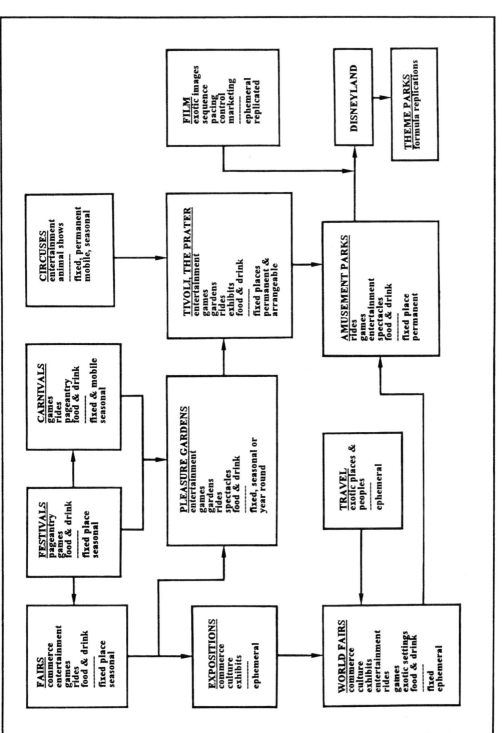

Abb. 72: Schaubild der Einflußfaktoren auf die Gestaltung von Disneyland.
Quelle: Gravel, T.S.: The Animator's Landscape: Disneyland. Berkeley 1990.
Anaheim History Room, Anaheim Public Library.

Entwurf und Ingenieurtechnik für Disneyland stammten aus den Burbank Studios, wo W.E. Disney 1953 die WED Enterprises Inc. ins Leben gerufen hatte, die als kreative Schaltzentrale für das Projekt fungierte. WED arbeitete mit Angestellten der Burbank Studios und heuerte Mitarbeiter anderer Hollywood Studios an, die als künstlerische Direktoren, Architekten, Kostümentwerfer und Experten für Spezial-effekte in der Filmindustrie gearbeitet hatten. Sie wandten nun ihre Fähigkeiten aus dem Filmschaffen in einem schwierigen Anwendungsschritt für den Aufbau eines dreidimensionalen Themen Parkes an, bei dem sie beispielsweise geschickt die räumliche Verkleinerungstechnik einsetzten. Ganz besonders dachten sie dabei an Kinder, für die der 5/8 Maßstab z.B. beim Mark Twain-Schaufelraddampfer nicht überwältigend wirken sollte. Mit einem anderen Mittel der Filmtechnik, der „erzwungenen Perspektive", gelang es ihnen, Objekte größer erscheinen zu lassen, als sie tatsächlich waren, was beim Dornröschen Schloß und beim Matterhorn zur effektvollen Anwendung kam. Die Geschäftsbauten an „Main Street USA" erreichten im Erdgeschoß 90% der Originalgröße, im ersten Geschoß 80% und im zweiten Geschoß 70%, was sie immer noch eindrucksvoll, doch anheimelnd wirken ließ.

Drei Ebenen machten das „Fantasmic Land" aus: die Einzelfahrten (z.B. Thunder Mountain Ride), die verschiedenen Landschaften (z.B. Adventureland) und die des Gesamtparkes (z.B. die Santa Fé Railroad), für die Sequenzen aus Disney-Filmen die thematischen Vorbilder abgaben („True Life Adventure", „Third Man on the Mountain", „Grand Canyon"). Ähnlich wie bei der Filmherstellung wurden die Übergänge von einer Themeninsel oder Fahrt zur nächsten nahtlos gestaltet, ohne daß Unterbrechungen, Wiederholungen, Schocks, Ablenkungen und Widersprüche den gemächlichen Spazierrundgang beeinträchtigten. Man bewegte sich ja nicht nur in einer Fußgängerzone, sondern in einer ganzen Fußgängeranlage, bei der von den Parkstrategen auch nicht vergessen wurde, die Besucher an so vielen Restaurants und Geschäften wie möglich vorbeizuführen, ohne sie dem Gefühl auszusetzen, sich zu langweilen oder überstrapaziert zu werden. Es war eine Konzentration auf den Familien-Flaneur, der für beide Formen des Konsums empfänglich ist.

Im rosigen Ambiente wurden Stimmungen angestrebt wie „du fühlst dich gut", „du bist mehr du selbst", „du kannst dich unterhalten und dich amüsieren" und sie werden von den Gästen auch bereitwillig übernommen. Kann man sich eigentlich ein unbelasteteres Markenzeichen vorstellen, als daß Langeweile vertrieben wird, das Nachdenken hinfällig ist, und die Ganztagsveranstaltung der Ablenkung wie „geschmiert" funktioniert? Den Anwurf, eine irreale Scheinwelt geschaffen zu haben, begegneten die Planer mit der Antwort „that Disneyland offered an enriched version of the real world, but not an escapist or an unreal version".[20] Was sie nach ihrer Ansicht entstehen ließen, war „Disney-Realismus", bei dem alle negativen Elemente planmäßig externalisiert, jedoch alle positiven Elemente integriert worden waren. Das bedeutete natürlich nicht, daß Gestaltungsschwierigkeiten ausblieben, doch traten sie insbesondere dort auf, wo die Zukunftswelt in „Tomorrowland" gezeigt werden sollte. Die „Welt von morgen" hatte man nämlich nicht im Griff, da stets zwei Perspektiven zu berücksichtigen waren. Zum einen galt es den Wettkampf

---

20 Findlay (1992), p. 69.

der Systeme aufzunehmen, zu dem auch das Weltraumrennen nach dem Sputnik I Start gehörte, zum anderen dem Anspruch nachzukommen, „stets auf dem Laufenden zu sein". Die Zukunftskonzepte änderten sich nämlich sehr rasch oder waren ideologisch nach einiger Zeit nicht mehr tragbar, wie das beim „Atomic Age in Action" deutlich wurde.[21] Dagegen dachte man nicht daran, die Tauchfahrt der „Atom-U-Boote" abzuschaffen, da sie sich eines andauernden, guten Zulaufes erfreuten.[22] Das „Land von morgen" wurde sogar einmal völlig neu errichtet (1964– 67), doch auch danach mußte dauernd nachgebessert und die Einrichtungen an die nicht vorhersehbaren, ultraneuen Entwicklungen angeglichen werden. Was nie verändert wurde, war die Attraktion des Kleinwagenlandes Autopia, eine Mobilitätslandschaft, die von der kalifornischen Landkarte kopiert sein könnte. „Tomorrowland" versprach Einiges, hielt aber weniger.[23] Dazu trug seine moderne, kubusförmige Architektur bei, die wenig phantasiegeleitet und attraktiv erscheint, sondern als glatt, funktional und „weltraumsteril" empfunden wird. Inmitten des Komplexes hat das futuristische Verkehrsmittel Monorail einen Halteplatz, aber die eigentliche Attraktion ist die superschnelle „Space Mountain"-Fahrt (Star Tours) im dunklen All, die Angst und am Ende Erleichterung erleben läßt. Vergleicht man „Tomorrowland" mit der Anlage von „Main Street USA", so werden auf der Zeitschiene zwei Themenbereiche angesprochen, von denen der erste in eine wissenschaftlich-städtische Zivilisation der Zukunft weist und der zweite den Traum von einer idyllisch erscheinenden, kleinstädtischen Vergangenheit aufleben läßt.

Großkonzerne, wie die in Anaheim heimische Monsanto Chemical Co.[24] suchten von Beginn an die Nähe zum Anaheim Park und je größer sein Erfolg wurde, desto stärker wurde ihr Interesse und Engagement, das sich bei der General Electric Co. als „kapitalistischer Realismus" im Bau des „Carousel of Progress" niederschlug.[25] Auf diesem „Präsentationsteller" wird die fortschrittliche Modernität, In-

---

21 Bei der Ausarbeitung von „Tomorrowland" assistierten Mitarbeiter der Streitkräfte. Die Disneyland-Mondrakete ging auf den Entwurf von Willy Ley und Wernher von Braun zurück. Im erwähnten, wöchentlichen ABC-Fernsehbeitrag wirkte Prof. Heinz Haber mit (ehemals Kaiser-Wilhelm- Institut in Berlin) und brachte 1957 den ersten Teil der Televisionsserie „Our Friend the Atom" heraus. Darin wird die Atomenergie als menschlich-wissenschaftliche Höchstleistung vorgestellt, bei der es nur darum ginge, sie sinnvoll zu nutzen. Näheres dazu in dem Artikel von A. Platthaus „Aladins Wunderwaffe" in der Frankfurter Allgemeinen Zeitung v. 20.12.95. Sein Beitrag bezieht sich auf den Aufsatz von M. Langer „Why is the Atom Our Friend: Disney, General Dynamics and the USS ‚Nautilus'. Art History, vol. 18, No.1, 1995.

22 Am 9. Juni 1959 lief das erste Atom-U-Boot der USA, die „George Washington" von General Dynamics, die mit Nuklearsprengköpfen ausgerüstet war, vom Stapel. Am 13. Juni 1959 wurde in Disneyland mit einer großen Zeremonie, an der Vizepräsident Nixon und der Marineadmiral Kirkpatrick teilnahmen, die Attraktion der U-Boot- Fahrten eröffnet. G.D. baute nicht nur die ersten Atom-U-Boote (Nautilus), sondern war als Berater und Finanzierungspartner für die Disney-Unterwasserflotte tätig.

23 In Personalfragen verhielt sich die Disney Company z.B. viel weniger fortschrittlich, denn es dauerte mehr als zehn Jahre, bis sie den ersten Afro-Amerikaner im Publikumsverkehr anstellte. (Findlay (1992), p. 94).

24 Die Monsanto Co. stellte z.B. das Zukunftswohnheim aus Kunststoff aus und offerierte später „Adventures through inner space", eine Fahrt durch die inneren Strukturen der Molekülwelt.

25 Findlay (1992), p. 70.

novationsrolle und Produktivität der Großkonzerne für das Gemeinwohl im amerikanischen Kapitalismus vorgestellt, die im gemeinsamen Schulterschluß ihr vorteilhaftes Image für das Publikum als permanente und gelungene PR-Aktion installier-
ten.

Der Anaheim Park wurde schnell bekannt, dafür sorgten – wie kaum anders zu
erwarten – verschiedene Medien, die das Ferienland sehr wirkungsvoll in die Öffentlichkeit brachten (Abb. 73, 74 u. 75). Die Company placierte Anzeigen in südkalifornischen Presseorganen und verteilte eigene Magazine wie „Vacationland" in
den Motel- und Hotelketten des Südwestens. Den schlagendsten Erfolg erzielte die
wöchentliche Fernsehsendung, die sich stets auch dem Park mit seinen Entwicklungen und spannenden Ereignissen widmete. Zum 10jährigen Jubiläum 1965 versam-
melten sich auf Einlandung des Unternehmens Reporter aus dem ganzen Land im
Park, und ihre Schilderungen verbreiteten sie als Echo in ihren heimischen Zeitun-
gen. Das Anaheim Bulletin und andere Publikationen nannten die Anaheimer Attraktionen in einem Atemzug mit Las Vegas und den staunenswürdigen Naturer-
scheinungen des Westens wie Yosemite Valley und Grand Canyon, die sie als gleich-
wertige Stationen einer Touristenreise vorstellten. Für sie standen Wunder der Künstlichkeit und Wunder der Natur auf einer Ebene.

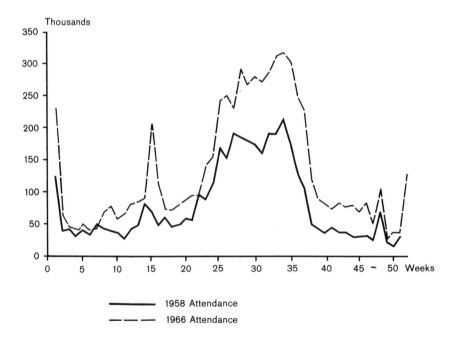

Abb. 73: Diagramm über Besucherzahl und jahreszeitliches Verhalten in Disneyland im Vergleich
der Jahre 1958 und 1966.
Quelle: Walsh, D.J.: The Evolution of the Disney Land Environs. Tourism, Recreation, Research,
vol. XVII, No.1, 1992.

Abb. 74: Schrägaufnahme des Ausbaustandes von Disneyland, 1958. Blickrichtung gegen Norden zur I5, wo noch Orangengärten angelegt sind. Im Vordergrund die vollbesetzte Parkfläche als Zeichen hohen Besucheraufkommens.
Quelle: Anaheim History Room, Anaheim Public Library.

Abb. 75: Schrägansicht von Disneyland mit Anaheim im Hintergrund, April 1964. Im vorderen Bereich die Katella Ave. und neue Motelbauten. Auf der linken Seite West St. und die Disneyland-Hotelanlage.
Quelle: Anaheim History Room, Anaheim Public Library.

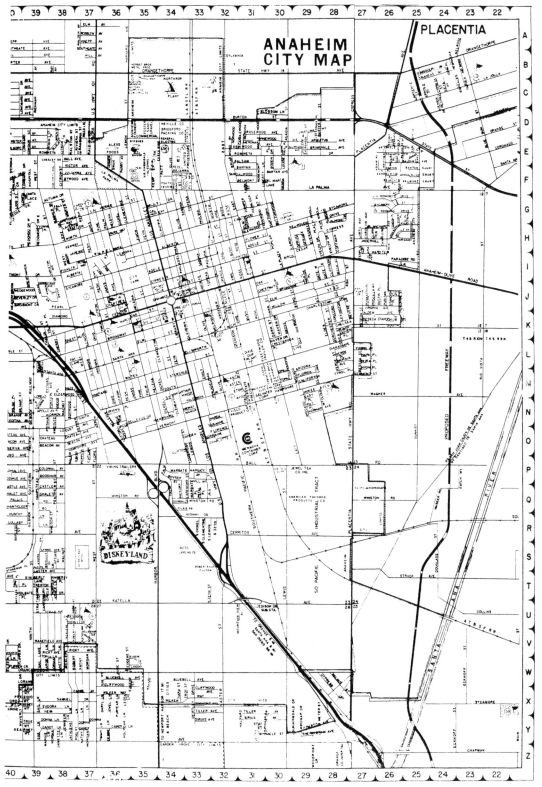

Abb. 76: Stadtplan von Anaheim mit Umgebungskarte und dem Eintrag von Disneyland, 1959. Deutlich wird die Bedeutung der Verkehrsanbindung am Santa Ana Freeway (I5) und an das Stadtzentrum von Anaheim (Harbor Blvd.).
Quelle: Anaheim History Room, Anaheim Public Library.

Abb. 77: Das alte, „schneebedeckte" Alpine Motel an der Katella Ave., das der Erweiterung bzw. dem Verjüngungsvorhaben durch den „Amusement"-Park weichen wird.
Eigene Aufnahme, Juni 1994.

Disneyland war im strengen Sinne von Frederick L. Olmstedt kein Landschaftspark, da er kommerziell ausgerichtet und nicht natürlich genug angelegt war. Seine Naturausstattung und Ökologie (Biotope und sieben Seen, Flußläufe und Wasserfälle) waren einer rigorosen Reduktionsprozedur und durchgreifenden Kontrolle ausgesetzt, die der Planung und Überwachung der Unterhaltungsbereiche ähnelte. Ihre Ausgestaltung war nach Hollywood-„Art" maniert und technisch animiert. Unternahm z.B. eine Familie die Flußfahrt („Jungle Cruise") im Adventureland, begleitete sie am Ufer ein hoher, stilisierter Palmen-Bambus-Magnolien-Tropenwald à la Hollywood-Mischungsweise, dessen „Lebendigkeit" der Audio-Animatronics Technik entsprang, die lebensnahe, bewegliche und tönende Tier- und Menschenfiguren in Szene setzte, welche die Safariteilnehmer zum Staunen brachten. Für die Disney-Entwerfer waren der Galeriewald und die Pseudoereignisse Präsentationsformen, die sie sehr knapp „a concentrated form of nature" nannten.[26] Aber man kann durchaus darüberhinaus gehen und das Naturprogramm in Verbindung mit der Phantasiearchitektur als eine künstlerische Leistung eigener Art bezeichnen, die von neueren Einschätzungen sogar „als gartenstadtartige Idealarchitektur" anerkannt wird.[27] Jedenfalls sprachen die Besucherfrequenzen und die Einnahmen im Laufe

26   Findlay (1992), p. 71.
27   D. Scholz: Entzauberung der Moderne. Kongreßbericht in der tageszeitung v. 2.6.94.

der Jahre für sich, und wurden vom Unternehmen ohne Einschränkung als Akzeptanzbarometer und Meßgröße des Erfolges gewertet (Tab. 22).

Tab. 22: Disneyland-Einkünfte 1980 in Dollar

Eintritt und Fahrpreise	87 066 000
Warenverkauf	72 140 000
Verpflegungsverkauf	41 703 000
Pacht- u. Mieteinnahmen	5 432 000
Andere Einnahmen	718 000
Insgesamt	207 059 000

Quelle: Walt Disney Productions, 1980 Annual Report, Burbank 1980, p. 15 (veränd.).

Kaum weniger dynamisch verlief die Evolution des Disney-Umfeldes, für das D.J. Walsh[28] eine Studie nach einem 6–7stufigen Existenzzyklus von Unterhaltungsparks vorgelegt hat, die auf folgenden Stadien aufbaut: „Exploration, involvement, development, consolidation, stagnation und decline or rejuvenation".[29] Ohne daß genaue Zeitspannen für die einzelnen Phasen in einem „S"-förmigen Kurvenverlauf angegeben sind, werden sie u.a. nach Besucherzahl, dem Besucherverhalten, den Strukturveränderungen bei Übernachtungseinrichtungen sowie dem Landnutzungswandel beschrieben und unterschieden (Tab. 23).

Tab. 23: Veränderung der Landnutzung in der CRA (Commercial Recreation Area) zwischen 1955 und 1990 in % (ausgewählte Jahre)

Landnutzungsart	1955	1958	1990
Landwirtschaft	72	64	12
Disneyland	12	12	16
Parkflächen	10	10	17
Andere Nutzung	4	5	8
Hotel/Motel	2	5	26
Ungenutzt	–	2	7
Einzelhandel	–	2	5
Zus. Vergnügen	–	–	1
Convention Center	–	–	4
Campingplätze	–	–	4
Insgesamt	100	100	100
Acres (insg.)	886	886	875

Quelle: Nach Walsh, D.J.: The Evolution of the Disney Land Environs. Tourism, Recreation, Research, vol. XVII, No.1, 1992, p. 39.

---

28   Walsh, D.J. (1992): The Evolution of the Disney Land Environs. Tourism, Recreation, Research, vol. XVII, No.1, p. 33–47.

29   Nach Butler, R.W. (1980): The Concept of a Tourist Area Cycle of Evolution: Implications for Management of Resources. Canadian Geographer, vol. 24, No.1, p. 5–12.

Für das Disneyland-Umfeld, das offiziell als Commercial Recreation Area (CRA) abgegrenzt ist (Abb. 80), stellt er vier Entwicklungsstufen für Serviceeinrichtungen wie Unterkunft (Tab. 24), Restauration, Einzelhandel und Zusatzeinrichtungen fest: „Develoment/involvement (1953–59), development/diversification (1959–72), consolidation (1972–80) und rejuvenation (1980–91). Die Transformation des randlichen Areals vollzog sich in ihren räumlichen und architektonischen Äußerungen von den ursprünglichen Orangenhainen zu kleineren Motels (ca. 25 Erdgeschoßzimmer; gelegentlich ein Schwimmbecken) plus einem Disney Hotel mit 100 Zimmern zu einem überregionalen Konferenzzentrum, dem Convention Center von 1967 (Abb. 78). In seinem Windschatten kamen die großen Hotelketten wie, Hilton (Abb. 79), Marriott, Howard Johnson, Holiday Inn, Sheraton, u.a., und als letzte Phase schloß sich das Verjüngungsstadium mit Flächennutzungsänderungen an einigen Außenrandstellen der CRA an (Abb. 81 u. 82).

Tab. 24: Übernachtungskapazitäten in Anaheim

JAHR	MOTELS/HOTELS (5 Meilen Radius u. d. Park)	ZIMMER
1973	125	6 500
1980	–	>12 000
1994	160 (o. räuml. Begrenzung)	ca.17 800

Quelle: Findlay (1992), p. 98 und Anaheim Center, Anaheim Community Development, Anaheim 1994.

Die an den Prozessen beteiligten Hauptakteure, welche die Entscheidungen des privaten Sektors beeinflußten, waren die Disney Company selbst und die City of Anaheim, die darüberhinaus für Verbesserungen der öffentlichen Infrastruktur mit Straßenerweiterungen, speziellen Gestaltungsverordnungen und Begrünungen sorgte.[30]

---

30 Eine dieser Verordnungen (1966) sah vor, daß kein höherer Hotelbau in Sichtweite von Disneyland errichtet werden durfte. Der Erlaß der Verordnung ging auf den heftigen Druck der Disney Corporation gegenüber dem Anaheim City Council zurück und betraf die Sheraton Hotelkette, die 1963 ein Hotel mit 22 Stockwerken im Randbereich von Disneyland, innerhalb der CRA (Commercial Recreation Area), errichten wollte. Sheraton baute dennoch, aber weitflächiger mit nur einem Stockwerk und in einem „angepaßten", pseudo-mittelalterlichen Burgenstil! (Abb. 85).

Abb. 78: Der Bau des Anaheim Convention Center (ACC) gegenüber von Disneyland an der Katella Ave. inmitten von Orangengärten, 1965.
Quelle: Anaheim History Room, Anaheim Public Library.

Abb. 79: Die Standardarchitektur des Großhotels „Anaheim Hilton" neben dem Convention Center.
Eigene Aufnahme, Juni 1994.

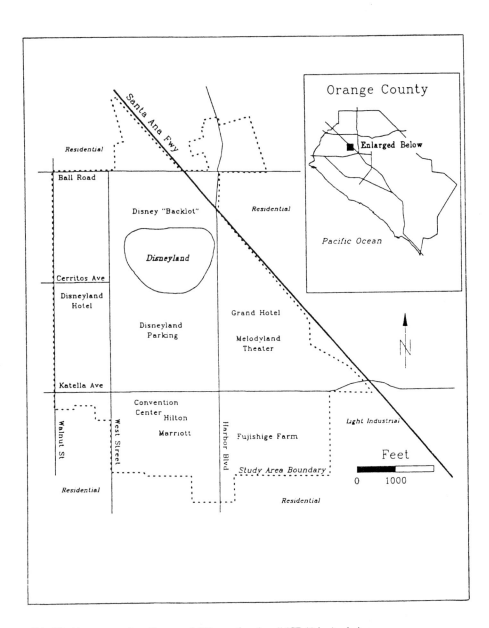

Abb. 80: Abgrenzung der „Commercial Recreation Area" (CRA) in Anaheim.
Quelle: Walsh, D.J.: The Evolution of the Disney Land Environs. Tourism, Recreation, Research, vol. XVII, No.1, 1992.

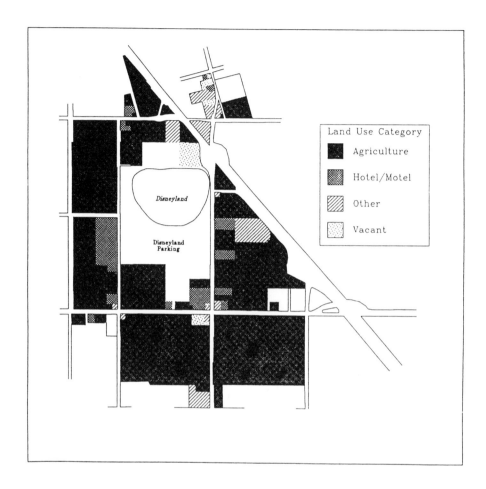

Abb. 81: Landnutzung in der „Commercial Recreation Area" (CRA), 1958.
Quelle: Walsh, D.J.: The Evolution of the Disney Land Environs. Tourism, Recreation, Research, vol. XVII, No.1, 1992.

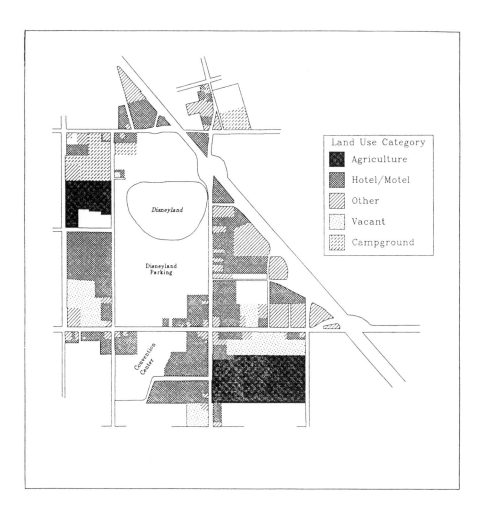

Abb. 82: Landnutzung in der „Commercial Recreation Area" (CRA), 1990
Quelle: Walsh, D.J.: The Evolution of the Disney Land Environs. Tourism, Recreation, Research, vol. XVII, No.1, 1992.

Aus dem Zeitverlauf greifen wir einen Vorgang heraus, der die Stadtgeschichte im gerade genannten Zusammenhang näher beleuchtet. 1964 beschlossen einflußreiche Anaheimer Bürger über den Stadtrat 21 Mio. Dollar für ein großes Sportstadion mit 70 000 Plätzen aufzubringen, das etwa zwei Meilen vom Park entfernt, errichtet werden sollte („The Big A"; Abb. 83). Es wurde in der Tat aus der Taufe gehoben und mit seiner Fertigstellung gelang es, die Los Angeles Angels unter neuem Namen als California Angels und Mitglied der American Baseball League sowie das Football Team der Los Angeles Rams in die Stadt zu holen und – wie sich herausstellte – rechtfertigten die Zuschauerzahlen die cleveren Spielzüge. Aber das war noch nicht das Ende des Vorpreschens, denn in einem zweiten Anlauf waren nochmals 14,5 Mio. Dollar zusammengebracht worden, um ein Kongreßzentrum zu erstellen, das einen saisonalen Ausgleich für das nach den Sommermonaten abflauende Touristenaufkommen schaffen sollte. Das Disney-Unternehmen hielt sich im Hintergrund, aber allein die Existenz des Parkes selbst war natürlich hilfreich für das Aufbringen des notwendigen Kapitals. Nur ein Jahr nach dem Stadion (1967) öffnete das Convention Center gegenüber dem Park, an der Katella Avenue, seine mächtigen Tore (Abb. 84). Bereits im ersten Jahr konnte es 63 000 Besucher aufweisen, und 1980 stand Orange County als Kongreßaustragungsplatz im Westen an zweiter Stelle hinter San Francisco (Tab. 25). Die oben genannten, bekannten, nationalen Standard-Hotelketten folgten ihm auf dem Fuß (Abb. 85), und Anaheim schritt mit seinen Errungenschaften derart voran, daß es Santa Ana den Rang ablief und zum eigentlichen urbanen und kulturellen Zentrum aufstieg und eine Art „zentralisierter downtown" im weitgehend suburbanen Einheitsstil des Kreises abgab.

Abb. 83: Blick auf das Anaheim Stadium („The Big A").
Eigene Aufnahme, Juni 1994.

Abb. 84: Der Eingangsbereich zum Convention Center an der Katella Ave. in der Architektursprache
der sechziger Jahre.
Eigene Aufnahme, Juni 1994.

Abb. 85: Die Sheraton-Kette mit ihrem Hotelbau im historisierenden „Burgenstil" am Nordrand der
„Commercial Recreation Area" (CRA).
Eigene Aufnahme, Juni 1994.

Tab. 25: Kongreßaktivitäten im Convention Center, Anaheim (ausgewählte Jahre)

JAHR	KONGRESSE/ AUSTELLUNGEN/ UNTERHALTUNG	TEILNEHMERZAHL	TEILNEHMER-AUSGABEN IN $
1982	155	625 000	296 875 000
1985	228	875 000	503 125 000
1990	360	1 000 176	1 200 000 000
1992	369	1 029 244	1 338 017 200
1993	356	950 916	1 236 190 800
1995	–	1 100 000	–

Quelle: Anaheim Chamber of Commerce: Anaheim California. Anaheim 1994/1995.

Abb. 86: Die Front der kolossalen Anaheim Arena („Arrowhead Pond") im Baustil der neunziger Jahre.
Eigene Aufnahme, Juni 1994.

Erst viele Jahre später, 1993, kam als sportliche Austragungsstätte noch die ultima Arena hinzu, mit der der Disney-Konzern seinen Fuß weiter nach Anaheim hineinsetzte (Abb. 86). Über 100 Mio. Dollar wurden investiert, und die Stadt ist nun stolzer Eigentümer einer opulent ausgestatteten Sportanalge, die von einer privaten Management Firma (Ogden Corp.) betrieben wird. Disney ist vertraglich an den

Einnahmen beteiligt, aber das allerwichtigste Zugpferd, die Top-Basketballmann-schaft, die in der Arena heimisch ist, fehlt noch.[31] Inzwischen spielen in der Halle mit maximal etwa 19 000 Zuschauern, auf der Eisfläche des Arrowhead Pond, in gekühltem Environment, die Disney-„Mighty Ducks" heiß auf. Oder es trägt dort das Anaheim Soccer Team „Splash" seine profireifen Fußballkämpfe aus. Zur Ab-wechslung tritt die Rollerblade Hockey Mannschaft der „Bull Frogs" an, die den Puck in schaureifem Spielgeschehen kreisen läßt, während die „Anaheim Piranhas" „indoor football"-Kämpfe ausführen. Die Arena bietet also abwechslungsreiches Sportgeschehen, eignet sich aber ebenso für Showveranstaltungen vor großem Au-ditorium, so daß für die Stadt schon jetzt ein zufriedenstellender Auslastungsgrad erreicht ist.

Ein kurzer Vergleich mit den jüngsten Entwicklungen in Las Vegas (LV) mag an dieser Stelle angebracht sein, weil sich dort etwas abzuzeichnen scheint, wofür Disneyland die Grundlage schuf. Die neuen Dimensionen der „All American City" lassen sich an den Großpalästen der Kasino-Hotels Mirage, Luxor (375 Mio. $), Treasure Island (475 Mio. $), Excalibur und MGM Grand (5 000 Zimmer, 1 Mrd. $) mit ihren Schaulandschaften erahnen. Mit höchstem, privatem Kapitaleinsatz macht die Stadt ihre Außenhaut noch schillernder. In nur einem Jahrzehnt von den 80er zu den 90er Jahren schmolz sie sich mit ihren neuen Entwicklungen in die amerikani-sche Gesellschaft ein. „Las Vegas has become Americanized, and, even more, Ame-rica has become Veganized".[32] Was in dieser Transformation steckt, die LV zu ei-nem neuen Image verhelfen soll, ist sein angeblich aufgehender Stern als Vergnü-gungsplatz für die ganze Familie und entspricht einem Einschwenken auf die be-kannte Disney-Linie. Wenn Las Vegas als Familienplatz wirklich akzeptiert wird, könnte die Spielstadt Schritt für Schritt einen neuen Charakterzug annehmen. Auf der anderen Seite ist die Gesellschaft allmählich dabei, sich von Vorstellungen zu befreien, welche die „crazily go-go"-Stadt mit einem Mammontempel, moralischen Sumpf und einer Sodom und Gomorrah-Stadt gleichsetzten. Die Vergnügungspalet-te der Hotels nach Pharaonenart, Piratenabenteuer, Ritterleben oder Märchenwelt mit spektakulären Schaueffekten und die „indoor shopping mall" als extravagante, antikisierende Wandelhalle im Stil von Forum und Stoa in Ceasar's Palace sind gegen Ende des 20. Jahrhunderts klare Hinweise auf eine ästhetisch umgestaltete Verbraucherwelt, die sich Geschichte als Rahmen beschönigend-utilitaristisch ein-verleibt und darin Spiel und amüsante Zerstreuung anbietet sowie Waren in einem gediegenen Ambiente präsentiert, die durch Design gehoben und durch Qualität veredelt sind.[33] Wenn Erlebniswelten dieser Art in Kaufpaläste integriert sind, zie-hen sie Massen von Kunden an wie beispielsweise die außerhalb von Minneapolis gelegene Mall of America, die im ersten Jahr ihres Bestehens 40 Mio. Besucher anlockte. Selbst Las Vegas mit 22 bis 23 Mio. Jahresbesuchern (1992) bleibt dahin-ter noch weit zurück. Disneyland hat nur etwa 12 bis 13 Mio. Gäste, aber ihm kommt

---

31   Nach The Orange County Register v. 3.3.93.
32   Zitat aus dem Artikel von Kurt Andersen „Las Vegas. New All-American City". Time v. 10.1.94.
33   Siehe dazu das Kapitel „Washington, D.C., die Signal-Metropole?, wo auf diese Beziehungen weiter eingegangen wird.

die Bedeutung zu, Wiege und Ausgangspunkt dieser Entwicklungsrichtung von künstlicher Verpackung, Spieltrieb, gezähmtem Abenteuer und verlockendem Einkauf
zu sein.

In der Zwischenzeit sind die Zweifel über Las Vegas gestiegen, ob es die Wen-
de zum Urlaubsort mit familienfreundlicher Atmosphäre schafft oder ob der traditionelle Kurs mit Spielhallen-Hotels, Show- und Revueangeboten weiterverfolgt
wird.[34] Im Grunde ist letztere Ausrichtung ein ziemlich sicherer Geschäftsweg, denn
für 80% der Amerikaner ist Spielen heutzutage eine Form der Unterhaltung und
60% sind sogar bereit, für ihr Glück entsprechende Einsätze zu tätigen. Ein derarti-
ges Meinungsbild ist nicht einfach ein Befragungsergebnis, sondern wird durch die
Spiellust untermauert, die mittlerweile die jährlichen Wettausgaben auf eine Höhe
von über 480 Mrd. Dollar getrieben hat. Das Mirage Hotelkasino von Steve Wynn
machte 1989 den Anfang für die Familienorientierung und mit den Folgehotels stieg
die Besucherzahl bis 1996 von 18 Mio. auf über 30 Mio. Dagegen ist die Steige-
rungsrate bei Jugendlichen unter 21 in Begleitung immer noch gering, doch hat sie
sich im gleichen Zeitraum beinahe verdoppelt (von 6% auf 11%). Trotz dieser Er-
folgssträhne gibt es Anzeichen, daß das familienorientierte Angebot zurückgenommen wird. MGM ist z.B. dabei, ein „retheming" seiner Märchenwelt „Land of Oz"
für 250 Mio. Dollar vorzunehmen und durch ein Hollywood-Thema, das sich mehr
auf die Erwachsenenwelt bezieht, zu ersetzen. Außerdem soll sein Unterhaltungs-
areal verkleinert werden, um zusätzliche Tagungs- und Kongreßräumlichkeiten un-
terzubringen. Einige wenige interviewte Familien äußern sich direkt negativ zu den
Spielangeboten, denen kaum auszuweichen ist und die eine Lebensweise zu verkör-
pern scheinen. Für prinzipielle Gegner mit religösem Hintergrund ist die Lage ohnehin klar und sie bringen ihre Ansicht wegen der grassierenden Hypokrisie kurz
und drastisch auf den Punkt: „This is the unholy trinity: sex, power, money. That's
what goes on here",…„We have 24-hour drinking, 24-hour gambling, legalized pro-
stitution 50 miles outside of town".

Der Investitionsboom mit großen Geschäftserwartungen ist ungebrochen, doch
von Familientouristen ist nicht mehr viel die Rede. Dagegen bleibt LV-Investor
Stephen A. Wynn im Gespräch, denn unter seiner Ägide wurde in einer „joint ven-
ture"-Partnerschaft mit Circus Circus Enterprises Inc. am 20.6.96 das neue Monte
Carlo Hotel am Strip mit 3 014 Zimmern eingeweiht. In diesem noblen Hause gibt
man sich zwar als preiswerter Anbieter („budget rooms $59 midweek and $99 week-
ends"), doch ist man ebenso um Luxus für die Massen, d.h. um französischen Nach-
ahmungsstil oder wortschöpferisch etwas bescheidener ausgedrückt, um „populäre
Eleganz" bemüht.

Damit ist die Entwicklungswelle noch längst nicht zum Stillstand gekommen,
denn gegen Ende 1996 steht die Eröffnung von New York-New York an (MGM

---

34   Siehe dazu den Bericht (Cover Story) in The Christian Science Monitor v. 3.6.96. In einem
     Artikel des Tagesspiegel v. 27.11.94 über Las Vegas heißt es ebenfalls klagend: „Die kurzzeitig
     angepeilte Zielgruppe der Familien bringt offenbar nicht den erwähnten Geldsegen. Die (Fami-
     lien) räumen nur die preisgünstigen Buffets ab, verspielen jedoch keinen Cent". Welche Ent-
     wicklungsrichtung sich schließlich durchsetzen wird, ist noch nicht abschließend zu beurteilen.
     Werden in den anvisierten 100 000 Hotelbetten wirklich nur Spieler(innen) unterkommen?

Grand Inc./Primadonna Resorts Inc.) und daneben schreiten die Arbeiten am Italien-Projekt Bellagio voran (Mirage Resorts), das 1998 seine Spielhallen öffnen soll. Die Investitionskosten belaufen sich auf geschätzte 1,3 Mrd. Dollar und das Romantik-Kasinohotel wird auf einer Insel inmitten eines 20 ha großen, künstlichen Sees angelegt, auf dem für die Gäste Sportaktivitäten angeboten werden und an dessen Strand sie sich im Schatten ergehen können. Auf die Frage aber, ob auch eine ausreichende Zahl von Touristen all diese Hotelräume füllen werden, gibt es bei den optimistischen Brachen-Analytikern die Antwort „You build them exciting enough and unique enough, and they will come".[35]

2.4 DISNEYTOPIA: RAUMGESTALTUNG UND SYMBOLGEHALT AM BEISPIEL VON „MAIN STREET"

Nach Meinung von M.L. Brack[36] nehmen die Amerikaner ihre gebauten Freizeitlandschaften ernst, und ihr Studium erlaubt deshalb einen Einblick in die Phantasiebilder, Traumwelten und tieferen kulturellen Wertvorstellungen der amerikanischen Gesellschaft. WD's „Main Street USA" eignet sich besonders dafür, Einblicke in diese kollektiven Imaginationen zu nehmen, weil sie als historischer Stadtlandschaftsausschnitt im Disney-Park dem visuellen Konsum und der Verpackung von dichtgereihten, kuriosen Geschäften dient und damit Amusement und Kommerz verbindend offeriert.

Wir haben schon erfahren, daß beim Bau der „Main Street"-Gebäude für den Aufriß ein Verkleinerungsmaßstab angewandt wurde, zu ihrem Grundriß trägt indes die Geschichte des Städtebaues mit der barocken Formensprache bei. Als Basisform dient nämlich eine zentrale Achse mit visuellen Abfolgen und markant placierten, baulichen Landmarken als „points de vue" an ihren beiden Endpunkten. Den Eingang betont die in ihrer Bedeutung erhöhte Kleinbahnstation der SFR („Main Street Train Station") und ihr genau gegenüber steht im Mittelpunkt der Gesamtanlage als Augenfang das aufsteigende Märchenschloß (Abb. 87). Von dem davorliegenden, platzartigen Rondell („Central Plaza"), das als Nabe des Raumsystems angesehen werden kann, führen die Fußgängerwege radial, speichengleich zu den einzelnen Themenbereichen und hier sammeln sich die Besucher, wenn sie wieder zum Ausgang streben. Damit übernimmt „Main Street" die Funktion einer Leitschiene für die Besucherströme, die entweder den Park betreten wollen oder ihn zu verlassen wünschen. Jeder Besucher passiert diesen Teil der Anlage mit dichtgedrängten Einkaufsmöglichkeiten – die Passage zur Kaufanimation – also zweimal. Beim Eintritt werden die Gäste durch zwei, etwas abgedunkelte, torähnliche Durchgangsröhren geschleust, um auf der anderen Seite den Überraschungseffekt zu empfinden, in einer ganz anderen Welt und Umgebung, auf einem friedlichen, kleinen Platz ohne

---

35   Nach Artikeln in der Las Vegas Sun v.16.6.96 und dem Tagesspiegel v. 4.2.96.
36   Brack, M.L. (ca. 1986): Walt Disney and the American Main Street. Manuscript, Anaheim Public Library.

brausenden Verkehr zu stehen, von dem sie aus ihren Rundgang beginnen können.[37] Zuvor haben sie an einer Reihe von Kassenboxen den für den Einlaß höchsten finanziellen Tausch während ihres ganzen Aufenthaltes getätigt, und hier am Kontaktpunkt zwischen realer Außenwelt und abgeschotteter Innenwelt findet auch die kaum spürbare Sicherheitskontrolle statt, die zweifelhafte Gestalten vom Park fernhalten soll. Kassenboxen und die dazugehörige Lobby, wo das Blumenportrait von Mickey Mouse die Eintretenden begrüßt, sind der Eingangsarchitektur von Filmtheatern entlehnt.[38] Noch vor den Zahlstellen, die das „Sesam öffne dich" bedeuten, liegt als „parterre" der versiegelte Parkplatz, der flächenmäßig weit größer angelegt ist als der „Amusement Park" selbst.

Abb. 87: Schrägbild von Disneyland, 1965. Die Monorail im Vordergrund, dahinter der Eintrittsbereich mit der lachenden Filmmaske von Mickey Mouse. Der Blick geht auf die „Main Street"-Zentralachse, die in den Mittelpunkt der Verteiler-Plaza mündet und am Blickfang des Märchenschlosses endet.
Quelle: Anaheim History Room, Anaheim Public Library.

---

37   Die kleinen Parks am Anfang und Ende von „Main Street" sollen auf typische Beaux Arts-Einflüsse hinweisen. Brack (ca. 1986), p. 4.

38   T.S. Gravel weist darauf hin, daß an dieser Stelle Mickey Mouse als Konzernlogo prangt und den Willkommensgruß entbietet. Die MAUS meint darüberhinaus filmische „fun cartoons" und so sei auch Disneyland. Gravel, T.S. (1990): The Animator's Landscape: Disneyland. M.A. Thesis of Landscape Architecture. Univ. of California, Berkeley; p. 43. B. Schulz übernimmt in seinem Tagesspiegelartikel v. 22.10.96 „Sieben Zwerge tragen das Gebälk" die Beschreibung von Disneyland als „begehbarer Zeichentrickfilm".

Obwohl das „Main Street"-Thema aus der Geschichte der amerikanischen Klein-stadt stammt, entspricht sie historisch nicht dem Beispiel einer echten viktoriani-schen Hauptstraßenanlage, sondern ist überlegt komponiert. Des öfteren wurde auf das Vorbild von WD`s Kindheitsort Marceline, Missouri, um 1910 hingewiesen, wo der Ursprung der „Main Street"-Idee liegen soll. Das gilt heute für wenig wahr-scheinlich, denn die „Main Street" in Marceline war eine breite, ungepflasterte, un-begrünte und verschmutzte Straße, flankiert von Gebäuden mit unterschiedlicher Geschoßhöhe, Baulücken, die Außenwände bestückt mit Reklametafeln und über allem ein Gewirr von Versorgungsleitungen. Die Fassaden waren meist glatt und einfach aufgemauert und ohne große Abwechslung, was ganz im Gegensatz zur geschlossenen, farbigen Fassadenvielfalt, der Gesamtästhetik und der peinlichen Sau-berkeit in „Main Street" steht.[39] Man kann deshalb wohl sagen, daß ihr Ursprung eher in historischen Photosammlungen, Muster- und Vorlagebüchern für die „Zei-chentische der imagineers" liegt, die vielleicht schon damals unbewußt die erzähle-risch-ansprechenden und kommunikativen Funktionen eines solchen Architektur-ensembles schufen.

Zu diesem Punkt führt Brack den Geographen D. Meinig[40] an, der die Ansicht vertritt, daß es in jeder herangewachsenen Gesellschaft symbolische Landschaften zu entdecken gibt, die zur archetypischen, räumlichen Ikonographie nationaler Iden-tifikation gehören und etwas Allgemeines vermitteln können. Zu den gemeinschaft-lichen amerikanischen Idealbildern zählt er die Dörfer Neuenglands im Osten, „Main Street" aus dem mittleren Amerika und die kalifornischen Wohnvororte im Westen. Negative „images" nennt er nicht, doch sind sie im kollektiven Gedächtnis sicher-lich vorhanden, werden aber von den positiven mnemonischen Bildern zurückge-drängt.

Wenn man Disneytopia betritt, bewegt man sich vom Eingangsplatz entlang von „Main Street" in die Vergangenheit der positiven Kleinstadtwerte mit ihren sozialen und lebensdienlichen Vorzügen, die sich in Übersichtlichkeit, Eingebun-denheit, sicherem Wohlstand, Einfachheit und moralischer Gewissheit ausdrücken und auch für die Zukunft Geltung beanspruchen dürfen. Reinlichkeit, charmant-kitschige Gediegenheit („pastichehafte Verhübschung"), elaborierte Ansehnlichkeit und überdauerungsfähige Stabilität der Baulichkeiten[41] transferieren Botschaften für soziale Harmonie und gefestigte, moralische Integrität, während entgegenge-setzte kleinstädtische Erscheinungen wie einfache, stereotype Gebrauchsarchitek-tur, glatt aufgemauerte, abgeblätterte Fassaden, verwilderte Grundstücke, öde Park-plätze, aber auch soziale Anpassung, politischer Konservativismus und Provinziali-tät ausgeblendet bleiben. So gesehen, steckt in „Main Street" neben der synthetisier-ten Anschaulichkeit und der reinen Geschäftlichkeit der Code „einer moralischen

---

39 Ein Kritiker des Parkes stellt fest, daß das „Funland" so klinisch sauber ist, daß ein Nagetier (hier wird auf die MAUS angespielt) darin hungern würde. Gravel (1990), p. 36.

40 Meinig, D.W. (1979): Symbolic Landscapes. Some Idealizations of American Communities. In: Meinig, D.W. (ed.) (1979): The Interpretation of Ordinary Landscapes. Geographical Es-says. New York.

41 Bei Gravel (1990), p. 46 wird von „gingerbread"-Architektur , d.h. also Pfefferkuchenhäus-chen-Blendwerkbaukunst gesprochen.

Anstalt". Mitbedacht wurde ein freundliches Rathaus, was allerdings in der „Main
Street"-Anlage fehlt, ist ein Kirchenbau, der eigentlich als eines der Sinnbilder von
friedfertigem, kleinstädtischem Zusammenleben angesehen werden kann (Abb. 88).
Das wiederum mag damit zusammenhängen, daß bei der Vielzahl konfessioneller
Gemeinschaften in Amerika, in Disneyland vorzugsweise keiner Glaubensrichtung
der Platz für eine religiöse Versammlungsstätte eingerichtet werden sollte.

Abb. 88: Ikone des ländlichen Kleinstadtideals mit dem Kirchengebäude als christlicher Glaubensfeste und dem Sonnenaufgang als Hoffnungssymbol.
Quelle: Los Angeles Times v. 19.6.1994.

2.5 DIE DEUTUNG VON DISNEYLAND

Disneyland trägt mehrere Namen, die fast alle auf Vergnügen, Phantasie und magi-
sche Qualitäten des Parks anspielen und als „Magic Kindom", „Funland", „Wonderland" oder „Amusement Park" in der Werbung Platz gefunden haben (Abb. 89).
Der inhaltsschwere Utopiebegriff wird selten mit Disneyland in Verbindung gebracht, obwohl er in der Bezeichnung „Disneytopia" anklingt. Der „Theme Park"
wird allerdings von anderer Seite als „degenerierte Utopie" bezeichnet, weil er u.a.
„die Suche nach den Topoi einer besseren Welt darstellt, dabei aber eben nicht über
den alten Zustand hinausweist".[42] Der Schmunzelname „Mouseland" spielt bei Sa-
tirikern oder Kritikern der Disney-Unternehmungen eine Rolle, da die MAUS die
Haupt „person" ist, „welche die Falle gebaut hat, in die die Menschen tappen".[43]

---

42   E. Hörmann spricht in seinem Artikel „Der mythologische Schrein des American dream" im
     Zusammenhang mit Disneys Utopia über die „degenerierte Utopie", indem er sich auf Louis
     Marin bezieht. Der Tagesspiegel v. 5.1.93.
43   Siehe auch Findlay (1992), p. 90.

Abb. 89: Der gegenwärtige Werbeturm mit dem wortschöpferischen Willkommensgruß zur „Disneyland-Fantasmic-World" am Eingang Harbor Blvd.
Eigene Aufnahme, Juni 1994.

Kaum abzustreiten ist, daß der Park einen „genius loci" besitzt, der für die Gäste in der Erlebniswelt steckt, die Exotismus, Spaß, Nervenkitzel und „shopping" bereithält und mit ihren phantastischen Kulissen einen amerikanischen Kulturlandschaftsausschnitt erster Ordnung verkörpert. Selbst wenn die Erfahrungen, die mit diesem Platz gemacht werden, aus einer bewußt geformten und technisch kontrollierten Umwelt entspringen, für die der Film Pate stand, wird bei den Teilnehmern ein Ortsgefühl erweckt, bei dem sie sich zumindest zeitweise mit dem „Family Park" identifizieren.[44]

44   Edward Relph hat dazu eine völlig andere Meinung. Da Disneyland ein künstlicher Ort ist, der

Disneyland ist aber nicht nur der einfache Ort, sondern ein ganzes Territorium
mit einer klar markierten Grenze, innerhalb derer sich Stimmungen einstellen, die
mit Wohlbehagen verbunden sind und ein Sicherheitsgefühl vermitteln, das gekoppelt ist mit der Einstellung „to have a good time, is to have fun". Ja, man kann sagen,
daß sich in der „Funland"-Menge ein Vergnügungskonsum ausbreitet, ebenso wie
sich bei vielen ein Konsumvergnügen einstellt, was damit zusammenhängen mag,
daß sich bei der Durchgestaltung von Disneyland bereits die stets weiterschreitende
Verbindung von Kultur- und Warenwelt abzeichnet.[45] Dafür kann „Main Street"
wieder als Beispiel gelten, weil sie im Grunde als sehr gut kaschierte Einkaufsallee
funktioniert, die sich mit der verkleideten Kaufwelt einer „shopping mall" – einer
„Maschine zur Kaufluststeigerung" – vergleichen läßt.[46] Die umschlossene, private
Räumlichkeit einer „mall" wird dabei als öffentliche „Main Street" von einst gedeutet, in die das Konsumentenpublikum eintreten kann, um zu bummeln, zu schauen,
sich abzulenken und vor allem Geld für den Einkauf auszugeben. Was von WD mit
sicherem Zugriff als pseudo-stadtgeschichtliche „Main Street"-Inszenierung vorgeführt wird, hat sich im Bau von städtischen Wohnquartieren in den 80er und 90er
Jahren als neuester Verkaufsschlager entpuppt, denn „...the newest idea in planning
is the nineteenth-century town...".....,That's what is really selling".[47] Und das läßt
sich treffend in folgendem Zitat zusammenfassen, daß nämlich „Der Geist der Zeit
darin bestehen kann, den Zeitgeist einer anderen Epoche zu nutzen".[48]

Die Effizienz des glatten, routinemäßigen, inneren Ablaufes, die Berechenbar-
keit des nächsten Angebotes und die Vorhersehbarkeit der Nebenereignisse (Para-
den, Shows) ist wie bei einer Produkterzeugung durchorganisiert.[49] Alles scheint
irgendwie reguliert, doch nicht in zwanghafter Manier, sondern stets in freundlicher
Weise, wofür die kostümierten Gastgeber, die bekannten Comicfiguren und vielerlei musikalische Darbietungen sorgen. Daß sich bei aller Regelung eine Karnevals-
atmosphäre einstellt, die die Sinne öffnet, heißt noch nicht, daß „Funtasmic Land"

durch „disneyfication" geschaffen wurde, also hauptsächlich der Phantasie entsprungen ist, fehlt
ihm das Wesen eines echten Ortes. Disneyland steht für „placelessness". Siehe Gravel (1990),
p. 26 und 37. Eine kritische Haltung gegenüber der inszenierten Künstlichkeit vertritt auch
Christoph Hennig in der ZEIT v. 7.3.97 in dem Beitrag „Die unstillbare Sehnsucht nach dem
Echten. Warum Vergnügungsparks soviel Mißvergnügen provozieren."

45   „The Disney landscape has in fact become a model for establishing both the economic value of
     cultural goods and the cultural value of consumer products". Die Autorin verbindet Disneyland
     mit der zunehmenden Konzentration von ökonomischer Macht im „service sector" der moder-
     nen Gesellschaft. Zukin, S. (1991): Landscapes of Power. From Detroit to Disney World. Ber-
     keley, Los Angeles, Oxford; p. 231 und p. 224. Siehe zusätzlich das Kapitel „Washington, D.C.,
     die Signal-Metropole?, wo diese Verbindungen ebenfalls behandelt werden.
46   Hier denkt Zukin vor allem an „shopping malls" in Innenstadtbereichen wie Faneuil Hall, Inner
     Harbor und South Street Seaport. Zukin (1991), p. 230.
47   Nach Zukin (1991), p. 231.
48   Das Zitat stammt aus dem Artikel von U. Meyer: „Disneyland kennt keine Kirchen" im Tages-
     spiegel vom 8.11.96.
49   Diese Organisationsmerkmale breiten sich gesellschaftlich immer mehr aus und werden als
     McDonalisierung bezeichnet. Im Tagesspiegel v. 2.7.95 in einer Besprechung des Buches von
     George Ritzer: Die McDonalisierung der Gesellschaft. Frankfurt/Main 1995. Bei Findlay (1992),
     p. 93 wird von der noch höheren Organisationsstufe des Computers gesprochen!

als „Rauschfabrik" funktioniert.[50] Im Gegenteil, das maßgeschneiderte Vergnügen garantiert mit ziemlicher Sicherheit, daß von diesem Ort kein Umsturz ausgeht, denn selbst die Disney-Figuren handeln hier nicht anarchisch. Eine echte Lebendigkeit ist dem Park nicht abzusprechen, weil sich auf den Wegen und Plätzen viele Erwachsene und Kinder vergnüglich ergehen, doch bleibt Disneyland ein künstliches Territorium, das zwar starke Eindrücke vermittelt, die aber als Einzelimpressionen nur kurzfristig lebendig bleiben, weil sie sehr rasch von den nächsten Sensationen abgelöst werden. Auch von der utopischen Vergangenheit, die als bereinigte, konfliktlose Geschichte („sanitized history") moralisch aufrichtend wirken soll, bleibt letztlich nicht allzuviel im Gedächtnis des Publikums zurück, weil die fortgesetzte Erbauung – wie angedeutet – eigentlich schon zuviel des Guten ist. Der idealisierten Disney-Landschaft tut dies keinen Abbruch, denn sie verkauft sich trotz allem gut, weil in diesem Umfeld die gesellschaftlichen Standardverhaltensweisen wie individuelles Wetteifern, kämpferische Selbstbehauptung, standfestes Durchsetzungsvermögen, schnelles Handeln und andere Mißlichkeiten der alltäglichen Welt in der lockeren Fun-Atmosphäre aufgehoben scheinen.

Disneyland nur als eskapistisches Traumland zu sehen, wird ihm nicht gerecht, vielmehr ist es ein populärer Kulturschrein des modernen Nachkriegsamerika. Das Empfindungsbewußtsein vieler Enthusiasten dürfte es als Stätte der Neuauflage einer verlorengegangenen „enchanted world" in einer „disentchanted environment" wahrnehmen und deshalb schätzen. Der Park schuf andererseits eine zweite wirtschaftliche Basis für Anaheim, die in der Tourismusausrichtung liegt und der Stadt- und „county"-Ökonomie enorme Einnahmen durch Beschaffungen, Umsätze und Steuern einbrachte. Schätzungen ergaben, daß jährlich von den Besuchern etwa 250 Mio. Dollar in Anaheim selbst ausgegeben werden, was weit mehr ist, als ihre Ausgaben innerhalb des Parkes.[51] So half er nebenbei, Rückschläge wettzumachen, wenn die Luft- und Raumfahrtindustrie unter konjunkturellen Schwächen litt. Ohne den Disney-Park wäre Anaheim wahrscheinlich ein suburbanes Anhängsel von Los Angeles geworden, dessen städtische Eigenheit weder im metropolitanen Southland noch in California oder auf der nationalen Landkarte in irgendeiner besonderen Weise hervorgetreten wäre.

Der Anaheim Park – „the smiling place" – umschließt nur scheinbar ein Land ohne Konflikte, denn es ist auch durch seinen Kunstwall nicht soweit von der Welt abgesondert, daß es von der konfliktreichen Realität verschont bliebe. Das legen die Gewerkschaftskämpfe um Löhne und Arbeitsbedingungen (Abb. 90) oder der Streit zwischen dem City Council von Anaheim und dem Unternehmen offen, bei dem über die Einführung einer 5%igen Ticketsteuer für verschiedene Vergnügungsstätten Mitte der 70er Jahre entschieden werden sollte, und diese Konfrontation den Einfluß und die Macht der Corporation in ihrem Sieg deutlich klarstellte.[52] Gegen-

---

50 Die Bezeichnung „Rauschfabrik" für Euro Disney verwendet E. Hörmann im erwähnten Artikel über Disneyland im Tagesspiegel v. 5.1.93.
51 Nach Findlay (1992), p. 99.
52 Siehe dazu den Bericht „Mickey's Style Can Get Nasty,… in der Los Angeles Times v. 30.6.91, der die Steuerauseinandersetzung im Jahre 1975 betrifft. In einem anderen Beitrag im Anaheim Bulletin v. 28.6.91 wird von Disney's ‚iron fist' gesprochen. Dies ist der zweite Fall nach der

wart und Zukunft der Stadt sind nun eng mit dem Entertainment-Riesen verbunden, denn die Rücksichtnahme auf seine Interessen schien für die Stadträte die beste und sicherste Art, die Lokalökonomie zu schützen und ihre künftige Expansion zu sichern. Daraus läßt sich durchaus das Fazit ziehen, daß der Stellenwert des Parkes eine solche Bedeutung angenommen hat, daß sein Gedeihen praktisch zu einer Richtschnur des politischen Handelns in Anaheim geworden ist.

Abb. 90: Arbeitsstreik in Disneyland. Der Park ist nur scheinbar eine „idyllische Insel im Vergnügungsozean" da er mitten in einer konfliktreichen, gesellschaftlichen Realität liegt.
Quelle: Anaheim History Room, Anaheim Public Library.

Verhinderung des Hochbauvorhabens von Sheraton, an dem die politische Macht der Corporation aufgezeigt werden kann. Zukin (1991) nennt ihr Kapitel über die Disney-Welt „Die Macht der Fassade/Die Fassade der Macht".

3. EIN BLICK INS STADTZENTRUM: DIE UMGESTALTUNG DER INNENSTADT

Das Ende des Krieges bedeutete keineswegs die Einstellung der mit Nachdruck ver-
folgten städtischen Industrieansiedlungspolitik, die während der Kriegsjahre schon
Früchte getragen hatte (Abb. 91). Bürgermeister Charles A. Pearson, der seit 1940
im Amt war, hatte diese Linie energisch verfolgt und für die Stadt mit Anzeigen im
Wall Street Journal geworben. Pearson (1898–1972) war ein legendärer Bürgermei-
ster für Anaheim. 1906 kam er mit seiner Familie aus Nebraska nach Anaheim. Als
Privatmann besaß er die Firma Truck and Transfer Co. und zum Politiker wurde er,
als man ihn 1934 zum ersten Mal in den City Council wählte. Dem Rat gehörte er als
„Mr. Anaheim" 25 Jahre an, wovon er 19 Jahre (1940–1959) als Bürgermeister diente.
Heute erinnert der Pearson Park an ihn.

　　Die für die Niederlassung notwendigen, erschlossenen Betriebsflächen stellte
die Community Industrial Land Co., die aus den 20er Jahren stammte, günstig zur
Verfügung. Eines der Angebote nahm die Northrop Nortronics (Northrop Corp.'s
Electro-Mechanical division) 1951 wahr und baute ein Werk mit 2 000 Beschäftig-
ten auf, dem 1959 der verteidigungstechnische Konzern North American Aviation
(Rockwell International) und andere branchenverwandte Betriebe folgten (Tab. 26).

Tab. 26: Auswahl industrieller Arbeitgeber in Anaheim 1962/63

Autonetics (North American Aviation)
Santa Fé Railroad
Southern Pacific RR
Union Pacific RR
Truck Companies
Delco Remy (Battery Div. of GM)
Dixie Cup Co.
Essex Wire Corp.
Jewel Tea Co.
Nortronics
Robertshaw-Fulton Controls
U.S. Electrical Motors
Oil Research Lab. of Ritchfield Oil
Altec Lansing
Lear Siegler, Inc.

Quelle: Talbert, T.B. (ed.) (1963): The Historical Volume and Reference Works. Vol. I, Orange
County. Whittier, p. 120.

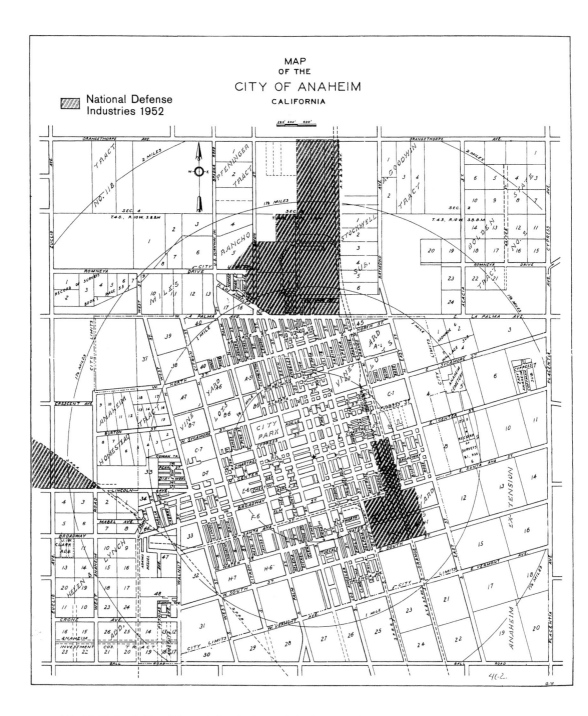

Abb. 91: Nationale Verteidigungsindustrien im Anaheim der Nachkriegszeit bzw. während des Koreakrieges. Quelle: Anaheim History Room, Anaheim Public Library.

In dieses Jahrzehnt fiel auch das große Stadtjubiläum, mit dem Anaheim 1957 sein 100jähriges Bestehen beging, und die Bürgerschaft krönte das Ereignis mit dem großangelegten Schauspiel „Centurama", das in Namen und im Stil seiner jüngsten Errungenschaft – der Disney-Linie – entsprach. Die stolze Feier ließ die Probleme der Stadt zunächst noch in den Hintergrund treten, wer aber die laufenden Veränderungen im Zentrum mit wachem Sinn verfolgte, dem konnte sein allmählicher Niedergang nicht verborgen bleiben. Vom wirtschaftlichen Aufschwung, sei es in der Industrie, im Tourismus oder vom rasanten Bevölkerungswachstum spürte der alte Stadtkern im Umkreis von Center und Los Angeles Street wenig (Abb. 92 u. 93). Dort gingen die Einzelhandelsumsätze zurück und manches Geschäft wurde per „clearance sale" geschlossen, was im Stadtbild allmählich zu einem baulich-ästhetischen Verfall führte. Während in den Außenbereichen von Anaheim laufend brandneue „shopping centers" mit großen Verkaufsflächen und Parkräumen heranwuchsen, gab es in der Innenstadt nichts Vergleichbares oder auch nur ein Kaufhaus. Die traditionelle „downtown" begann wirtschaftlich langsam zu kränkeln, und der Verfall der Bodenwerte nahm zu, was den Geschäftsinhabern, der Handelskammer und der Stadt, die Steuern einbüßte, immer größere Sorgen bereitete.

Abb. 92: Schrägansicht von Anaheim mit Blickrichtung gegen Osten entlang Center St., der Hauptachse, 1953. Im Hintergrund auf der linken Straßenseite das hohe Gebäude des architektonisch hervortretenden Kraemer Building.
Quelle: Anaheim History Room, Anaheim Public Library.

Abb. 93: Die Center St. gegen Osten. Auf der linken Straßenseite das Fox Filmtheater und das Kraemer Building, 1958.
Quelle: Anaheim History Room, Anaheim Public Library.

Das Thema war nicht zu unbedeutend, um von der Los Angeles Times übergangen zu werden, und sie beließ es in ihrem Bericht nicht bei einer Zustandsbeschreibung, sondern legte den Schwerpunkt auf die Zukunftspläne und den Hauptinitiator, die Chamber of Commerce. Ein extra von der Kammer eingerichtetes Urban Development Committee hatte einen Erneuerungsplan ausgearbeitet, der dem Stadtrat zur Genehmigung und Umsetzung vorzulegen war und nach seiner Befürwortung innerhalb von fünf Jahren durchgeführt werden sollte. Der Plan erstreckte sich auf das Gebiet zwischen Cypress St. im N, Broadway im S, Palm St. im W und Olive St. im O und war nach den Vorbildern anderer kalifornischer Städte praktisch wie ein Urban Renewal Program aufgezogen. Im Anaheimer konservativ-republikanischen Klima sollten allerdings keine Bundesmittel verwendet werden, sondern allenfalls Gelder des Staates Kalifornien.[1] Wenn von diesen Vorüberlegungen überhaupt etwas zu Papier gebracht wurde, dann blieb es auch Papier, denn bis 1962 hatte die Stadt nur einige Grundstückskäufe getätigt, nicht aber konkrete, weiterführende Schritte eingeleitet. Weder war die künftige Flächennutzung geklärt, noch die Finanzierungsfrage aufgegriffen worden. Erneut sollten Gutachten zur Klärung der künftigen Rolle des Stadtzentrums eingeholt werden, bevor man in die Stadterneu-

1   Los Angeles Times v. 2.10.60.

rung einsteigen wollte (Abb. 94/Beilage u. Abb. 95).[2] In diese Richtung tat sich aber nicht viel, denn es dauerte Jahre, bis die Pläne wieder auf den Tisch kamen. 1966 lag dann schließlich ein abschließender Bericht vor, den die Victor Gruen Associates aus Los Angeles ausgearbeitet hatten. Der Blaupausenband für das neue Anaheim trug den Titel „Center City, a Plan for the Revitalization of the Central Area of Anaheim, California" und kostete den Steuerzahler 59 000 Dollar.

Abb. 95: Schrägblick vom Harbor Blvd. gegen das Stadtzentrum mit Center St., 1967. Vorne das Gebäude der Bank of America und gegenüber der Flachbau der neuen Public Library.
Quelle: Anaheim History Room, Anaheim Public Library.

Das Erneuerungsgebiet teilte sich nun in einen Zentralbereich mit 47 ac auf und in einen sogenannten Nordost Quadranten mit 30 ac (Sycamore St., Lincoln Ave., Olive St. und ATSFR Eisenbahnlinie). Für das Kerngebiet sah der Gruen-Plan folgende Punkte vor:

1. Die Anlage von Fußgängerpassagen
2. Bauten für moderne Einzelhandelsgeschäfte
3. Die Verbreiterung bestehender Straßen
4. Die Einrichtung von ausreichendem, landschaftlich gestaltetem Parkraum, zur Aufhebung des Straßenparkens

2   Los Angeles Times v. 2.9.61; Garden Grove News v. 4.9.60.

5. Der Bau von Bürohochhäusern im innersten Stadtkern
6. Die Schaffung öffentlichen Raumes als parkähnliche Anlagen mit eingestreuten Wasserflächen

Das NO-Gebiet sollte zu einem Wohngebiet („neighborhood park") mit Grünflächen umgestaltet werden, wozu Abrißmaßnahmen, ein erheblicher Flächenankauf und eine Zusammenlegung notwendig waren. „Patio"-und „town"- Häuser, aber auch 4–22geschossige Apartmentgebäude sollten eine städtebauliche Mischung ergeben. Öffentlich bekundete und betonte man den geringen Umfang von Gebäudeabrissen und Umsetzungen betroffener Bürger, und auch die sehr unbeliebte Zwangsenteignung („eminent domain condemnation") als Mittel des Bodenerwerbs war nicht beabsichtigt. Die Plandauer betrug erneut fünf Jahre, und als Hauptträger der Erneuerung waren die Geschäftsleute und Grundstücksinhaber selber vorgesehen. Zur Finanzierung sahen die Gruen-Empfehlungen vor, daß Bundesgelder nicht generell Verwendung finden sollten, sondern nur in dem Fall einer besonderen Kerngebietssektion als Zuschuß („grant") heranzuziehen seien.[3] Damit war das Urban Renewal Advisory Committee (URAC) aufgerufen, die Studie zu prüfen und danach dem Stadtrat vorzulegen, der schon seit 1961 die Rolle einer unabhängigen Entwicklungsinstanz ausübte und darüber entscheiden mußte. Plan hin, Plan her, die Stadt konnte keinen Beschluß fassen und betrachtete die Vorschläge als anleitende Empfehlungen, die jederzeit zu ändern waren. Jedenfalls wußte man jetzt, daß etwas Grundlegendes vorhanden war, worauf in Zukunft eventuell zurückgegriffen werden konnte. Der Rückgriff ließ indes auf sich warten und wurde durch die 1971 neu ernannte Commutniy Redevelopment Commission unterbrochen, die einen weiteren Bericht erstellte. 1973 konnte der City Council die „downtown"-Situation mit dem ausgearbeiteten Papier wieder auf die Tagesordnung setzen. Inzwischen sprach man schon gar nicht mehr von „urban renewal", einem Programm, das einer vergangenen politischen Periode angehörte, sondern von „community redevelopment". Hier erfolgte ein deutlicher Einschnitt gegenüber den zurückliegenden Jahrzehnten, während man sich gleichzeitig mit Nachdruck bemühte, den Stadtbewohnern die Unterschiede klar zu machen (Tab. 27).

3   Anaheim Gazette v. 1.6.66; Los Angeles Times v. 29.6.66.

Tab. 27: „Community Redevelopment ist NICHT Urban Renewal"

Programm-funktion	California Community Redevelopment	Urban Renewal Programme des Bundes der 40er, 50er und 60er Jahre
Zweck	Verhinderung und Beseitigung von Verfall und Verbesserung der Bedingungen, die den Verfall verursachen.	Wiederentwicklung von verfallenen Gebieten durch massive Investition von Bundesgeldern und Slum Beseitigung.
Mittelbereit-stellung	Primär durch das Steuer-zuwachsverfahren, das zur Rückzahlung von Schuldverschreibungen dient. Lokale Mittel für lokale Programme.	Bundesmittel aus Bundeseinahmen; Bundesgenehmigung von Ausgaben.
Bürgerbeteili-gung	Einsetzungspflicht von Project Area Committees (PACs).	Bürgerbeteiligung nur vorgeschlagen.
Organisation und Kontrolle	Lokale Kontrolle und Verwaltung. Redevelopment Agentur kann der Stadtrat sein.	Bundeskontrolle und lokale Verwaltung; Federal Housing and Urban Development Department leiten die Agentur.
Ausrichtung und Aktivitäten	Selektive Sanierung. Nachbarschaftserhaltung, Wiederherstellung u. Wiederinstandsetzung. Stimulus für neue Geschäftsentwicklung. Verbesserte soziale Kommunaldienste. Pflicht zur Umsetzungsunterstützung, monetäre Hilfe. Planung und Durchführung für ein Projektgebiet.	Massive Slum Beseitigung. Wiederaufbau mit Betonung neuer Bürogebäude und Apartments für mittlere Einkommen.Vorherrschen von Einzelprojekten. Umsetzungshilfen und -nutzen.
Zusammen-fassung	Entscheidungen, Aktionen und Verantwortung vor Ort.	Entscheidungen und Verantwortung beim Bund. Gemeinsames Handeln Bund/ lokale Institutionen.

Quelle: Anaheim Redevelopment Agency: What Redevelopment Means to You. A New City Center for Downtown Anaheim. Anaheim, o.J. p. 10.

Das Projekt trat nun mit dem Namen „Alpha" an die Öffentlichkeit und signalisierte Aufbruch, Zukunft und sozusagen Unanfechtbarkeit. Im Umfang entsprach es in etwa den alten Abmessungen des Zentralbereichs mit Cypress St., Harbor Blvd., Broadway und East St. (Abb. 96/Beilage).[4] Das Programm enthielt einen ganz neu-

---

4   Das NO-Gebiet war ebenfalls ein Teil von „Alpha". Es handelte sich um einen industriellen Bereich mit 2 366 ac gegenüber 200 ac in der Innenstadt. Räumlich waren die Gebiete nicht

en Punkt, der als „tax increment approach" vorgestellt wurde und einem, als vorteilhaft angesehenen, Finanzierungsmodus entsprach.[5] Ein Jahr später faßte die Kommisson zusammen mit dem City Council den entscheidenden, aber kontroversen Beschluß, die Zwangsenteignung als letztes Mittel für den öffentlichen Grunderwerb doch zuzulassen. Der Kommissionsvorsitzende James Morris übte dabei einen gewissen Druck aus, indem er ausführte, daß 15 bis 20 Jahre über die Wiederherstellung des Anaheimer Zentrums gesprochen worden sei und deshalb eine zustimmende oder ablehnende Entscheidung in dieser Angelegenheit gefällt werden müßte. Außerdem sollte man den alten Gruen-Plan der 60er Jahre aus dem Regal holen, ihn abstauben und mit etwas Einzigartigem ausstatten, um die Besucher von Disneyland endlich auch in die Innenstadt zu bringen. Einzig dieser Beschluß war gefallen, sonst war aber immer noch nichts Konkretes bzw. Kontroverses unternommen worden, doch sah man jetzt klar voraus, daß Konflikte nicht ausbleiben würden und sprach es offen an: „Wait until we start widening streets and really implementing a plan…That´s when the fur´s going to fly".[6] Einige Monate später, am 5.9.74, kam dann die aufrüttelnde Meldung, daß mit „Alpha" der komplette Abriß der „downtown" erfolgen würde und mit dem Einsatz der Bulldozer 600 Familien damit rechnen müßten, umgesiedelt zu werden. (Abb. 97).[7] Die früheren, öffentlichen Beteuerungen und Beschwichtigungen der Offiziellen waren rutschartig über Bord gegangen. Auch wies nichts darauf hin, daß der Entwurf der Gruen-Architekten tatsächlich je wieder aus der Schublade hervorgeholt werden würde. Ganz im Gegenteil, für die kommenden Jahre standen völlig andere Konzepte und diesbezügliche Auseinandersetzungen bevor. Zur Präsentation kam zunächst der Stadtgestaltungsplan, der dem „Alpha"-Projekt zugrunde lag und sieben Grundbestandteile aufwies (Abb. 98):

1. Öffentliche Freiräume im Herzen der Stadt mit einem künstlichen See und begrüntem Wasserlauf
2. Verkehrsräume und Versorgungseinrichtungen: Verlegung und Ausbau der Lincoln Avenue zu einem 6spurigen Stadtboulevard. Umbau mehrerer N-S-laufender Nebenstraßen in Sackgassen. *Bau einer Monorailstrecke zwischen „downtown" und Disneyland/Convention Center*
3. Den Bau eines sog. „village center", welches das Kernstück des gesamten Umbaus werden sollte und Einzelhandel, Kleinbüros und Unterhaltung vorsah
4. Die Errichtung eines Bürozentrums mit Reservierung einer Fläche für die kommerzielle Nutzung durch einen einzigen Investor
5. Der Neubau mehrerer Nachbarschaftswohngebiete mit 600 Wohneinheiten sowohl für Senioren als auch für jüngere Familien
6. Der Neubau von städtischen Einrichtungen wie Rathaus, Kulturstätte, Gemeindezentrum und -musem (Civic Center Area; 15,8 Mio. $), „Heritage Place"

zusammenhängend. Nach „Official Statement Anaheim Redevelopment Agency, Redevelopment Project Alpha". o.O. ca. 1976/77. Anaheim History Room, Anaheim Public Library.

5   Los Angeles Times v. 21.3.73.
6   Anaheim Bulletin v. 24.4.74.
7   Anaheim Bulletin v. 5.9.74; Los Angeles Times v. 12.9.74. Am 27.12.74 hieß es in der Los Angeles Times, daß die Studien und Berichte zur Umgestaltung der Innenstadt inzwischen ca. 100 000 Dollar gekostet hätten.

7. Die Bebauung einer besonderen Flächenreserve von 30 ac mit unterschiedlichen Nutzungen für einen *Weltraumpark* (ASI, American Space Institute) ein größeres Hotel, Spezialgeschäfte, Restaurants usw.[8]

Abb. 97: „Redevelopment" und betroffene Anaheimer Bürger.
Anaheim Bulletin v. 5.4.1976.
Quelle: Anaheim History Room, Anaheim Public Library.

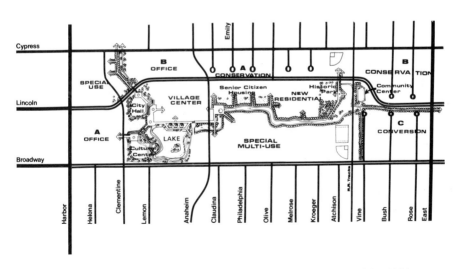

Abb. 98: Der Umbauplan für die Downtown Anaheim im Project Alpha, 1976.
Quelle: Anaheim Redevelopment Agency: alpha update, vol.1, Feb. 1976.

8   Anaheim Redevelopment Agency: „alpha update", vol.1, No.1, Feb. 1976.

Einige Punkte erinnerten an die Planungen der 60er Jahre, andere kamen tatsächlich Neuschöpfungen gleich. In letzterer Hinsicht stand schwarz auf weiß fest, daß die geplante, außergewöhnliche Attraktion inmitten von Anaheim ein Weltraumpark mit einem Museum, einer Ausstellungshalle für Weltraumtechnologie, einem Informationszentrum und erlebbaren Weltall-Sensationen sein würde. Den Disneyland-Aufenthalt schon hinter sich, wären die Besucher künftig in der Lage, in die Monorail zu steigen und auf einer Fahrt durch die westliche Stadt direkt im Weltallbahnhof anzukommen. Eine Vision war geboren, und man konnte jetzt mit einiger Überzeugung davon sprechen, sich durch eine „disneyficated" Stadt zu bewegen. Damit, so meinte man, war die Idee vorgegeben, das Pendant zu Disneyland gefunden, der Massenmagnet entworfen und das Aufleben des Zentrums programmiert, aber das Spiel und der Einfluß der örtlichen wirtschaftlichen und politischen Machtträger in punkto Verwirklichung war noch nicht klar zu übersehen und einzuschätzen. Das begann sich Mitte 1976 abzuzeichnen, denn was bis dahin für den Tourismus orientierten Innenstadtausbau gegolten hatte, war plötzlich hinfällig und wurde zur Seite geschoben. Die Kontroverse war vom Stadtrat „als Bombe" in die Kommission hineingetragen worden und stellte ihre Funktions-und Kompetenzrolle in Frage.[9] Unterschiedliche Positionen in der Entwicklungsfrage traten zu Tage, die nur durch das Ausscheiden von Personen oder durch Einschwenken auf die neue Politik gelöst werden konnten. Der Richtungsschwenk bestand darin, daß Anaheim auf sein „Disneyland Two" verzichten sollte, der Ausbau des „civic center" und der Seniorenwohneinheiten jedoch weiterverfolgt und insgesamt die Bewahrung und Wiederherstellung von Wohnbereichen betont werden sollten (Abb. 99). Die Vermutung liegt nahe, daß eine druckvolle Intervention der Disney Corporation die Pläne für den Weltraumpark aus Konkurrenzgründen unterbunden hat, und – aus vielleicht sehr ähnlicher Ursache – die Innenstadt bis heute keinen modernen, ansprechenden Hotelneubau aufweisen kann. In Interviewäußerungen politischer Vertreter hieß es allerdings, daß die alte Planung zu weit hergeholt und einfach unrealistisch gewesen sei.[10] Nach der Kehrtwendung dauerte es nicht mehr lange, bis die Abrißbagger anrückten und nur einige Monate später im Februar 1977 fielen die ersten Entscheidungen, Zwangsenteignungen vorzunehmen.[11] Unter den Bürgern aber begann es zu rumoren, sie wandten sich gegen den Demolierungsfeldzug und richteten Beschwerdebriefe an die lokalen Zeitungsredaktionen, in denen sich Umsetzungsbetroffene und Szenenbeobachter zu Wort meldeten, die entweder ihr Schicksal schilderten oder überflüssige Steuerverschwendung im Zuge der Innenstadterneuerung öffentlich anprangerten.[12] Die verbliebenen Geschäftsleute aber murrten auf, weil sie durch die phasenhaft einsetzenden Abriß- und Umbauarbeiten von einer Baustelle in die nächste gerieten und dadurch noch weniger Kunden hatten als zuvor. Der Widerstand verstärkte sich derart, daß andere Vorhaben wie beispielsweise das Erneuerungsprogramm entlang der Katella Ave. von Bürgerinitiativen auf Eis gelegt wurden.

9   Anaheim Bulletin v. 24.6.76.
10 Nach Äußerungen im Santa Ana Register v. 26.2.78.
11 Anaheim Bulletin v. 1.1.77; Anaheim Bulletin v. 27.2.77.
12 Dazu zwei Beispiele: Unter der Überschrift „Alpha victim" erschien der Brief einer Leserin

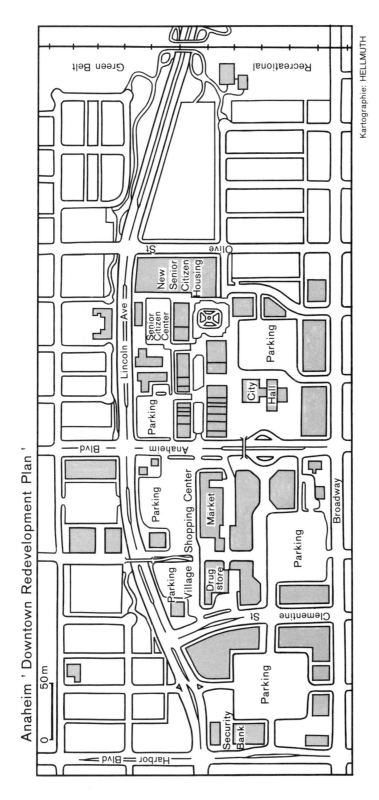

Abb. 99: „The Realistic Redevelopment Project" für „Downtown Anaheim", 1978. Die grauen Flächen stellen potentielle Baugebiete dar, die z.T. noch nicht zweckgebunden ausgewiesen sind.

Quelle: The Orange County Register v. 26. 2.1978.

In der Sache aber ging man realistisch vor und verabschiedete zum Finanzierungs-start am 12. Juli 1977 die Resolution ARA 77–47 im Umfang von 30 000 000 Dollar Schuldverschreibungen, die für den Bodenerwerb, die Verlegung der Lincoln Ave., Umsetzungsfälle, den allgemeinen Straßenbau und für Versorgungseinrichtungen, z.T. aber auch als Mittel für den Rathausbau und als Reserve für den Schuldendienst vorgesehen waren. Die Gesamtkosten wurden auf 71,86 Mio. Dollar geschätzt. Die Bürger ließen sich aber nicht so einfach überzeugen und lehnten die „bond issues" mehrmals ab, wodurch sie den Wiederaufbau weiter auf die lange Bank schoben. Die eben beschriebene, konventionelle Vorgehensweise war übrigens nicht der ein-zige Weg, Geldmittel aufzutreiben, denn – wie bereits genannt – gab es da noch den „tax increment"-Ansatz sowie z.B. Bundesgelder von HUD (Housing and Urban Development) für das Seniorenprogramm, ein Vorgehen, das in solchen Fällen eben-falls sehr üblich war. Das Steuerzuwachsverfahren bedeutete einfach, daß im Pro-jektgebiet infolge der Neuinvestitionen das Realsteueraufkommen (bei gleichblei-bendem Steuerniveau) nach dem geschätzten Wertzuwachs jeweils neu festgelegt wurde (Abb. 100). Der Anstieg, der über einen fixierten, d.h „eingefrorenen" An-fangswert hinausging, floß ausschließlich den weiteren Entwicklungsvorhaben im Projektgebiet „Alpha" zu.[13] Dafür war das fiskalische Startjahr 1972/73 und eine Gesamtlaufzeit des Vorhabens von 35 Jahren bestimmt worden. Dazu muß aller-dings gesagt werden, daß der „tax increment"-Weg nur dann funktioniert, wenn tatsächlich eine fortdauernde Inwertsetzung durch investive Erschließungen erfolgt. Verzögern sich diese Schritte oder bleiben sie aus, gelangt die Quelle nicht zum Sprudeln. In Anaheim ließen derartige Initiativen zu wünschen übrig, und ihr Man-gel führte dazu, daß diese Art Geldhahn nicht ergiebig war.

über eine Seniorenfreundin, deren Haus (23 000 $) abgerissen werden sollte. Die Betroffene sollte eine Seniorenwohnung erhalten und sie fragt, ob das wohl fair sei, und sie auch einen gerechten Preis für ihr Heim erhalten würde. Anaheim Bulletin v. 6.4.76. Die andere Brief-schreiberin prangert an, daß „redevelopment" nichts weiter darstellt, als Subventionierung pri-vater Landentwicklungsfirmen. Der Kernvorwurf lautet, daß Grund und Boden von der Ent-wicklungsagentur (Stadtrat) zum Marktpreis aufgekauft wird und zu einem Bruchteil des Kauf-preises an Privatunternehmen weiterveräußert wird. Der Stadtrat praktiziere eine Haltung des „give away". Anaheim Bulletin v. 5.5.76. Transaktionen dieser Art waren im Grunde nichts Neues, denn im Anaheim Bulletin v. 14.7.62 wird im Zusammenhang mit dem „Urban Rene-wal"-Programm in Washington, D.C. ein solcher Kaufvorgang dargestellt, wo Verkaufspreis und Ankaufspreis um 78% differierten. In diesem Fall war Verkäufer und Ankäufer sogar die-selbe Person.

13   „Tax increment" sollte auch dazu beitragen, den Anheimer Bürgern die Furcht zu nehmen, daß ihre „property"-Steuern für die Erneuerungsfinanzierung erhöht werden würden. Den betroffe-nen Schuldistrikten sollte das Instrument helfen, Steuerausfälle zu kompensieren. „Alpha" be-stand – wie beschrieben – aus zwei Gebieten, d.h. daß Gelder außerhalb der „downtown area" eingesetzt werden konnten.

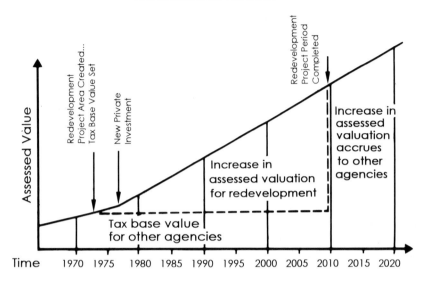

Abb. 100: Das Steuerzuwachs-Finanzierungsmodell im „Redevelopment"-Prozeß von Anaheim.
Quelle: Anaheim Redevelopment Agency: What Redevelopment Means to You. Anaheim o.J.

Mit dem zugkräftigen, aber nicht zu verwirklichenden Zukunftsplan im Aktenschrank, jedoch einer Finanzierungsstrategie für die nächsten Jahrzehnte in den Planungsunterlagen kam es beim letzten Anlauf darauf an, sich etwas Sicheres, Handfestes vorzunehmen, etwas, was marktfähig und praktisch war und von der Geschäfts- und Unternehmensseite angenommen werden würde. Da bot sich zunächst das „civic center" an, auf das man sich schnell einigen konnte. Am 1. März 1978 wurde auf dem Abrißgelände entlang des Anaheim Boulevard der symbolische Spatenstich vorgenommen, dem fast zur gleichen Zeit die Grundsteinlegung für die erste Seniorenwohnstätte folgte (Abb. 101). Für die Verwirklichung des Rathauses (11,9 Mio. $) schnürte man ein finanzielles Mischpaket, das aus der Anaheim Redevelopment Agency, dem „revenue sharing"-Verfahren, dem Anaheim Utilities Department und dem Verkauf von überschüssigen, städtischen Grundstücken bestand und die „solide Bodenplatte" bildete, auf der bis 1980 die vierte „City Hall" als ein freistehender, moderner Zweckbau emporwachsen konnte (Abb. 102). Das alte Rathaus von 1923 mit dem ionischen Säulenportal, das an der Ecke Claudina und Center Street stand, war im Zuge der Flächensanierung abgerissen worden, weil es als zu klein, im Unterhalt zu teuer und als erdbebengefährdet galt, obwohl es im Historic Resources Inventory vom 15.5.1978 den Zustandsvermerk „excellent" erhalten hatte. An sich war die Bewahrung von Bausubstanz bei der Neugestaltung als besonderes Anliegen hervorgehoben worden, doch fielen z.B. das Fox Theater (A 31) und 1989 das stadtbekannte Pickwick Hotel der Spitzhacke zum Opfer. Allein das dekorative Kraemer Building von 1925 (Center St.; Abb. 103), das bundeseigene Post Office der 30er Jahre (Broadway) und das Carnegie Bibliotheksgebäude (1908), in welches später das Anaheim Museum einzog (Anaheim Blvd., Ecke Broadway), blieben als bauhistorische Solitäre für das Stadtbild erhalten.

Abb. 101: Das Anaheim Memorial Manor an der Center St. Eines der ersten Seniorenheime in der neuen Innenstadt, das den postmodernen Architekturstil aufnimmt.
Eigene Aufnahme, Juni 1994.

Abb. 102: Der moderne Granit-Spiegelglas Ergänzungsbau der City Hall West.
Eigene Aufnahme, Juni 1994.

FOX ANAHEIM

Sun. - Mon. - Tues. Mar. 7-8-9
Sunday continuous from 2 p. m.
"GOD'S COUNTRY AND
THE WOMAN"
—with—
Geo. Brent - Beverly Roberts
—and—
"MIND YOUR OWN
BUSINESS"
—with—
Charlie Ruggles - Alice Brady

Wed. - Thurs. - Fri. - Sat.
March 10-11-12-13
JOE E. BROWN
—in—
"WHEN'S YOUR BIRTHDAY"
—and—
GEORGE O'BRIEN
—in—
"DANIEL BOONE"

A 31: Das Programm des bekannten Fox Filmtheaters in der Center St. im März 1937.
Anaheim Gazette v. 4.3.1937.
Quelle: Anaheim History Room, Anaheim Public Library.

Abb. 103: Das erhaltene Kraemer Building von 1925 an der ehemaligen Center St.
Eigene Aufnahme, Juni 1994.

Bei den Wohnbauten führte das Bewahrungsgebot in Zusammenarbeit mit der Anaheim Historic Preservation Foundation zur Erhaltung einer Reihe von „California
Craftsman Style"-Bungalowhäusern vom Beginn des Jahrhunderts (ca. 1900–1910),
die im Zuge der Abräumarbeiten in der Atchison St. bis 1994 gesammelt und aufge-
bockt worden waren (Abb. 104). Zehn dieser Häuser waren als Einzelobjekte schon
zuvor an anderen Stellen der Innenstadt aufgestellt, renoviert und durchgehend modernisiert worden (Abb. 105). In der Atchison St., einer ehemaligen, bahnhofsnahen
Geschäftsstraße entlang der östlichen Eisenbahnlinie (AMTRAC), sollten dagegen
zusätzlich zehn rekonstruierte Wohnhäuser zu einem historischen Straßenzug zu-
sammengestellt werden. Gegenüber war eine Grünanlage (Citrus Park) mit Spielplatz angelegt worden, die, verglichen mit den Parkplanungen der 60er und 70er
Jahre, bescheiden war, doch dem entstehenden Wohnbereich sehr zugute kam
(„Railroad Place"). Das alte Bahnhofsgebäude der Union Pacific, das neben dem
Spielplatz lag, wurde zweckdienlich zur YMCA-Kindertagesstätte umgestaltet, so
daß in diesem Bereich ein relativ integriertes Viertel entstand (Abb. 106). Wie die
bereits fertigen Einzelbeispiele bewiesen, waren die Häuser architektonisch individuell entworfen, handwerklich solide gefertigt und ebenso gelungen restauriert. Sie
nahmen sich neben den sonst üblichen „cookie-cutter"-Formen, moderner, massen-
gefertigter Eigenheime als eigenständige und ansprechend gestaltete Häuser, sozusagen als attraktive Vorzeigetypen aus. Die Atchison-Objekte befanden sich dagegen in einem schlechten Zustand und warteten lange Jahre auf eine ähnlich gründliche Behandlung. Sie bedurften noch erheblicher Instandsetzungs- und Moderni-
sierungsarbeiten, die sich im anvisierten Preis von etwa 200 000 Dollar widerspie-
gelten. Dabei hatte die Stadt bereits die Grundstücks-, Abbau- und Umsetzungsko-
sten übernommen, doch blieb summa summarum der Trost, daß die geretteten Eigenheime angesichts des gesamten Abrißvolumens als bescheidene, doch qualitäts-
volle Reminiszenzen in Anaheims „historic downtown district" angesehen werden
können.[14] In Anbetracht der hohen Kaufpreise für die Immobilien, standen die meisten von ihnen 1996 noch leer.

Schon 1983 war die „downtown shopping area", das sog. „village center" mit
einem „drugstore" (Sav'on) und einem Supermarkt (Vons) als Ankergeschäfte eröffnet worden, und die 6spurige Neuanlage der Lincoln Ave. als bogenförmig geführte Umgehung des Stadtzentrums war größtenteils vollendet. Die damit verbundenen Abrißvorgänge schufen zahlreiche Parkraumflächen, die der Innenstadt in
weiten Teilen ein provisorisches, unzusammenhängendes und ungenutztes Erscheinungsbild verliehen und das auffälligste raumstrukturelle Merkmal dieser Jahre abgaben (Abb. 107/Beilage).

14   Nach Los Angeles Times v. 7.7.94.

Abb. 104: Umgesetzte und aufgebockte, aber noch nicht instandgesetzte „Craftsman Bungalows" in der „Melrose Neighborhood" gegenüber dem Citrus Park, in dem auch ein Kinderspielplatz einge-richtet wurde.
Eigene Aufnahme, Juni 1994.

Abb. 105: Umgesetztes und renoviertes Wohnhaus im „California Craftsman Style" an der Ecke Cypress St. und Philadelphia St.
Eigene Aufnahme, Juni 1994.

Abb. 106: Der ehemalige Bahnhof der UPR in Anaheim, der im Zuge des Innenstadtumbaues zu einer Kindertagesstätte des YMCA wurde.
Eigene Aufnahme, Juni 1994.

Obwohl 1984 nochmals ein Plan angenommen wurde (Anaheim General Plan), trat im Wiederaufbau die nächste Pause ein, in der man zwar den Abriß fortsetzte und die Freiflächen vergrößerte, doch hinsichtlich der Aufbauaktivitäten tat sich kaum etwas. Erst gegen Ende des Jahrzehnts kam wieder mehr Bewegung in die Erneuerungspolitik, als die Stadt freie Grundstücksflächen zum Verkauf an private „developers" anbot (Abb. 108). Es handelte sich um fünf abgeräumte Grundstücke mit insgesamt 12 ac in Bestlage, von denen einige fast zehn Jahre als Sandplätze brach gelegen hatten. Der Preis betrug zwischen 7 und 10 Dollar pro Quadratfuß je nach künftiger Bebauungsdichte – ein gutes Angebot – von dem sich die Stadtväter eine Belebung des Aufbaues erhofften.[15] Trotz des Anlaufes hagelte es Kritik von innen und außen. Der Bürgermeister Fred Hunter äußerte gegenüber der Presse, daß er müde sei …„seeing nothing but dirt,"…, die Innenstadt sei tot, …„There is no one out there, folks",… während die Kommentatoren rundheraus sagten, daß, der auf sich allein gestellte, unabhängige Privatsektor weit mehr als leere Grundstücke in den letzten zehn Jahren geschafft hätte.[16] Ungeachtet der Kritik mußte es irgendwie weitergehen, weshalb man auch schnell einen Ausweg fand. Da augenscheinlich

15   The Orange County Register v. 31.3.89.
16   Anaheim Bulletin v. 4.5.89 und 20.6.89.

das neue Rathaus bereits aus den Nähten platzte, und ein Erweiterungsbau ins „common sense"-Konzept paßte, ergriff man wiederum die öffentliche Initiative. Dieses Mal sollte allerdings ein privater Finanzier gefunden werden, von dem die Stadt das Gebäude pachten wollte. Um die Verwaltung räumlich zu konzentrieren, wählte man das stadteigene Grundstück gegenüber dem Rathaus am Anaheim Boulevard, dort, wo früher das Pickwick Hotel gestanden hatte und fing an, das erweiterte „Civic Center" zu vollenden.[17]

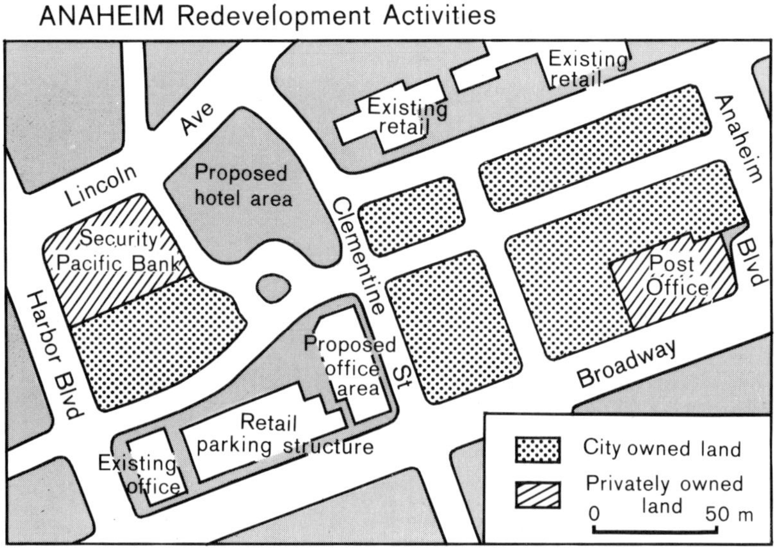

Abb. 108: Grundstückseigentum und Freiflächen im Zentrum von Anaheim, 1989.
Quelle: The Orange County Register v. 31.3.1989.

Das vorläufig letzte Orientierungsdokument im Prozeß der innerstädtischen Wiederherstellung, der durch langjährigen Stillstand gehemmt und von politischem Gerangel behindert war, erschien 1991 und trug den Titel: „Anaheim Center. Guide for Development" (Abb. 109). Der Führer war als gegenwärtige und künftige, offizielle Zusammenfassung von Zielen und Konzepten zum Innenstadtausbau im Projekt „Alpha" gedacht.[18] Er unterschied sich von früheren Vorlagen durch hervorgehobene Gesamtüberblicke von Gebäudeaufrissen, Straßenfassaden, Platzanlagen, Verkehrsführung und Begrünungsentwürfen, die einen Stadtlandschaftseindruck vermitteln sollten (Abb. 110/Beilage, 111/Beilage, 112/Beilage u. 113/Beilage). Bei einigen der darin enthaltenen städtebaulichen Überlegungen ist der Eindruck gegeben, daß sie irgendwie verspätet auftauchen, da ihre Verwirklichung nach Plan oder in abgeänderter Weise längst eingetreten war, andere erwiesen sich als Vorschläge in letzter Minute. So wurde eigentlich zum ersten Mal der „zentrale Aufhänger", das

17   Anaheim Bulletin v. 3.5.89.
18   Anaheim Redevelopment Agency: Anaheim Center. Guide for Development. Anaheim 1991.

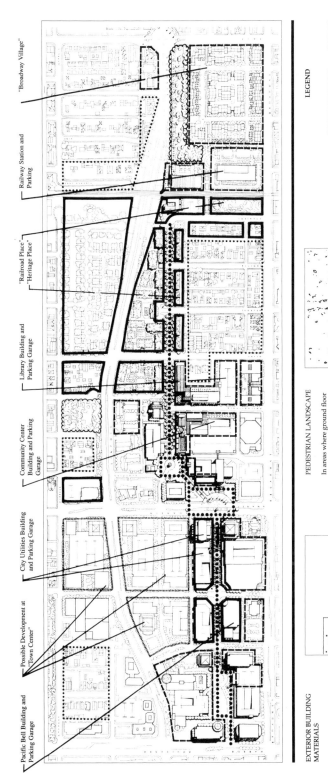

Pacific Bell Building and Parking Garage

Possible Development at "Town Center"

City Utilities Building and Parking Garage

Community Center Building and Parking Garage

Library Building and Parking Garage

"Railroad Place" "Heritage Place"

Railway Station and Parking

"Broadway Village"

EXTERIOR BUILDING MATERIALS

Exterior building materials which are encouraged, particularly on office building facades, include: granite, marble and other stone cladding, high quality pre-cast concrete (excluding thin shell), full thickness brick cladding, high quality metal panels and porcelain panels.

PEDESTRIAN LANDSCAPE

In areas where ground floor retail or office uses are inappropriate, enhance the pedestrian way with landscaped setbacks, decorative features, planters, trees and other devices.

LEGEND

———	CURRENT PROJECTS
– – –	NEAR-TERM PROJECTS
·············	LONG-TERM PROJECTS
••••••	PRESERVATION NEIGHBORHOODS
●●●●●●	CURRENT STREETSCAPE PROJECT
⌇⌇⌇⌇	NEAR-TERM OPEN SPACE PROJECT

Abb. 109: Zusammenfassung der Zukunftsplanungen für „Downtown Anaheim", 1991.
Quelle: Anaheim Redevelopment Agency: Anaheim Center. Guide for Development. Anaheim 1991.

verbindende Rückrat der Gesamtanlage angesprochen und als west-östliche „Promenade" vorgestellt. Ihrer Konzeption nach sollte sie den Fußgängern dienen und die kommerziellen Bereiche im Westen mit dem öffentlichen Zentrum (City Hall) und den Wohngebieten im Osten verknüpfen, was einen längeren Spaziergang voraussetzt. Gleichzeitig war ihr die Funktion eines linearen Parkes – besser gesagt – einer von Palmen eingefaßten Straße mit „Main Street"-Charakter zugedacht, die über mehrere offene „plazitas" mit Verweilangeboten führt und für Ankommende und Passanten eine visuelle Orientierungsaufgabe übernehmen sollte (Abb. 114). Ob sie diese Aufgabe tatsächlich erfüllen wird, muß in skeptischer Einschätzung abgewartet werden, denn davon ist noch nicht allzuviel zu bemerken.

Abb. 114: Blick von der freiliegenden Plaza gegen Osten auf die City Hall West und das Pacific Bell Bürohaus entlang West Harbor Place.
Eigene Aufnahme, Juni 1994.

Bis 1993 konnten überraschend schnell weitere Baulichkeiten vollendet werden, worunter das Prestigewohnprojekt der „Village Apartments" nördlich und südlich von Lincoln Ave. zwischen Philadelphia St. und der östlichen N-S Eisenbahnstrecke besonders hervortrat („Heritage Place"). In diesem Fall hatte man mit einer Architektur, die Anklänge an den „craftsman"-Stil zeigt und Mehrfamilien-„townhouses" einschließt, die angestrebte Verdichtung in einem Teilbereich der Innenstadt erreicht (Abb. 115 u. 116). Im restlichen Areal hinterließen die vorherrschenden, mehrstöckigen Parkhäuser und die großflächigen Parkplätze den Eindruck, daß eigentlich dem privaten Automobil bei der Rekonstruktion die größten Konzessionen gemacht worden waren (Abb. 117). Dazu kamen die eingestreuten, leeren Flächen, die zu diesem Zeitpunkt noch immer auf eine Nutzung warteten und den Anstrich des Unfertigen unterstrichen (Abb. 118). Neben der Anlage der großdimensionierten, offenen und überdeckten Parkräume ist die funktionale Zentrumsausstattung des Central Business District primär auf die öffentliche Administration („City Hall-Civic Center"), die Kundenverwaltung und -betreuung durch Privatfirmen wie z.B. Pacific Bell, das Bankwesen (mindestens 6, darunter z.B. First Interstate Bank) und einen bescheidenen Einzelhandelssektor (Sav'on drugs, Vons) mit zusätzlichen, kleineren Läden (Reinigung, Kleinrestaurants, Reisebüro, Bekleidung usw.) ausgerichtet. Eine echte, vielfältig ausgestattete „shopping mall" oder das angestrebte, moderne Kaufhaus und Hotel waren immer noch nicht vorhanden, und die Kultur- und Wohnfunktionen bleiben im Zentrum allen anderen Aufgaben flächen- und bedeutungsmäßig nachgeordnet.

Abb. 115: Blick in das Wohn-„Village" entlang Center St. auf den Abschluß mit der Kindertagesstätte im früheren Bahnhof der UPR. Gestaltung der Straßenbegrenzung mit „zweistöckiger" Baumbepflanzung.
Eigene Aufnahme, Juni 1994.

Abb. 116: Der Dorfplatz im „Village" entlang Center St.
Eigene Aufnahme, Juni 1994.

Abb. 117: Rückansicht der City Hall mit der dazugehörigen Parkgarage und dem Erweiterungsbau
der City Hall West (rechts, am Anaheim Blvd.).
Eigene Aufnahme, Juni 1994.

Abb. 118: Freies Bauland vor dem Pacific Bell Gebäude im Zentrum am Anaheim Blvd. und West
Harbor Place.
Eigene Aufnahme, Juni 1994.

Der letzte Anlauf (1994/95), die Innenstadt kompakter werden zu lassen und ihr
Leben einzuhauchen, ist die Plazierung der ausladenden Disney-Eislaufhalle („Disney Ice") neben die verkehrsmäßig gut angebundene, kleine Kaufzeile. Frank Gehry
hat die Dachkonstruktion im Schwung einer Eislaufkurve gestaltet, und dort trainie-
ren u.a. die „Mighty Ducks" (Abb. 119). Wirtschaftlich gesehen ist sie aber an dieser Stelle wegen der hohen Bodenwertigkeit fehl am Platz. Sie gehört eher an den
Innenstadtrand, und als Animationsfaktor kann sie z.B. gegenüber der Szenerie einer abwechslungsreichen, gut ausgestatteten und anziehend gestalteten Stadtplaza,
an der eventuell ein einladendes Hotel „als Podium urbanen Lebens" steht, nicht
mithalten. An diesem Ort reichen die städtebaulichen Aktivitäten jenseits von Verkehrsführung, Rathausbau und geschäftlichem Kleinzentrum bislang nicht aus, eine
architektonische Mitte entstehen zu lassen.

Abb. 119: Die Eislaufhalle unter Palmen: „Disney Ice" von Frank Gehry im Zentrum von Anaheim. Eigene Aufnahme, Juni 1996.

3.1 DAS WACHSTUM DER AUSSENBEREICHE

Eine fortschreitende, beobachtbare Dynamik Anaheims vollzog sich an ganz anderer Stelle als dem Stadtzentrum, nämlich in dem sich beschleunigenden Verbrauch bis dahin offenen Ranchgeländes im östlichen Hügelland. Dazu war die Stadt praktisch gezwungen, denn das Einwohnerwachstum war auch in den 80er Jahren und ebenso im darauffolgenden Jahrzehnt ungebrochen. In keiner anderen Ausdehnungsrichtung stand genügend Gelände zur Verfügung, und wohl kein anderes Stadtgebiet unterlag einem so raschen und gründlichen Umgestaltungsprozeß (Abb. 120). Im Namen vorwärtsschreitender Entwicklung sind aus einer ausgedehnten, freien Rancholandschaft artifizielle Wohnraumeinheiten herauspräpariert worden, bei der die vorgelegte Geschwindigkeit ihren Preis hatte, denn das Ende der modernsten Suburbanisierung in Anaheim zeichnet sich parallel zum auslaufenden Jahrhundert ab. Die Wohnbauflächen haben nämlich den Raum bereits soweit aufgezehrt, daß die östliche Stadtgrenze erreicht wurde und damit dem Wachstum – zumindest vorläufig – ein Riegel vorgeschoben ist.

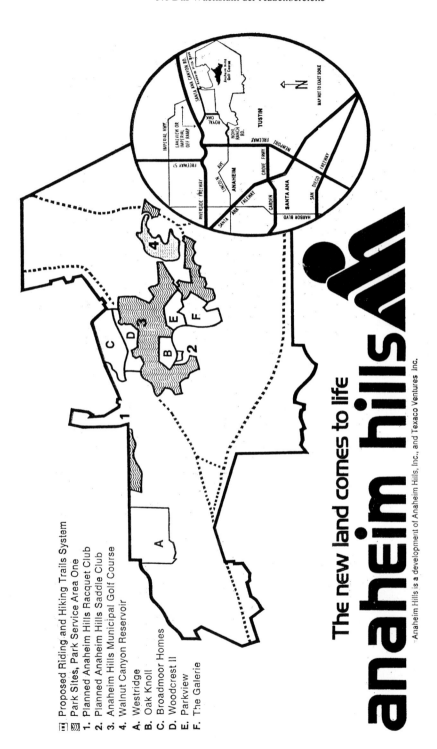

Abb. 120: Werbung für die neuen Wohngebiete in den Anaheim Hills im Osten der Stadt.
Anaheim Bulletin. Quelle: Anaheim History Room, Anaheim Public Library.

Zweieinhalb Jahrzehnte hat es gedauert, den Stadtraum in das Gebiet auszuweiten, das früher zum Gebiet des Santa Ana Canyon gehörte und heute als Anaheim Hills Wohngegend mondänes, kalifornisches Vorortleben verkörpert. Auch in diesem Fall hat die Stadt ihren territorialen Erweiterungsbedarf durch die schon mehrfach angewandte Eingemeindungspraxis vollzogen. Das topographisch abwechslungsreiche Gelände gehörte zuvor mehreren Ranches, von denen die L.E. Nohl Ranch 1971 von der Texaco Ventures Inc. und der Anaheim Hills Inc. erworben wurde (Abb. 121). In Verbindung mit mehreren privaten Entwicklungsgesellschaften verwandelte sich das Weideland binnen weniger Jahre in Wohnland (Abb. 122 u. 123/Beilage).[19] Das weitausgedehnte Gelände ist hügelig bis bergig, teilweise mit steilen Abhängen und Tälern durchsetzt, die schwierige Bedingungen für die Straßenführung, den Kanalisationsbau und die Wohnanlagen stellten, bei deren Errichtung ganze Hügelkuppen planiert und Talzüge aufgefüllt werden mußten. Einige Hauptdurchgangsstraßen durchqueren das Gelände, von denen Blindstraßen und verkehrsarme, kurvige und bogenförmig geführte Nebenstraßen abzweigen, die ein ruhiges, privates, gartenstadtgleiches Wohnen in subtropisch gestalteter Landschaft bieten. Damit verbindet sich beim Durchfahren der Neubaugebiete ein typischer Eindruck, denn nach den Firmenschildern zu schließen, werden die Grünanlagen überwiegend von amerikanischen Gartenbaufirmen angelegt und unterhalten, die für die Erd-, Pflanz-, Pflege- und Bewässerungsarbeiten fast ausschließlich Latino-Arbeiter beschäftigen. Sehr gut ausgestattete Schulen, Polizeidienste, Sportanlagen, Golfplätze, Reitwege, Bikerouten, „medicine malls" und moderne Einkaufszentren im Randbereich, die für ihre Außenwirkung architektonische Elemente spanischen Kolonialstils aufgreifen, vervollständigen das Versorgungsangebot einer anspruchsvolleren Konsumentengruppe (Abb. 124, 125 u. 126). Eine „high class super mall" im Stile der South Coast Plaza im südlichen Orange County fehlt allerdings. An seinem nördlichen Rand wird das Wohngebiet im Flußtal des Santa Ana zudem von zwei gut ausgebauten Regionalparks gesäumt (Yorba Regional Park, Featherly Regional Park), die zusammen mit dem Oak Canyon Nature Center an der Walnut Canyon Road die Freiflächenausstattung komplettieren, die in dieser Größe und Qualität kein anderer Stadtteil vorzuweisen hat.

19   Westcott (1990), p. 87.

Abb. 121: Schrägaufnahme der noch unbesiedelten Anaheim Hills zu Beginn der siebziger Jahre. Im Vordergrund die Anlage des Newport Freeway (55). Dahinter der Beginn der Nohl Ranch Rd. und in den Hügeln das Olive Hills Reservoir.
Quelle: Anaheim History Room, Anaheim Public Library.

Abb. 124: Neubaugeschehen in den Anaheim Hills mit den Anzeigetafeln bekannter, konkurrierender „Developer Companies".
Eigene Aufnahme, Juni 1994.

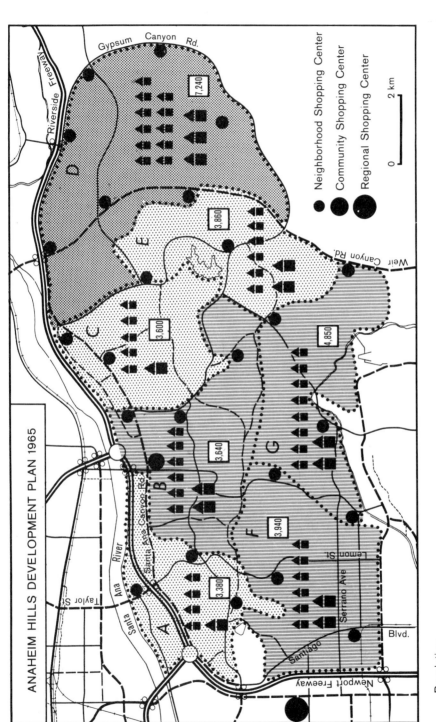

Abb. 122: Frühe Planungen für die Erschließung der Anaheim Hills und Canyon-Gebiete.
Quelle: City of Anaheim, Planning Commission: Hill and Canyon General Plan. Anaheim 1965. (Eigene Zusammenstellung).

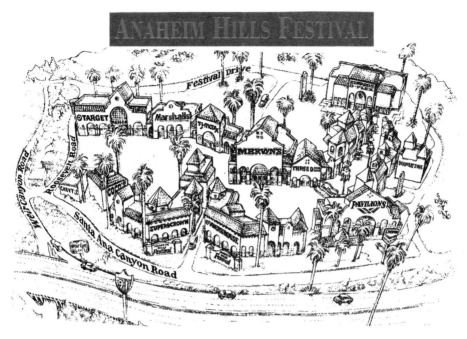

Abb. 125: Werbeseite mit Wiedergabe des „Anaheim Hills Festival Shopping Center".
Quelle: The Orange County Register v. 24.10.1994.
Quelle: Anaheim History Room, Anaheim Public Library.

Abb. 126: Architektur-Nostalgie in der Fassade von „Mervyn's Department Store" im „Anaheim Hills Festival Shopping Center".
Eigene Aufnahme, Juni 1994.

Abb. 127: „Anaheim Memorial Medical Plaza" als Beispiel für ein hochmodernes, medizinisches
Servicezentrum in den „Hills" mit entsprechendem Klientel.
Eigene Aufnahme, Juni 1994.

Zu Beginn der 80er Jahre hatten sich 15 000 Menschen in 2 700 Eigenheimen nie-
dergelassen, aber der Andrang war so groß, daß immer mehr Bauland ausgewiesen
wurde. Im Jahr 2 000 rechnet man damit, daß in den Anaheim Hills an die 65 000
Menschen leben werden.[20] Nicht wenige Einfamilienhäuser erreichen als großzügig
angelegte „California-style"-Villen 700 000 Dollar und mehr auf dem Immobilien-
markt, während die preiswerteste „Option von der Stange" bei rund $ 200 000 liegt
(Tab. 28; Abb. 128).[21] In letzterer Preislage von „master planned communities" sind
die Einfamilienhäuser auf kleinen Grundstücken in sehr dichtem Abstand aufge-
reiht, so daß ein ähnliches Bild wie bei einer Reihenhaussiedlung entsteht (Abb. 129
u. 130). Dagegen sind für einen gefälligen ästhetischen Gesamteindruck die sonst
oberirdisch geführten Elektroleitungen subterran verlegt. Für den gehobenen Lebensstil vieler Anaheimer Familien spricht deren jährliches Einkommen, das 1990
durchschnittlich 43 173 Dollar (Ca.: 35 798 $) betrug und zeigt sich – nicht uner-
wartet – ebenso in ihrer politischen Neigung zur republikanischen Partei, die 1992
auf 55 286 registrierte Wähler verweisen konnte, während die Demokraten nur 43 736

20   Westcott (1990), p. 87/88.
21   „…Orange County – the land of the nation's highest median house prices…" Davis, M. (1990):
     City of Quartz. Excavating the Future of Los Angeles. New York. p. 139.

Own A Home Above Orange County, And Save Up To $30,000!

Viewpointe North. Quite possibly, it's the only gated community in Orange County —
especially within a master-planned neighborhood with pool and spa like
The Highlands at Anaheim Hills — where you'll find attached homes with up to three bedrooms,
that are less expensive to own than comparable places are to rent.

From $119,990

LOT	PLAN	WAS	NOW	SAVINGS
214	2	$149,990	$119,990	**$30,000**
201	**SOLD**	$149,990	$134,990	**$15,000**
204	4	$190,990	$175,990	**$15,000**

(714) 281-1098

The PRESLEY Companies

PRESLEY'S
Viewpointe North
AT THE HIGHLANDS

Sales office open daily
from 10 a.m. to 5 p.m.

Prices and interest rates effective for deadline of this publication and subject to change without prior notice.
Presley reserves the right to withdraw any of these programs at any time without prior notice.

LA TIMES 3/11/95

Abb. 128: Werbeanzeige mit günstigen Preisangaben für Eigenheime in der Hügelnachbarschaft
„Viewpointe North" der Presley Co.
Los Angeles Times v. 11.3.1995.
Quelle: Anaheim History Room, Anaheim Public Library.

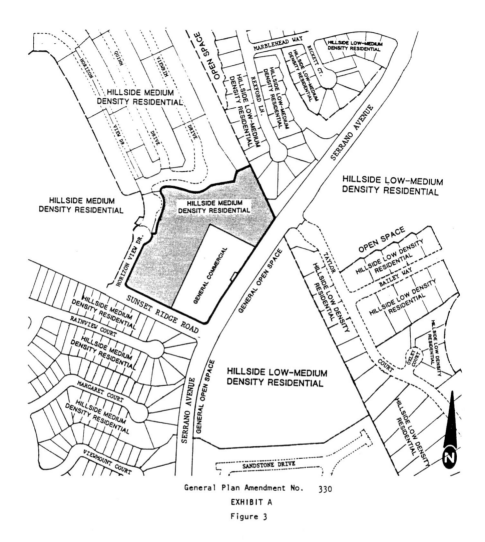

General Plan Amendment No.   330
EXHIBIT A
Figure 3

Resolution No. 92R-169 adopted by the City Council on July 28, 1992.

Abb. 129: Ausschnitt aus dem Bebauungsplan („tract homes") entlang Serrano Ave. mit unterschiedlichen Wohndichten für die individuellen Grundstücke in den Teilbereichen, 1992.
Quelle: City of Anaheim, Planning Department: General Plan Amendments. Anaheim 1994.

in ihren Listen führten.[22] Das heißt indes nicht, daß Anaheim zu den reichsten Gemeinden in O.C. zählt. An erster Stelle steht vielmehr der kleine Ort Villa Park (5 897 E.) südlich von Anaheim mit einem durchschnittlichen Haushaltseinkommen von 171 000 $ und einem Wert der Eigenheime, für die im Mittel 503 700 $ zu zahlen sind. In dieser Hierarchie des urbanen Reichtums folgen noch etliche andere Städte, unter denen sich Anaheim allerdings nicht befindet.[23]

Tab. 28: Kaufpreise für Eigenheime in den Anaheim Hills 1996

	Anaheim Hills (Ost) ZIP 92807	Anaheim Hills (West) ZIP 92808
Durschnittl. Preis $	195 000	181 000
Höchstpreis $	739 000	470 000

Quelle: Los Angeles Times v. 7.6.96.

Abb. 130: Mondän ausgestattete Eigenheime mit Doppelgaragen in mittlerer Wohndichte an der Ecke The Highlands CT und Mountvale CT.
Eigene Aufnahme, Juni 1994.

22 Anaheim Chamber of Commerce (1994): Anaheim California, p. 25/26.
23 Los Angeles Times v. 13.6.96. Der Artikel bezieht sich auf das Magazin „Worth", New York.

Es kann kaum überraschen, daß in einem derart statusgehobenen Wohngebiet das Verlangen nach Privatheit, Sicherheit und Wachsamkeit so groß ist, daß einige Nachbarschaften mit hohen Metallschutzzäunen umgeben sind (Abb. 131).

Abb. 131: Das umzäunte Wohnquartier „Viewpointe" („gated community"; „fortified domesticity") an der Serrano Ave. mit elektrisch betriebenen Straßentoren, die mittels Fernsteuerung bedient werden.
Eigene Aufnahme, Juni 1996.

Die Grenzen der „communities" werden von Videokameras überwacht und in den Eingangswachhäuschen werden Störungsanzeigen und Besucheranmeldungen entgegengenommen. Das dort tätige Personal kontrolliert den Zugang und im Inneren überwachen mobile Einheiten die Straßenräume. So sind in die Anaheim Hills – wie andernorts auch – territoriale, exklusive Schutzzonen von weißen Home Owners Associations („gated neighborhoods") eingestreut, die als Enklaven-Trutzburgen einer abwehrbereiten Wohngemeinschaft mit spezifischen, eigenständigen Interessen funktionieren.[24] Sie umfassen eine Bewohnerschaft, der es gelungen ist, einen Teil des

24 Was bei Mike Davis in LA in punkto abgehobenes Suburbia zutrifft, kann scharf bis satirisch formuliert auch für Anaheims exklusive Wohngegend Anwendung finden. Auf die Hauseigentümer bezogen, bedeutet das, daß „community" die Homogenität der Rasse, Klasse und des Werthaltes von Eigenheimen heißt und weiter, daß die Wohneigentümer ihre Kinder zwar sehr lieben, aber ihre Eigentumswerte noch viel mehr. Deshalb agieren diese Art von Nachbarschaften in ganz Südkalifornien als machtvolle soziale Bewegungen, die gegründet sind auf aus der Luft gegriffener Namensidentität zur Verteidigung von Eigenheimwerten, Reduzierung

materiellen „Californian-American dream" zu erlangen, dessen Verwirklichung sozusagen den Statusanzeiger eines sichtbaren, äußerlichen Wohlstandes abgibt. Hier hat sich der erfolgreiche Bürger in den Aufstiegsjahren seines Lebens mit hartem Einsatz eine Position erkämpft, die es ihm erlaubt, irdische „Inseln des Glücks" zu besetzen. Es sind vor allem die gehobenen „white collar"-Berufe, die „petite bourgoisie", der es gelungen ist, den sozialen Berg ein Stück emporzuklimmen, und deshalb kann niemand darüber verwundert sein, daß in den Anaheim Hills, hoch über der Küstenebene in angenehmer Umgebung, das hellhäutige Amerika mehrheitlich repräsentiert ist. Wohl ist er damit auf der sozialen Pyramide eine Stufe hinaufgerückt, aber der Aufstieg hat seinen Preis, denn je höher man steigt, desto stärker drückt auch der damit verbundene Schuldenberg.

Blickt man jedoch auf die Stadt allgemein, so setzt sie sich hauptsächlich aus einer „Californian White-Hispanics"-Mischung zusammen, die dazu noch sehr jung ist, denn das männliche Durchschnittsalter liegt z.B. bei 29,3 Jahren (Abb. 132, 133, 134 u. 135). Dagegen spielt die afro-amerikanische Bevölkerung in der Stadt so gut wie keine Rolle (Tab. 29). Doch ist manchen Mitbewohnern der „flatlands" („Unterstadt") der beschriebene Mix schon unerträglich geworden, und sie sehen sich daher nach Wohnalternativen um, wie beispielsweise Darlene Matthey, die mit ihrem Ehemann seit mehr als dreißig Jahren in Anaheim lebt und sich nun die Privatstadt Waterford Crest in Orange Co. angesehen hat, um eventuell dorthin zu ziehen, weil sich das alte Anaheim ihrer Ansicht nach durch den Zuzug lateinamerikanischer Einwanderer zum Nachteil entwickelt hat.[25] (Tab. 30).

Tab. 29: Anaheim Hills und „flatlands" 1990

	Anaheim Hills	„flatlands"
Pro Kopf-Einkommen	27 373$	13 616$
Eigenheimbesitzer	82,5%	40,2%
Armut*	4,2%	12,6%
Überbelegte Wohneinheiten**	1,8%	11,5%

Anm.: * Die Armutsgrenze lag 1990 bei 12 619 $ für eine vierköpfige Familie.
      ** Mehr als 1 1/2 Personen pro Zimmer.

Quelle: The Orange County Register v. 24.12.92.

von Steuern und Sicherung abgeschlossener Wohngegenden. Nach Davis (1990), p. 153. Andere Beobachter gehen in ihrem Urteil viel weiter und warnen – es hört sich übertrieben an – vor einer sich anbahnenden Spaltung der gesamten Nation: „Die Reichen würden ihre Villen auf den Hügeln vor der Gefahr aus den Slums mit allen Mitteln schützen und die unterste „Kaste" totalitär unter Kontrolle halten." Aus dem Artikel „Ererbte Dummheit" im Tagesspiegel v. 29.10.94.

25 Übernommen aus dem Artikel „Festungsstädte nur für Reiche" von Robert Lopez, Journalist bei der Los Angeles Times. Erschienen als Beilage (Le Monde diplomatique) der tageszeitung v. 15.3.96.

ANAHEIM White Population

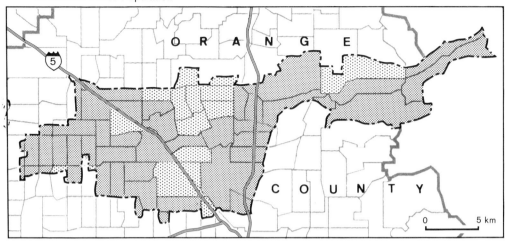

White in Percent

  ▨ 2.9 - 50.0
  ▨ 50.1 - 82.9

Abb. 132: Die Verteilung der weißen Bevölkerung in Anaheim nach Census Distrikten, 1990.
Quelle: Nach Turner, E., J.P. Allen: An Atlas of Population Patterns in Metropolitan Los Angeles and Orange
Counties 1990. Northrigde 1991.

ANAHEIM   Hispanic Population

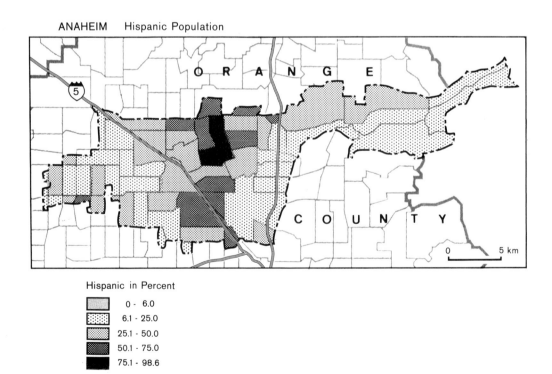

Hispanic in Percent

  ▨ 0 - 6.0
  ▨ 6.1 - 25.0
  ▨ 25.1 - 50.0
  ▨ 50.1 - 75.0
  ■ 75.1 - 98.6

Abb. 133: Die Verteilung der hispanischen Bevölkerung in Anaheim nach Census Distrikten, 1990.
Quelle: Nach Turner, E., J.P. Allen: An Atlas of Population Patterns in Metropolitan Los Angeles and Orange
Counties 1990. Northrigde 1991.

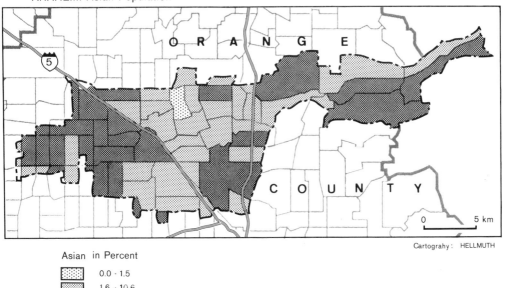

Asian in Percent

▨	0.0 - 1.5
▨	1.6 - 10.6
▨	10.7 - 19.5

Cartograhy: HELLMUTH

Abb. 134: Die Verteilung der Bevölkerung asiatischer Herkunft in Anaheim nach Census Distrikten, 1990.
Quelle: Nach Turner, E., J.P. Allen: An Atlas of Population Patterns in Metropolitan Los Angeles and Orange Counties 1990. Northrigde 1991.

Abb. 135: „Se habla Español" beim Autokauf für die zahlreiche, spanisch sprechende Kundschaft aus Anaheim.
Eigene Aufnahme, Juni 1994.

Tab. 30: Bevölkerungszusammensetzung von Anaheim 1994 in %

Weiß	57
Hispanisch	31
Afro-Amerikanisch	2
Asiatisch	9

Anm.: Die gerundeten Zahlen ergeben nur 99%.
Quelle: Anaheim Chamber of Commerce. Anaheim California.
Anaheim 1994, p. 25.

Soweit die Arbeitnehmer in Anaheim selbst beschäftigt sind, finden sie einen Arbeitsmarkt vor, der in seiner sektoralen Beschäftigungsverteilung dem inzwischen erreichten gesamtgesellschaftlichen Dienstleistungscharakter entspricht und die meisten „white collar employees" aufnimmt (Tab. 31 u. 32).

Tab. 31: Beschäftigungsstruktur Anaheims 1994 in %

Allg. Dienstleistungen	31,3
Handel	22,6
Banken, Versicherungen, Immobilien	11,3
Öffentl. Verwaltung	9,7
Dienstleistungen insg.	**74,9**
Industrie	15,3
Bauwesen	4,9
Transport, Versorgung	3,1
Landwirtschft, Bergbau	1,8

Quelle: Nach Anaheim Chamber of Commerce.
Anaheim California. Anaheim 1994, p. 26.

Das Firmenspektrum, das vielen Anaheimern Beschäftigung bietet, ist divers, hat aber deutliche Schwerpunkte, die mit seiner Rolle als Entertainment Place bzw. als fortgeschrittenes Dienstleistungszentrum zu tun haben. Die meisten Arbeitsplätze in diesen Bereichen sind auf drei Standortgebiete im Westen, Osten und Süden der Stadt verteilt (Anaheim Center im W und im Zentrum, Anaheim Canyon Business Center im O und Anaheim Corporate Triangel im S; Abb. 136). Diese großen Business Centers weisen eine Mischung aus Dienstleistungsunternehmen und Industriefirmen auf, wobei innerhalb der Gebiete nochmals eine Branchensortierung in „reine und herkömmlich produzierende Betriebe" erfolgt (Abb. 137, 138 u. 139).

Tab. 32: Beispiele für Anaheims Arbeitgeber 1994

Dienstleistungen	Beschäftigte	Dienstleistungen/ Fortsetzung	Beschäftigte	Industrie	Beschäftigte
Disneyland u. Disneyland Hotel	zw. 8 000 u. 11 000	United Parcel Serv.	650	Rockwell Int. Group	4 000
Pacific Bell-Public Aff.	6 000	Humana Hospital W. Anaheim	623	Kwikset Corp.	1 500
American Drug Stores	3 350	Western Medical Center	566	Interstate Electr. Corp.	1 000
Kaiser Permanente Med. Center	2 400	Automobile Club of Southern Cal.	500	Cal. Comp. (Lockheed Co.)	1 000
City of Anaheim	2 050	Carter Hawley Hale Stores	475	Medtronic Cardio Pulm.	600
Carl Karcher Enterpr.	1 800	Fujitsu Business Com.	452	Odetics	600
Anaheim Union High School District	1 750	Sav'on/ Osco Drugs	450	Pac. Outlook Sportwear	500
Anaheim City School District	1 725	Inn At The Park	400	CIBA/ Geigy Corp.	400
Anaheim Marriott Hotel	1 465	Pan Pacific Hotel	400	Anaheim Disp. Co.; Inc.	360
Anaheim Hilton and Towers	1 100			ANACO USA	300
Anaheim Memorial Hospital	1 050			Ganahl Lumber Co.	300
Martin Luther Hospital	750			MTI	300
Southern Cal. Gas Co.	710			Univ. Alloy Corp.	210

Quelle: Nach Anaheim Chamber of Commerce. Anaheim California. Anaheim 1994, p. 23/24/25 und ACC: Anaheim Center. Anaheim 1994.

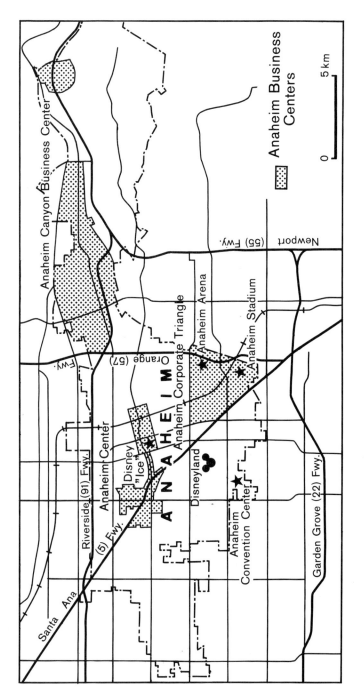

Abb. 136: Die verschiedenen „Business Centers" und andere wichtige Standorte für Vergnügen, Sport und Tagungen in Anaheim.
Quelle: Community Development, Public Utilities, Anaheim, o.J.

Abb. 137: High-Tech in Anaheim. Das Unternehmen CalComp., eine Tochter der Lockheed Co. an der West La Palma Ave., das hochtechnische Computergraphik entwickelt.
Eigene Aufnahme, Juni 1994.

Abb. 138: Die Firma Odetics mit 600 Beschäftigten an der Manchaster Ave., die Systeme der automatisierten Informationsaufnahme und -kontrolle für das amerikanische Weltraumprogramm herstellt.
Eigene Aufnahme, Juni 1996.

Abb. 139: Verfallener, industrieller Einzelstandort an der Manchaster Ave.
Eigene Aufnahme, Juni 1994.

4. ANAHEIM IN DER POSTMODERNE

4.1 DER STADTGEOGRAPHISCHE DISKURS IN DEN USA: WOHIN STEUERT DIE ENTWICKLUNG?

„The main business of American cities was business, and it showed."[1]

Als ich das Manuskript zu dem vorliegenden Buch zu schreiben begann, waren einige interessante und aufschlußreiche Titel zum Thema der jüngsten Metropolentwicklung auf dem Markt, welche aus den Computern amerikanischer Stadtforscher stammten. Darunter befanden sich beispielsweise kritische Analysen wie „City of Quartz" über Los Angeles oder die aus journalistischer Hand stammende, eloquente Schilderung von „Edge City" und der Aufsatz über die Postmoderne und „The Restless Urban Landscape".[2] Sie haben insofern alle etwas gemeinsam, als sie an verschiedenen Beispielen den gegenwärtigen, großstädtischen Wandlungsprozeß aus verschiedenen Sichtweisen zu analysieren suchen und einen Vorausblick wagen, was die Zukunft der amerikanischen Metropolsysteme betrifft. Um diesen Stand auszuloten, wollen wir versuchen, ihre Analysen und Resultate im Kern zusammenzufassen.

4.1.1 „Die galaktische Metropole", „Außenstädte" und „Stadtland USA"

Ziemlich genau hundert Jahre nach der Schließung der „wilderness frontier" konstatiert Lewis in seinem Aufsatz das Verschwinden der letzten Grenze der „urban frontier" und deutet damit an, daß der Übergang vom städtischen Raum zum ländlichen Umland in Amerika heutzutage beinahe verschwunden ist. Er meint damit nicht nur den baulichen Grenzbereich der Stadt, sondern auch die psychologisch-mentalen Ausstrahlungen, die er als Metropoleinflüsse beinahe überall verbreitet sieht.[3] Form und Wirkung beschreibt er näher als „galaktische Metropole", die Amerika

---

1   Lewis, P.F. (1983): The Galactic Metropolis. In: Platt, H., G. Macinko (eds.): Beyond the Urban Fringe. Land Use Issues of Nonmetropolitan America. Minneapolis. Zitat p. 29.

2   Davis, M. (1990): City of Quartz. Excavating the Future of Los Angeles. New York. Garreau, J. (1991): Edge City. Life on the New Frontier. New York, London, Toronto, Sidney, Auckland. Knox, P. (1991): The Restless Urban Landscape. Economic and Sociocultural Change and the Transformation of Metropolitan Washington, D.C. Annals of the Association of American Geographers, 81, 2, p. 181–209. Dazu rechnet auch das bereits angeführte Buch von Zukin, S. (1991): Landscapes of Power. From Detroit to Disney World. Berkeley, Los Angeles, Oxford. Bei ihr kommt der Begriff der Landschaft in einem weiter gefaßten Sinn wieder zum Tragen, den sie als „wirksames Werkzeug zur Kulturanalyse" einschätzt (p. 16).

3   Unter metropolitaner Wirkung versteht er – wie gesagt – sowohl den morphologischen Ausdruck wie auch den funktionalen bzw. den sozial-kulturellen Einfluß, der von Menschen und Institutionen ausgeht. Lewis (1983), p. 23–49.

mit Beginn des millionenfachen Auftretens des Automobiles seit 1915 und in späteren Jahrzehnten durch die Verbreitung kommunikativer Medien im übertragenen
Sinn als eine Art Sternen- und Planetenansammlung mit konzentrierter Materieballung und kaum besetzten Zwischenräumen zu einem, seiner Struktur und Kräftewirkung nach, ähnlichen System von Metropolen und „ländlichen" Gebieten zu formen
begonnen hat.[4]

Von vielen Autoren wird gerade der Dezentralisierungprozeß als der modernste
gesehen, weil er über das „alte suburbia" hinauswächst und die neuen Außenzentren
entstehen läßt, die durch vielerlei Begriffe wie „edge cities, technoburbs, superburbia, disurb, service cities, perimeter cities", usw. beschrieben werden.[5] Sie wuchsen
in vergleichsweise schnellerem Tempo nach dem 2. Weltkrieg heran, wobei diese
„suburbia" zunächst nach der Zahl der Wohnheime jenseits der Grenze dessen entstanden, was man traditionell als Stadt bezeichnete. Im gleichen Zug oder auf dem
Fuße folgend traten die Einkaufsplätze ebenfalls die Wanderung an, was als „malling of America" abgelaufen ist und sich in den 60er und 70er Jahren vollzogen hat.
Gegenwärtig aber wird dasjenige Geschehen nach außen transferiert, das neben der
städtischen Kultur die Kerntätigkeit eines urbanen Platzes ausmacht, nämlich ihre
wirtschaftlichen Aktivitäten, die zehntausenden Personen Arbeitsplätze bereitstellen.

„Edge Cities" sind aber nicht als Vollstädte zu begreifen, da sie in großer Zahl
weder eine Bürgermeister-, noch eine Stadtratsverfassung kennen und selten jene
formale Stadtgrenze aufzuweisen haben, die für jeden Besucher Anfang und Ende
einer Gemeinde anzeigt. Bevölkerungszahlen anzuführen, sind in solchen Fällen
nur annäherungsweise aussagekräftig, da z.B. allein in Fairfax County, Virginia,
mehr Menschen leben als in Washington, D.C. oder in San Francisco.[6] Andererseits
gibt es „natürlich" einige anzuführende, funktionale und wahrnehmungsbezogene
Kriterien für ihre Beschreibung, wozu nach Garreau beispielsweise ein Mindestgrößenangebot an vermietbarer Büro- und Einzelhandelsfläche (5 Mio. square feet bzw.
600 000 square feet) zählt. Auch beherbergen sie eine größere Tag- als Nachtbevölkerung und werden von der umwohnenden Bevölkerung als „zentrale Orte", wahrgenommen, die Arbeitsplätze, Versorgung und Konsum der höheren Angebotsklassen und dazu noch eine Palette von Unterhaltungsmöglichkeiten anzubieten haben.

Was sie aber außerdem auszeichnet und was von vielen Amerikanern nachgefragt und geschätzt wird, ist ihr allgegenwärtiges Sicherheitsangebot. „Edge Cities"
mit ihren Einkaufsplätzen bieten eben diesen großen Vorteil, sich in ihnen persön-

---

4   Nach seinen Ausführungen könnte man „galaktisch" so verstehen, daß sich die nach städtischem Vorbild lebende Bevölkerung über ein weites Gebiet ausgebreitet hat. In diesem Raum
    bestehen aber verschiedene Dichtezentren, die durch weniger besiedelte Gebiete getrennt sind.
    Verwaltet werden sie von vielen Einzelregierungen und über die Trennungsräume hinweg werden sie durch städtische Kultur und Verhaltensweisen sowie ein horrend aufwendiges, technisch-gigantisches Transport- und Kommunikationssystem zusammengehalten.
5   Noch weitere Bezeichnungen dieses Stadttyps sind in der aufzählenden „Litanei" bei Joel Garreau zu finden. Garreau (1991), p. 5/6. Bei Zukin (1991), p. 254 findet sich auch der Begriff
    „corporate suburb".
6   Garreau (1991), p. 6.

lich sicher zu fühlen. Allgegenwärtig und allumgebend, hinter jeder Straßenbiegung, mag dieses Empfinden nicht vorhanden sein, aber in einem zentralen, geschlossenen Bereich – der „super mall" – wird die Gelassenheit sowohl atmosphärisch spürbar wie auch augenscheinlich wahrnehmbar. Die Außenstadt könnte sich ja unter keinen Umständen erlauben, vom fatalen Stempel eines unsicheren Ortes geprägt zu sein, und ihr kommerzieller Tempel wäre dadurch sicherlich nach einiger Zeit zum bankrottösen Untergang verdammt. Vor allem die „shopping mall"-Besucherinnen sollen sich behütet fühlen, denn sie machen das Geschäftsleben und die Lebhaftigkeit der Mall aus. Wenn sie sich dann z.B. in der Weise äußern, daß „es in der Mall warm (bzw. kühl, d. A.) und sicher ist, die Kinder spielen können und sie (selbst) ein paar Stunden Ruhe haben",[7] dann ist das für die Betreiber nicht nur beste Werbung und Garantie für steigende Umsätze, sondern das kalkülhafte Resultat sorgfältiger Vorüberlegungen und erfahrungsreicher Planung.[8] Sie hat die alte „Main Street" in polierter, gesäuberter Form nach innen geholt und ist in diesem Sinne in der Tat zu einem gut abgesicherten, komfortablen, architektonischen „hyperspace" geworden,[9] der Konsumenten, Familien, Cliquen, Freundschaftsgruppen, Freizeitgenießende, Zerstreuungssuchende und sogar Touristen in einem Ort zusammenführt, aber nicht unbedingt zusammenbringt.

In „Stadtland USA" beschreibt Holzner die amerikanische Stadt teils wie Lewis, teils wie Knox.[10] Auch für ihn hat die jüngere Entwicklung dazu geführt, ein – in dieser Form und diesem Ausmaß – bisher nicht beobachtetes, großstädtisches Gebilde entstehen zu lassen. Nach seiner Auffassung ist es ein sich stetig ausweitender Vorgang, der sich physisch scheinbar grenzenlos in die umgebende Landschaft hinein ausdehnt. Die neue Morphologie ist für ihn „weder ganz Stadt noch ganz Land" sondern eine Art Kompromiß, den er „STADTLAND" nennt. Kernstadt, Außenstadtzentren und das speziell entworfene Verkehrsnetz sind die Raumeinheiten und Leitelemente der Metropolstruktur im ausgehenden Jahrhundert, wobei die

7 Die Konsum-Kirmes. Der Stern, Journal Bauen und Wohnen, 17, 1994, S. 155. S. Kippenberger verurteilt in einem Zeitungsbeitrag diese modernen „Basare" als Pseudostädte unter Käseglokken. Der Tagesspiegel v. 12.2.93. Ganz anders dagegen K. Andersen in seinem Beitrag über Las Vegas für das Magazin Time (vol. 143, Jan. 1994), in dem er mit den 40 Mio. Besuchern der Mall of America, außerhalb von Minneapolis, allein im ersten Jahr, ihren Erfolg belegt.

8 Kriminalität wie Ladendiebstähle sind natürlich nicht zu vermeiden. Verwinkelungen von Gängen und Hallen und dunkle Ecken kommen so gut wie nicht vor. Helle Atrien lassen das Tageslicht einfallen. Kreisende Kameras und uniformierte, private Wachdienste kontrollieren die Geschosse. Die Fußwege von den Parkgelegenheiten sind möglichst kurz gehalten. Ganz bewußt ist dafür gesorgt, daß kaum öffentlicher Raum begangen wird, sondern fast ausschließlich privater Innenraum.

9 Von „hyperspace" wird etwas übertrieben bei Zukin (1991), p. 25 gesprochen. An anderer Stelle bedauert sie, daß „shopping centers" politische Versammlungen und Bürgertreffen ersetzt haben. Obwohl sie in Privateigentum sind, werden sie dennoch als ziemlich demokratische Entwicklungen gesehen, die auch ein Ortsgefühl schaffen können (p. 51). Im Januar 1995 erging in Amerika ein richtungsweisendes Gerichtsurteil, das besagt, daß innnerhalb einer „mall", die an sich in privater Hand ist, die freie Meinungsäußerung für politische Demonstrationen gilt, jedoch nicht für Großkundgebungen. Der Tagesspiegel v. 5.2.95.

10 Holzner, L. (1990): Stadtland USA. Die Kulturlandschaft des American Way of Life. Geographische Rundschau, 42, H.9, S. 468–475.

Bedeutung der „Edge Cities" weiter zunimmt. Ein Zellenmosaik unterschiedlicher Landnutzungen hat sich wie ein „Fleckenteppich" zu einem diffusen Stadtland zusammengefügt, wobei die vorwärtsdrängenden Kräfte vorrangig vom Privatunternehmertum ausgehen. So stellt sich die Metropole als ein von privaten Initiativen getragenes „privates Objekt" dar, deren gebaute Welt von „boosters, promoters, and makers" emporgezogen wird, nicht aber als eine durchgehend gelenkte Kreation der öffentlichen Hand anzusehen ist. Als Subjekte des „privatism" agieren Bodenspekulanten, Immobilienentwickler, Architekturbüros und Bauunternehmer, die auch M. Davis als die eigentlichen Akteure und Profiteure im städtischen Gewinn-Monopoly sieht. Im Gegensatz dazu argumentiert Holzner mehr vor kulturellem Hintergrund, da für ihn das „Stadtland" die Kulturlandschaft des „American Way of Life" repräsentiert und letztlich Ausdruck eines traditionellen, tief verankerten Wertesystems in der amerikanischen Gesellschaft ist.[11]

Auf einer etwas anderen Beurteilungsgrundlage beruht die Einschätzung der US-amerikanischen Stadtentwicklung bei Schneider-Sliwa, da sie den Blick auf die oft vernachläßigte Funktion der Bundespolitik für die Großstadtentwicklung seit den 30er Jahren richtet.[12] Auch übersieht sie keineswegs, daß „privatism" als „gesellschaftlicher Standard" und „dominierende Kulturtradition Amerikas", dazu noch von beiden Parteien nicht in Frage gestellt, eine wichtige Handlungsweise innerhalb der politischen Rahmenbedingungen der Stadtentwicklung abgibt.[13] So gemeint, müßte man dann eher oder besser von einer „private-public partnership" sprechen, die nach verbreiteter Meinung eine feststehende Größe in der amerikanischen Stadtgeschichte darstellt. Wie gesagt, die Autorin betrachtet vornehmlich den Einfluß der Bundesgesetze, die vor allem in der New Deal-Epoche und mit der New Frontier-Great Society Programmatik der 60er Jahre für den Städtebau wirksam wurden.[14] Die Rolle der Einzelstaaten steht nicht so sehr in ihrem zentralen Blickfeld, aber als Fazit all dieser Bestrebungen zur Sanierung von Innenstadtbereichen bzw. Imageaufwertung des Stadtzentrums steht für sie fest, daß „der Schwerpunkt der Sanierungsbemühungen und der Subventionen in umgekehrt proportionalem Verhältnis zur tatsächlichen Bedürftigkeit der Stadtteile steht", und die eigentlichen Problemgebiete eben dadurch vernachläßigt werden.[15] Das sind in erster Linie die ausgeprägt scharfen, sozioökonomischen Disparitäten in den Innenstädten mit ihren Armutsstraßenzügen und verödet-verkommenen Stadtflächen einerseits und die Hypermodernität im CBD andererseits. Im Auseinanderklaffen der Kernstadtwelten erkennt sie so gut wie keine Verbesserungen, sondern sie deutet wie andere Experten darauf hin, daß die Problemgebiete ihrer Wertigkeit wegen „ganz natürlich" darauf warten, überwiegend als Spekulationsware im stadtökonomischen Kreislauf betrachtet und gehandelt zu werden.

---

11 Zu den konkreten Werteinhalten siehe Holzner (1990), S. 468.
12 Schneider-Sliwa, R. (1993): Kernstadtkrise USA: Zur Großstadtpolitik des Bundes und Permanenz eines amerikanischen Dilemmas. Die Erde, 124, H.3, S. 253 – 265.
13 Schneider-Sliwa (1993), S. 254.
14 z.B. National Housing Act of 1934. Housing Act of 1949.
15 Schneider-Sliwa (1993), S. 260.

Abschließend stellt Schneider-Sliwa zwei graphische Strukturmodelle zur Metropolitanregion und zur Kernstadt vor und bemerkt zur Zukunft letzterer, daß ihre krassen internen Gegensätze und die ungleiche Entwicklung zwischen Zentral- und Außenstädten („Edge Cities") bis auf Weiteres bestehen bleiben werden. Die großstädtische Bundespolitik hat sie in den zurückliegenden Jahrzehnten eher festgeschrieben, da, – und so begründet sie es – „die sozial-unverträglichen Stadtentwicklungsstrukturen permanent aus dem speziellen amerikanischen Demokratieverständnis erwachsen",[16] doch – so müßte man ergänzend hinzufügen – ebenso aus dem ihnen eigenen Verständnis über die gesetzten wirtschaftlichen Gegebenheiten und Abläufe entstehen.

4.1.2 Washington, D.C., die Signal-Metropole?

Ein weiterer Autor, P. Knox, hat zwar kein Buch, sondern einen aussagedichten Artikel über die innere und äußere Umgestaltung der Metropolregion von Washington, D.C. veröffentlicht, der sich deswegen von vielen anderen abhebt, weil er auf einem zusammenfassenden, konsistenten Theorieteil aufgebaut ist, der die jüngste Großstadtentwicklung in einen allgemeinen gesellschaftlichen Zusammenhang stellt.[17] Grundlegend ist dabei für ihn, daß die großen Stadtgebilde gegenwärtig den Übergang vom industriellen „fordistischen" System zum fortgeschrittenen Kapitalismus („advanced capitalism") durchschreiten und eine rastlose Transformation ihrer stadtgeographischen Landschaften erleben. Die Kräfte des Wandels sind ökonomisch-sozialer, politischer und kultureller Art und offenbaren sich sowohl im Produktionsbereich als auch in der Konsumwelt. In wenigen Worten zusammmgefaßt, macht sich die Umstrukturierung auf wirtschaftlichem Gebiet in der Abkehr von den „economies of scale" und in der Hinwendung zu den „economies of scope"[18] bemerkbar, aber ebenso in wachsender Konzentration, Zentralisation und Reorganisation von Großunternehmen sowie generell in der Internationalisierung des Kapitaleinsatzes und einer flexibleren Reaktion bei Produktinnovation und Wahrnehmung von Märkten.[19] Als Beispiel dient Knox die städtisch orientierte Immobilien-Entwicklungsindustrie, die seit der Krise in den 70er Jahren einen Konsolidierungs- und vertikalen

---

16　Schneider-Sliwa (1993), S. 263.
17　Knox (1991).
18　„Economics of scope" kann man so verstehen, daß Design-Waren bei einer bestimmten, wachsenden Käuferschicht immer größere Nachfrage erfahren, d.h., daß individualisierte, z.T. limitierte Qualitätsprodukte marktleitend werden. Als Beispiel sei die französische Gruppe Hermés angeführt, deren Erzeugnisse in Nordamerika einen steigenden Absatz finden. „Luxusgruppe Hermés im Aufwind." Frankfurter Allgemeine Zeitung v. 1.3.96. Andere Geschäftsketten dieser Art, die angeführt werden können, sind Bally, Laura Ashley, Benetton, Gucci, Armani, Prada, Calvin Klein, Louis Voutton, oder Firmen wie Braun, Krups, Swatch oder Jensen.
19　Zur Konzentration und Internationalisierung von Industriezweigen sei ein kleines Beispiel angeführt. Es handelt sich um die Sportartikelindustrie, für die im Jahr 2000 „ nur noch wenige weltweit operierende Konzerne und eine große Anzahl von Nischenanbietern" gesehen werden. S. dazu den Tagesspiegel Fachartikel v. 27.2.94 „Europa hat nur noch im High-Tech Bereich Chancen."

Geographisches Institut
der Universität Kiel

Integrationsschub durchlaufen hat. Gleichzeitig zeichnet sie sich auch durch die Anwendung flexibler Strategien aus, die darauf angelegt sind, Geschmacksvorlieben und Präferenzen von einem finanziell potenten Kundenstamm bei Bürobauten, Malls und Hotels aufzugreifen oder für ganze Subgruppen den außen- und innenarchitektonischen Stilneigungen im Wohnhausbau nachzugehen. Dabei ist zu beobachten, daß die neuen, marktfähigen Wohnpaketangebote sich durch ausgesuchte, residentielle Annehmlichkeiten, Verwendung teuer scheinender Materialien und dramatisch ausgefallener Innenarchitektur auszeichnen. Um sie auf der Attraktionsleiter noch höher anzusiedeln, nehmen sie bestimmte architekturhistorische Traditionen oder regionalistische Stilrichtungen auf, was ihnen ein erlesen scheinendes, pseudo-eigenständiges Kolorit verleiht. Stil und visuelle Effekte spielen bei diesen städtischen Wohnbauten eine größere Rolle als die sozialen Gegebenheiten einer solchen Klientelgruppe. Flexible Anpassung an neue Produktlinien zeigen sich beispielsweise im letzten Entwicklungsschrei bei der Errichtung sogenannter „medical malls", wo hochbeschäftigten, eiligen Kunden das Aufsuchen von Ärzten, Beratern, Therapeuten, Medizinlabors, Ambulatorien, Fitness-Einrichtungen, Drogerien, Reformkostläden und Cafés angeboten wird. Bei ihren Besuchen brauchen sie sich zudem nicht mehr in nichtssagender Umgebung zu bewegen, sondern durchstreifen durchweg eine hochwertig-stilvolle Ausstattungswelt. Im gleichen Zug haben sich die Rollen von Planern und Architekten verändert, d.h. ihre Funktion wurde vor allem instrumentalisiert, was u.a. dazu geführt hat, daß die Neubauviertel der Städte immer stärker als autonome Einheiten behandelt werden und nicht als Bestandteile des städtischen Gesamtkörpers. Die technischen Mittel, die dabei angewandt werden, sind „cluster zoning" und „planned unit development (PUD) zoning", wobei Bestimmungen und Berechnungen z.B. von Dichtewerten für ganze Landstücke vorgenommen werden, statt nur für Einzelparzellen. Damit eröffnet PUD für die Immobilien-Entwicklungsgesellschaften vorteilhafte Bedingungen für „economies of scale plus scope" mit diversen Angebotspaletten und hohen Qualitätsstandards.[20]

Beim zweiten Änderungsprozeß handelt es sich nach Knox um eine philosophisch-kulturelle Strömung, die vom Modernismus zum Postmodernismus (oder Supermodernismus?) verläuft. Dem Modernismus werden die Eigenschaften paradigmatisch, universalistisch, zweckdienlich, hierarchisch, synthetisch und selektiv zugeschrieben, während für die postmoderne Zeit Syntagma, Spielfreude, Anarchie, Antithetik, Kombinatorik und Lokalismus charakteristisch sein sollen. Am deutlichsten drückt sich die postmoderne, zeitgeistige Spielart in Architektur, Stadtgestaltung, Literatur, Musik und Warenästhetik aus und wird z.B. von Harvey als „die begleitende Hülle des fortgeschrittenen Kapitalismus" bezeichnet.

Der Ästhetik der Konsumwelt und ihrer neuen Kundschaft mißt der Autor eine steigende Bedeutung bei, die er als Entstehen einer neuen Gesellschaftsschicht deutet und als „neue Bourgoisie" bzw. „neue Kleinbourgoisie" auf die mittlere soziale

---

20 Harvey, D. (1987): Flexible Accumulation Through Urbanization: Reflections on ‚Postmodernism' in the American City. Antipode, 19, p. 260–286. Auf die kulturellen und sozialen Verbindungen zwischen Architektur, Warendesign wie auch Innenarchitektur geht Zukin (1991) p. 46/47 ein. „Design links the mass, public and private elites in a visual organization of consumption." p. 50.

Bühne treten sieht. Zur gehobenen Schicht zählen Berufe des wachsenden Dienstleistungszweiges z.B. Verwaltungsfachleute, Wissenschaftler, Geschäftsführer, Finanzanalytiker, Unternehmens- und Managementberater, Personalfachleute, Designer, Werbefachleute, Marketingexperten, Einkäufer usw. Die „petite bourgoisie" setzt sich seiner Auffassung nach zusammen aus Technikern und Ingenieuren, Angestellten und Spezialisten in medizinischen und sozialen Diensten, Kulturschaffenden in Radiosendern, TV-Stationen und Presseredaktionen usw. In den USA haben diese und ähnliche Berufssparten in den letzten Jahrzehnten stark zugenommen, aber es sind nicht allein diese strukturellen Veränderungen, sondern das Kaufvermögen und die Verbrauchsvorlieben der neuen Schichten.[21] Deshalb ist die „postmoderne" Lebenseinstellung auch nicht so sehr allgemein gesellschaftlich verbreitet, sondern es sind Äußerungen neuer sozialer Fraktionen, die – wie gesagt – aus dem wirtschaftlichen Strukturwandel im letzten Drittel des 20. Jahrhunderts hervorgegangen sind. Ihren Lebensausdruck finden sie u.a. in den kernstädtischen Quartieren wo „gentrification, loft living, and the appropriation of areas of historic preservation have already shown to be pivotal to the spatial practices of the „new" middle classes and I argue that some new suburban residential settings are also the product of their role in the sociospatial dialectic".[22]

Exemplifiziert wird dieser Fall am Beispiel der Metropolregion von Washington, D.C., die der Autor zwar nicht unbedingt als typisch für die Vereinigten Staaten ansieht,[23] doch als urbanen Raum zu erkennen meint, wo sich die soziale Geographie der postmodernen Großstadt in verdichteter, doch fragmentierter und polarisierter Form offenbart. Die Elemente, die in der Stadtlandschaft wahrnehmbar neuartig auftreten, sind die postmoderne (supermoderne) Architektur, die „historic preservation"-Bewegung, die „gentrification"-Erscheinung sowie die privaten, durchgeplanten suburbanen und exurbanen Wohngemeinden.[24] Hinzu kommen die sog.

---

21 Knox (1991), p. 184. S. dazu den Artikel im Tagesspiegel v. 1.9.94 „Mehr Jobs für Gutverdiener", aus dem hervorgeht, daß in den USA seit 1988 im oberen Gehaltsdrittel (Fach- und Führungskräfte im Dienstleistungssektor) 3,29 Mio. neue Stellen entstanden sind.

22 Knox (1991), p. 186. Versucht man diese Strömungen gegen Ende des Jahrhunderts politisch einzuschätzen, so tritt der sog. Postmodernismus in wirtschaftlich-sozialer sowie in kultureller Hinsicht als neokonservative Richtung eher im Gewand einer neuen Supermodernität auf. Der Ausgang der amerikanischen Kongreßwahlen im Herbst 1994 mit Mehrheiten der Republikaner in beiden Häusern scheint darauf hinzuweisen.

23 Knox (1991) weist z.B. auf die relative Bedeutungslosigkeit der Industrie hin, betont jedoch die zivile Beschäftigtenzahl in den Bundesbehörden sowie den hohen Ausbildungs-, Einkommens- und Kaufkraftanteil (p. 188/89).

24 Die sog. postmoderne Baukunst wird z.B. in ihrer äußeren Erscheinung gekennzeichnet durch „double coding" (klassisch vs. modern, gebräuchlich vs. ungebräuchlich, würdig vs. komisch, regional vs. kosmopolitisch u.ä.). Zur weiteren, genaueren Charakterisierung siehe Knox (1991) p. 192/93. „Historic preservation" geschieht durch Bügerbewegungen zur Bewahrung historischer Wohnbauten und Distrikte."Gentrification" bezieht sich auf die „neue" Mittelklasse und ihre Neigung, Objekte in älteren Stadthabitats eigenverantwortlich zu veredeln. Die wesentlichen Merkmale der „master-planned communities" sind: Eine eindeutige Grenzziehung, ein durchgehender, aber nicht unbedingt uniformer Baustil, die Verantwortlichkeit eines einzigen Ausführungsunternehmens, das Privateigentum der Freizeiteinrichtungen und die Durchsetzung von Verträgen , Bestimmungen und Beschränkungen durch eine „master community"-Vereini-

MXDs und MUDs in den Außenbereichen und zur Qualitätssteigerung von städtischen Attraktionen in großen Metropolregionen die „festival settings". Dabei handelt es sich um den Um- und Ausbau von historischen, identitätsbehafteten Hafenanlagen, Kanalverläufen oder Marktplätzen in öffentlich-privater Trägerschaft. Sie bieten an diesen attraktiv gestalteten, großflächigen Standorten integrierte Angebote von Bürotrakten erster Wahl, Hotels, Galerien, Konzertsälen, Restaurants und zahlreiche ausgesuchte, auch auf den Tourismus zielende, Einzelhandelsgeschäfte an. Sie sind z.B. in Baltimore, San Antonio, San Francisco, Boston und Georgetown zu Stadterlebnissen und Geschäftserfolgen geworden. Als letztes Landschaftselement im suburbanen Raum komplettieren „high-tech"-Korridore die Randzone, indem sie die verkehrsreichen „freeway"-Leitstränge wie Saumbänder begleiten. Sie offerieren dem Beschauer eine gebaute Welt von Büroblocks, R&D-Labors, sog. sauberen Industrien, Hotels, aber auch Serviceeinrichtungen wie Fitnesszentren, Cafés usw. Sie liegen eingebettet in Grundstücke von großem Zuschnitt mit weitem Parkplatzangebot inmitten parkähnlicher Anlagen, die von Landschaftsgestaltern großzügig bis fabulös entworfen wurden. Als neue Variante im gebauten Korridor-Kompositum treten eingeschossige Flachbauten des „flex space"-Programmangebots auf, deren Frontpartien an Bürofassaden erinnern, deren rückwärtige Teile aber als Lagerhäuser mit Laderampen gebaut sind, und als spekulative Entwicklungsbauten in der Nähe wichtiger Verkehrsarterien eingesetzt werden.

In seinen Schlußfolgerungen betrachtet Knox die neuartigen Landschaften als dialektischen Ausdruck der Umformung des rationalistischen, modernen Fordismus-Systems zu einer postfordistischen Agenda des fortgeschrittenen Kapitalismus. Ob sie aber paradigmatische, Teile der Stadtlandschaft werden wie die archetypische amerikanische „Main Street", „small town" oder „old fashioned suburbia" muß dahingestellt bleiben. Kritisch anzumerken bleibt, daß nur am Aufsatzende angesprochen wird, wie sich etwa die neuen sozialen Fraktionen und urbanen Schauplätze zu den alten Fragen ethnisch-sozialer Segregation von Minderheiten („urban underclass") im innerstädtischen Lebensraum – den „landscapes of despair" – oder den ghettoähnlichen Armutsinseln („inner city poverty areas") verhalten.[25]

4.1.3 Los Angeles – die protypische Metropole des Westens

Betrachtet man die Namensgebung aus der Vergangenheit für das pueblo „Nuestra Señora la Reina de los Angeles de Porciuncula" so deutet sie auf himmlischen Verbindungen unter der Vorherrschaft der Kirche hin, während der Kalifornier M. Davis mit der „City of Quartz" ganz irdisch und politisch auf die Macht der Technik, die Modernität und die Zukunftsausrichtung der „Engelsstadt" anspielt. Der Autor beginnt die Betrachtung über seine Stadt mit einem alternativen, gesellschaftlichen Stadtausblick. Er stattet nämlich in seinem Prolog der verfallenen, utopisch-soziali-

---

gung (z.B. Home Owners Association). MXD und MUD sind „mixed use" oder „multi-use" Landnutzungserschließungen. S. dazu Knox (1991), p. 186 und 201/02.
25 Knox (1991), p. 204.

stischen Kommune Llano del Río in Antilope Valley einen Besuch ab, die er als politischen Gegenentwurf zu LA ansieht. Bis in die Wüstengegend von Llano hat sich die Metropole inzwischen baulich ausgeweitet, die er nicht mehr als städtisches Gebilde, sondern als riesige „Ware Land" betrachtet, die angepriesen und zum Verkauf angeboten wird, wie es mit anderen amerikanischen Gütern, etwa Automobilen oder Mundsprays geschieht.[26] Aber nicht nur sein Vorwort, auch eine seiner Kapitelüberschriften deutet in diese Richtung, wenn er meint, die „Königin der Engel" sei Traum und Verheißung für jeden Immobilienerschließer. Dabei ist er vorsichtig genug, seine Einschätzung nicht zu verabsolutieren, sondern in die Frage zu kleiden, ob sie in der Tat „The Developers Millenium" verkörpert?[27] Aber schon wenige Seiten weiter, sieht er den LA-Metropolitantyp doch sehr konkret und eindeutig als utopische und gleichzeitig dystopische Großstadtlandschaft, deren Kreation und simultane Destruktion nach seiner Meinung nur der fortgeschrittene Kapitalismus zu produzieren in der Lage ist.

E.W. Soja[28] analysiert LA aus postmoderner Sicht unter den Bedingungen internationaler, makroökonomischer Umstrukturierungern. Für ihn ist Los Angeles mit seiner ausufernden urbanen Region von ca. 100 km Radius der Brennpunkt, der paradigmatische Ort, wo sich mit der Dynamik freier, marktwirtschaftlicher Restrukturierungen eine noch unvollendete, supermoderne, amerikanische Räumlichkeit herauszubilden scheint.[29] Selektiver Verfall („deindustrialization"), aber auch selektive Rekonstruktion („reindustrialization") kennzeichnen in „Greater LA" diese gespaltene Situation, die beiden Seiten einer Münze aufweist und von folgenden Prozessen begleitet wird:

1. Zentralisierung und Konzentration von stetig mobilem Kapital, die gekoppelt sind mit fortlaufenden Fabrikstillegungen und Ankündigungen von weiteren Schließungen bzw. Verlagerungen.
2. Neue Technologieeinführungen zur Produktivitätssteigerung und Arbeitskostenreduzierung.
3. Steuer- und Subventionsanreize von öffentlicher Seite zur Schaffung neuer Arbeitsplätze.
4. Eine stetige Ideologiebegleitung, die zu Opfern und Härte in bezug auf die Umstrukturierung aufruft, die aber gleichzeitig den Unterklassen Hoffnung macht, vom „neu entstehenden Kuchen" durch den sog. „trickle down"-Effekt etwas Vorteilhaftes abzubekommen.

26 Nach Davis (1990), p. 17
27 Davis (1990), p. 11. Allgemein formuliert es Zukin (1991), p. 20, wenn sie von ökonomischer Macht im Hintergrund spricht, die für den Zusammenhang der sich wandelnden amerikanischen Stadtlandschaften sorgt.
28 Soja, E.W. (1989): Postmodern Geographies. The Reassertion of Space in Critical Social Theory. London, New York.
29 Soja kreiert noch andere Toponyme für die City of Los Angeles wie „prototopos" und „mesocosm" und meint, daß in diesem Ort eine geordnete „micro and macro, idiographic and nomothetic, concrete and abstract world" gesehen werden kann. Soja (1989), p. 191. Für LA findet man auch die Bezeichnug „metrosea", die in Richtung „galaktische Metropole" weist. Den eher ungebräuchlichen Ausdruck „hydropolis" verwendet der Autor K. Starr (1990): Material Dreams. Southern California Through the 1920s. New York, Oxford.

5. Eine damit einhergehende Schwächung von Gewerkschaften und des mittleren Facharbeitertums.

Auf der anderen Seite werden – wie erwähnt – Neuinvestitionen in stetig expandierendem Maße getätigt, die sich charakteristischer Weise in zwei Wirtschaftszweigen vollzogen: Der Luft- und Raumfahrt bzw. in den Endjahren des Kalten Krieges in Verteidigungsauslagen und der Elektronikindustrie[30] sowie ganz überraschend auf der gegenläufigen Skala in der Niedriglohnbranche der Bekleidungsindustrie, die Los Angeles zu einem der Fertigungsschwerpunkte moderner Freizeitkleidung (z.B. Los Angeles Gear) werden ließ und Teilen der Stadt einen „Dritte Welt-Charakter" verliehen hat. Parallel zur sektoralen Restrukturierung und fortschreitenden Segmentierung vollzog sich die räumliche Umstrukturierung mit ihren Auswirkungen auf die die gebaute Arbeits- und Wohnwelt. Das Bild der metropolitanen Raumökonomie nimmt sich in dieser Betrachtung paradox aus, da sowohl vergangene Entwicklungsrichtungen beobachtbar sind wie auch Dezentralisierungserscheinungen („decentring") und die Umkehrung beider Trends durch Erneuerung einerseits und weltstädtischer Zentralität („recentring") andererseits.

4.1.3.1 Das neue Raummuster der „Sun spot-global city" LA

Der 100 km Kreis um LA umschließt im äußeren Bereich den dünn bewohnten Rand von fünf „counties", in dem mehr als 12 Mio. Menschen in 132 kreisfreien Städten leben. Er wird von Soja als die größte Konzentration von technologischem Expertentum und militärischem Erfindungspotential bezeichnet mit einem Bruttosozialprodukt von 250 Mrd. Dollar, das höher liegt als dasjenige, das 800 Mio. Inder pro Jahr erwirtschaften. Auf dem Außenrand sitzen die bastionsartigen, großen Militärbasen sozusagen als Schutzschild für einen der führenden, industriellen Wachstumspole des 20. Jahrhunderts. Ferner sind in der beschriebenen Region eine Reihe von Außenstadtlandschaften („Edge Cities", „Exopoleis") eingeschlossen, die unterschiedliche Entwicklungsstadien im fortschreitenden Urbanisierungsprozeß aufweisen. Im Inneren des Zirkels sitzt schließlich die Fünfeckzitadelle mit der Central City von Los Angeles, dem nodalen Raum der urbanisierten Landschaft (Abb. 140). Das sozial konstruierte Muster von Nodalität mit ausdrücklich geformtem Sitz gesellschaftlicher und politischer Macht, der die urbane Sozialwelt an ihren Orten situiert und zusammenhält (kontextualisiert), aber ebenso zentralisiert und dezentralisiert und ihr damit ihre städtebaulich-materielle Ordnungsform verleiht. Existierte diese schwankende, aber doch persistente Zentralität in Los Angeles nicht, so wäre, nach Meinung des Autors, die äußere Stadtentwicklung („outer cities centers" bzw. „Edge Cities") nicht faßbar und erklärbar.

---

30 Das läßt Soja von „Greater LA" als „technopolis" sprechen. Soja (1989), p. 192.

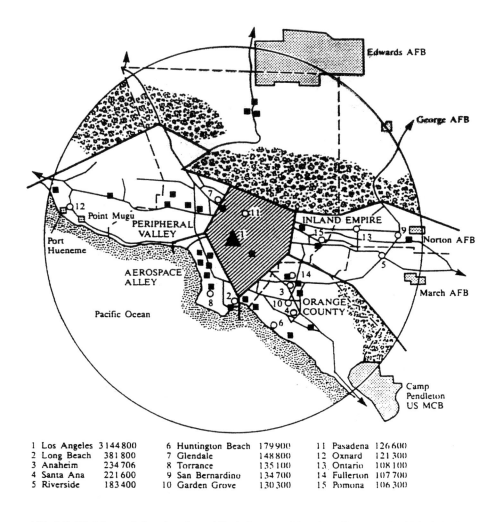

1	Los Angeles	3144800	6	Huntington Beach	179900	11	Pasadena	126600
2	Long Beach	381800	7	Glendale	148800	12	Oxnard	121300
3	Anaheim	234706	8	Torrance	135100	13	Ontario	108100
4	Santa Ana	221600	9	San Bernardino	134700	14	Fullerton	107700
5	Riverside	183400	10	Garden Grove	130300	15	Pomona	106300

Abb. 140: Die Metropole Los Angeles und ihr Außenraum. Die urbane Kernzone der Global City ist in Form eines Pentagons (Schraffur) mit der „downtown" als machtvollem Entscheidungszentrum (schwarzes Dreieck) eingetragen. Auf dem 60 Meilen Kreis liegen wichtige Militärbasen, und die kleinen Quadrate (schwarz) stellen die größten Vertragsunternehmen für Verteidigungsaufträge dar. (Die Zahlen 1–15 geben die Städte in der Region mit mehr als 100 000 Einwohnern an).
Quelle: Davis, M.: City of Quartz: Excavating the Future of Los Angeles. New York 1990.

Neben vielen anderen Charakterisierungen taucht bei Davis auch die Anspielung auf, die LA-Metropole sei „the Great Gatsby of the American cities".[31] Was er damit meint, zieht sich durch das ganze Werk hindurch, daß nämlich „die Königin" als permanente „boomtown" gelten kann, die eingewoben ist, in eine Abfolge von Machtstrukturen, die fast ausschließlich durch generationsartig sich ablösende Formen von Landspekulation bestimmt wurden.[32] Analog dazu ließe sich Anaheim als „the Great Mickey of the American cities" paraphrasieren, wobei dort neben den Kapitalgewinnerwartungen im städtischen Landerwerbsspiel die Schaffung einer artifiziellen Kulturstätte und technisch-logistischen Hochleistungsanlage ausschlaggebend wurde. Die, um sie an dieser Stelle kurz zu beschreiben, als durchgeplant-kontrollierter, gestaltet-begrünter, konfliktarm-sicherer, koordiniert-themenbezogener, kommerziell-gewinnträchtiger, und man muß hinzufügen, äußerst beliebter Illusions- und Konsumpark das Herz- und Schaustück einer ersonnenen, neuartigen Stadtlandschaft geworden ist, die ebenso gefallen und unterhalten, wie Wohlsein und Vergnügen verbreiten will.

R. Fishman betrachtet LA aus einem etwas anderen Winkel, wenn er die Megastadt in seinem Buch „Bourgeois Utopias"[33] als Epitome einer suburbanen Metropole par exellence beschreibt, sonst aber zu ähnlichen Beurteilungen neigt wie z.B. M. Davis. Für ihn ist die Stadt der Ort, wo das freistehende Vorstadthaus das typischste Element des gesamten Stadtraumes geworden ist, das hunderttausendfach wiederholt, alle anderen Landnutzungsarten in den Schatten stellt.[34] Seine massenhafte Verbreitung diente neben den Grundökonomien wie Öl, Landwirtschaft, Filmindustrie und Flugzeugherstellung als verstärkender Wachstumsmotor, welcher die Schübe der Landspekulation zur fieberhaften Beschäftigung machte und den tausendfachen Hausbau zu einem erstrebenswert profitbringenden Betätigungsfeld werden ließ. Die meilenweit angelegten „tract"-Häuser und ein Netz von „freeways" machen also – seiner Meinung nach – in weiten Teilen Stadtbild und Struktur dieser reifen Metropole aus.

---

31 Davis (1990), p. 105.
32 Als Thriller filmisch verarbeitet in Chinatown.
33 Fishman, R. (1987): Burgeois Utopias. The Rise and Fall of Suburbia. New York, p. 155–181.
34 R. Banham sieht das differenzierter, indem er in Los Angeles vier regional-ökologische Wohnhaustypen unterscheidet: 1. „Surfurbia" 2. „fantasy architecture" in den Fußhügeln 3. „minimalist modern architecture for LA consumers" und 4. Moderne, individuelle Haustypen in „glass and steel". Banham, R. (1971): Los Angeles: The Architecture of Four Ecologies. London. Nach Zukin (1991), p. 234.

5. ANAHEIM – „THE GREAT MICKEY OF AMERICAN CITIES": MICKEYTROPOLIS

5.1 WESTCOT UND DISNEYLAND RESORT: PLANUNGSDIMENSIONEN FÜR DAS NÄCHSTE JAHRHUNDERT?

Wir hatten im Abschnitt über Disneyland schon davon gesprochen, daß sein unmittelbares Umfeld, die Commercial Recreation Area (CRA), zwischen 1980 und 1991 in eine Verjüngungsphase eingetreten war, um ihrer kommerziellen Anziehungskraft nicht verlustig zu gehen. Aber eigentlich war der Disney-Amüsierpark selbst in eine Schwierigkeit geraten, weil die Zahl seiner Besucher stagnierte bzw. seit 1990 einen leichten Rücklauf verzeichnete (Tab. 19). Inzwischen ist die Besucherfrequenz wieder gestiegen, da neue Programmangebote die Magnetkraft des Parkes erhöht haben (s. a. Kap. 5.3). Im Grunde steckte das Disney-Unternehmen damals in einer Produktions- und Umsatzkrise. Brachten die Parks 1984 noch $3/4$ der Einnahmen und die damals veraltete Filmbranche nur 1%, hatte sich das Blatt bis 1994 gewendet, denn nun stand der Animationsbereich für 36% der Gesamteinnahmen, während die Unterhaltungsparks nur mehr 43% einbrachten (Abb. 141).[1] In den 80er Jahren hatte die Wirtschaftswelt das Entertainment-Unternehmen beinahe schon abgeschrieben, als Roy Disney durch ein strategisches Revirement der Führungsetage den Umschwung einleitete und mit einer Riege von Top-Führungspersonen einen letztlich erfolgreichen Kurs einleitete und durchsetzte. Das Triumvirat mit Frank Wells (von Warner Brothers), Michael Eisner (von Paramount) und Jeffrey Katzenberg (Filmexperte) war ausersehen, Disney erneut zu traumhaften Höhenflügen zu verhelfen und zur Überraschung der Marktbeobachter schafften sie es, in knapp zehn Jahren ein Niveau zu erklimmen, das den Jahresgewinn von etwa 100 Mio. Dollar auf über $ 800 Mio. klettern ließ.[2] Nicht genug damit, denn Eisner erwarb schließlich noch den TV-Konzern, der als Geldgeber am Anfang des Disneyland-Aufstieges das benötigte Kapital bereitgestellt hatte, um den Traumpark in Anaheim überhaupt auf die Beine zu stellen. Als kleine Ironie der Zeitgeschichte schloß sich damit der Kreis, denn das große „ABC-Network", der ehemalige Kapitalvorstrecker, wurde „aufgesogen" und wirkt jetzt als eines der vielen Treibräder im amerikanischen und weltweit agierenden Entertainment-Imperium.

1   Mahar, M.: Not-So-Magic Kingdom. Barron's. The Dow Jones Business and Financial Week. Summer 1994.
2   Wahnsinn USA. Land der Extreme. Spiegel special Nr.2, 1996.

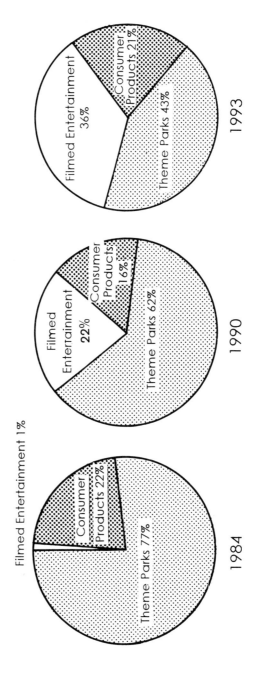

Abb. 141: Die Aufteilung der Einnahmequellen der Disney Co. zwischen den Jahren 1984 und 1993.
Quelle: Mahar, M.: Not-So-Magic Kingdom. Barron's. The Dow Jones Business and Financial Week. Summer 1994.

Selbstverständlich fiel durch diese Entscheidungen auch etwas für das dahindäm-
mernde Disneyland ab, das durch eine Zusatzplanung seine „Altersnachteile" able-
gen sollte und mit einer Verjüngungskur vom Märchen-Kingdom zu einem noch
größer dimensionierten, aufsehenerregenden Illusions-Schaustück, Erholungsort und
Kaufland inmitten der kalifornisch-amerikanischen Kulturwelt aufrücken sollte.
Sowohl die Los Angeles Times als auch das Anaheim Bulletin berichteten am 9.
Mai 1991 in großer Aufmachung über die grandiosen Erweiterungsvorhaben des
Parkes mit seiner zukunftsweisenden Unterhaltungs- und Erholungsfunktion als
Antwort auf die Einbußen im Unterhaltungsgeschäft alten Stils (Abb. 142).[3] Das
Millionen anziehende EPCOT in Florida (Tab. 33) stellt das nachahmenswerte Vor-
bild dar, über das die West-Neuschöpfung aber noch hinausgehen sollte, indem für
WESTCOT eine integrierte „resort area" vorgesehen war, die mehrere Hotelneu-
bauten, eine „shopping area" und ein 5 000 Sitzplätze umfassendes Amphitheater
(Disneyland Bowl) einschloß (Abb. 143). In diesen Komplex waren als landschaft-
liche Hauptelemente die Spiegelflächen zweier Seen eingebettet, von denen der im
Mittelbereich liegende auf einer Insel den Globus in einer transparenten Hülle zeigte, der die „Spacestation Earth" mit ihrer Atmosphäre repräsentiert. Von dort aus
konnte man über die zentrale Disneyland Plaza zum Eingang des vertrauten Magic
Kingdom gelangen. Am Ufer des benachbarten Sees sollte es ebenfalls sehr irdisch
zugehen, dort lud eine Esplanade zum gemächlichen Bummeln, verlockenden Einkauf und genußreichen Probieren aller Küchen dieser Welt ein und stand für jeden
offen, auch wenn er kein Gast im Disneyland Resort war. Hier konnte man sich
beim Schlendern erinnert fühlen an bekannt-berühmte Strandabschnitte der kalifornischen Küste wie Venice Boardwalk oder Coronado Island, die als Landschaften
im Original im Grunde nicht allzuweit entfernt liegen.

Tab. 33: Besucherzahlen in Themen-Parks der USA 1991

Park	Standort	Besucherzahl in Mio.
Walt Disney World m. Magic Kingdom, EPCOT, Disney-MGM Studios	Lake Buena Vista/ Florida	28,5
Disneyland	Anaheim/California	12,9
Universal Studios	Los Angeles/California	4,6
Knott's Berry Farm	Buena Park/California	4,0
Sea World of Florida	Orlando/Florida	3,8

Quelle: Los Angeles Times v. 9.5.91.

3   Los Angeles Times v. 9.5.91; Anaheim Bulletin v. 9.5.91.

Abb. 142: Frühe künstlerische Darstellung des Ausbaus von Disneyland mit WESTCOT auf der Parkfläche vor dem Magic Kingdom und dem neuen Hoteldistrikt (Disneyland Resort, r.). Blickrichtung aus nordwestlicher Richtung zur Katella Ave. mit dem Convention Center im Hintergrund.
Quelle: Anaheim History Room, Anaheim Public Library.

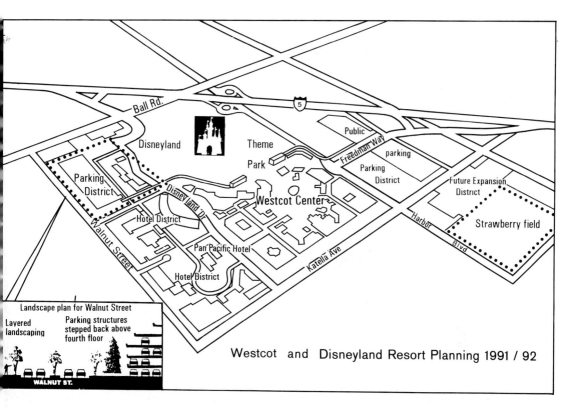

Abb. 143: Die Erweiterungsplanung für WESTCOT und Disneyland Resort durch die Disney Co.,
1991.
Nach Los Angeles Times v. 9.5.1991.
Quelle: Anaheim History Room, Anaheim Public Library.

Der vor Disneyland situierte, offene Parkplatz war für die Errichtung von WEST-
COT eingeplant, wo die Wunder des Lebens, der Natur und des Weltalls zu bestaunen sein sollten. Phantastische Besuche entlegener Sehenswürdigkeiten des Erd-
balls wie der chinesischen Mauer, des Roten Platzes oder der Pharaonen-Pyramiden
waren zu unternehmen, aber ebenso sollten nervenkitzelnde Trips in schwerelosem
Zustand oder eine effektvolle Fahrt durch den menschlichen Organismus angeboten
werden. Die etwa 100 ac Fläche, die dafür zur Verfügung stand, war um ein Viel-
faches kleiner als das EPCOT-Land. Was dort auf 475 ac ausgebreitet ist, konnte in
Anaheim auf 100 ac nicht untergebracht werden und so sollte erneut in die Tiefe
gebaut werden, doch selbst dann würde WESTCOT Center überirdisch und subterran nur halb so groß werden wie sein Florida-Vorläufer (Abb. 144/Beilage u. 145).

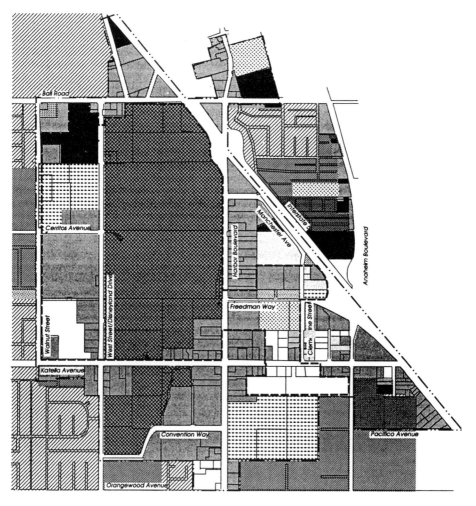

The Disneyland Resort Specific Plan
Anaheim, California

Existing Land Use

0   1000   2000 feet   North

Public

Parks/Open Space

Vacant & Public ROW

Industrial

Institutional

Agriculture

8/4/93 3:41 PM

Legend

Limit of Commercial Recreation Area as amended

Disneyland Resort Specific Plan Bndry

Low Density Residential

Medium Density Residential

Mobile Home Park

RV Park

Service/Hotel/Retail

Office

Theme park/ Convention Center

Abb. 145: Aktuelles Landnutzungsmuster in der Commercial Recreation Area (CRA) und Umgebung, 1993.
Quelle: Disney Development Co./SWA Group: The Disneyland Resort Specific Plan. Anaheim 1993.

Die Hotels mit 4 000–5 000 Zimmern sollten sich an der West Street zwischen Katella Ave. und Ball Rd. aufreihen und der geschwungene Verlauf des neu ange-legten Straßenzuges würde in den sinnbildhaften Namen Disneyland Drive umge-tauft werden. Um die Hotelbauten noch anziehender zu machen und sich von vorn-herein mit ihnen zu identifizieren, folgen sie Ikonen historischer Örtlichkeiten und so sollte z.B. die neuspanische Architektursprache der Santa Barbara Mission in einer der Fassadengestaltungen wieder auftauchen. Tourismusattraktionen aller Art dienten als Vorlagen und sollten an diesem Platz gebündelt nachgebildet werden – man kennt sie – aber über die Wiederholung staunt man dennoch!

Für den aufzugebenden Parkraum mußte selbstverständlich Ersatzstellraum ge-schaffen werden, was zu umwälzenden Veränderungen in der bisherigen Verkehrs-führung und zu innovativen Transportkonzepten führte. Die Vorschläge liefen auf mehrere, völlig neuartig konzipierte Parkhäuser („speed parking") hinaus, die etwa 28 000 Stellplätze bieten und an zwei, sich diagonal gegenüberliegenden, Standor-ten placiert werden sollten.[4] Im SO am Freedman Way in der Nähe des Santa Ana Fwy. (I5) und im NO angrenzend an das bestehende Disneyland Hotel, dem einsti-gen Flagschiff, das durch eine Generalüberholung auf einen Höchststandard gebracht werden sollte (Abb. 146). Die Pkw-Abstellhäuser hatten ein solches Ausmaß und lagen soweit entfernt, daß die Besucher auf Laufbändern („moving sidewalks" / „people mover") befördert werden mußten, um sie zum Zentrum und Eintrittskiosk an der Disneyland Plaza zu bringen. Für die Neuanlage der Parkhäuser war es erfor-derlich, die An- und Abfahrten zu regeln, wozu Erweiterungen der I5, umfangreiche Rampenbauten, Zubringerstraßen, Abfahrtswege und Kanalisationsanlagen gebaut werden mußten.

Die ganze Frage des Verhältnisses von privatem Verfügungsraum zu öffentli-chen Raum würde sich durch die Erweiterung in einem solchen Maße verschieben, daß im Umkreis lediglich das Straßenland in der Zuständigkeit der Allgemeinheit verbliebe (Abb. 147 u. 148).

Bei geschätzten Gesamtkosten für Disneyland Resort von ca. 3 Mrd. Dollar, wurden auch von der Stadt finanzielle Beteiligungen bzw. andere Entgegenkom-men erwartet wie beispielsweise die Bereitstellung von städtischem Grund und Bo-den für die zu errichtenden Parkstrukturen am Freedman Way. Sicherlich nur ein Problempunkt in den zu erwartenden schwierigen und langwierigen Entscheidungs-prozessen und Richtungsstreits, die auf die politischen Gremien zukommen wür-den, weil die diversen Pläne selbstverständlich dem Stadtrat und verschiedenen Kommissionen vorzulegen waren. Auf der anderen Seite wurden in den ersten offi-ziellen Stellungnahmen diejenigen Auswirkungen für Anaheim willkommen gehei-ßen, die nach Ansicht der Planer Tausende von dauerhaften „jobs" in Orange Coun-ty (etwa 27 000 bis 28 000 Dauerarbeitsplätze) und Millionen von Dollars für den Stadtsäckel verhießen (geschätzte $ 29 Mio. für 1998). Die Bewohner ließen sich jedoch nicht so leicht blenden, die Nachteile wurden sofort angesprochen, worunter die völlig unbekannten Kosten für den Steuerzahler genannt wurden sowie die Stei-

---

4   Auf dem alten, offenen Parkplatz vor dem Disneyland Park gab es vergleichsweise nur 16 000 Stellplätze. Los Angeles Times v. 5.9.91.

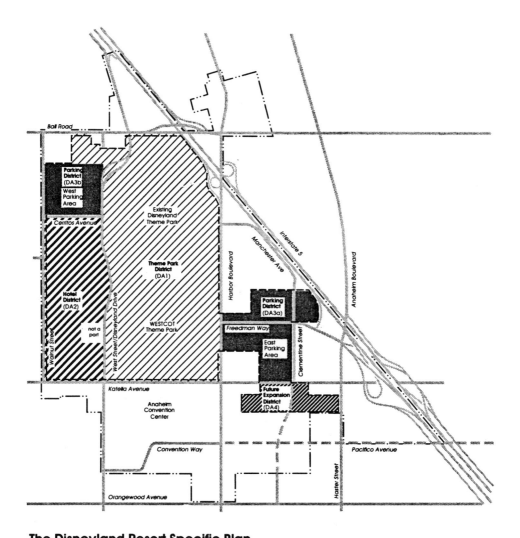

The Disneyland Resort Specific Plan
Anaheim, California

Legend

Development Plan
Showing Boundaries of
Commercial Recreation Area

0   1000   2000 feet   **North**

6/12/93 8:30 PM

- Limit of Commercial Recreation Area as amended per GPA No. 331
- Disneyland Resort Specific Plan Boundary
- Designated for Future Extension in Existing General Plan Circulation Element
- Theme Park District (Development Area 1)
- Hotel District (Development Area 2)
- Parking District (Development Areas 3a & 3b)
- Future Expansion District (Development Area 4)

Abb. 146: Übersicht über den Entwicklungsplan für WESTCOT und Disneyland Resort.
Quelle: Disney Development Co./SWA Group: The Disneyland Resort Specific Plan. Anaheim 1993.

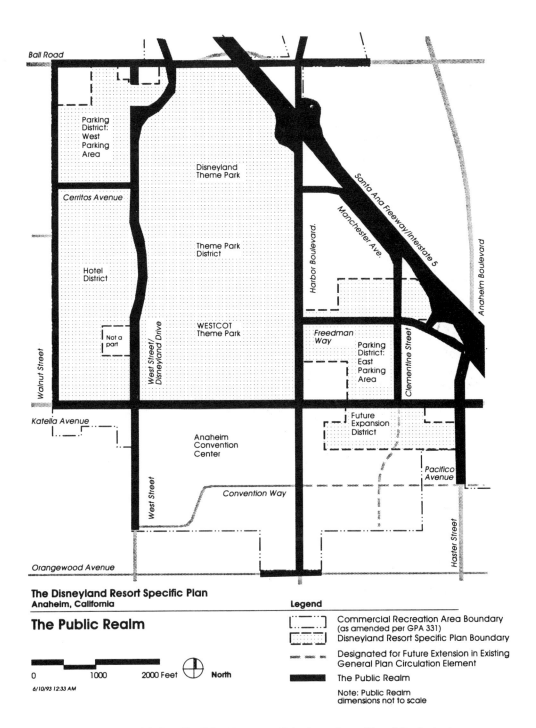

The Disneyland Resort Specific Plan
Anaheim, California

The Public Realm

Abb. 147: Der Bereich des öffentlichen Raumes – allein das „unkontrollierte" Straßenland.
Quelle: Disney Development Co./SWA Group: The Disneyland Resort Specific Plan. Anaheim 1993.

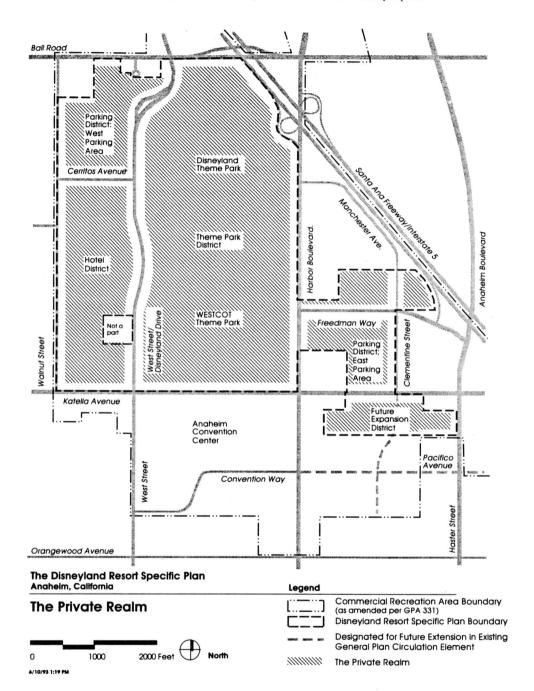

The Disneyland Resort Specific Plan
Anaheim, California

The Private Realm

0   1000   2000 Feet   North

6/10/93 1:19 PM

Legend

☐ Commercial Recreation Area Boundary
(as amended per GPA 331)
☐ Disneyland Resort Specific Plan Boundary

━ ━ ━ Designated for Future Extension in Existing
General Plan Circulation Element

▨ The Private Realm

Abb. 148: Die großflächige Dimension des geplanten, privaten, kontrollierten Disney-Raumes.
Quelle: Disney Development Co./SWA Group: The Disneyland Resort Specific Plan. Anaheim 1993.

gerung des Verkehrsaufkommens im südlichen Teil der Stadt ebenso wie die unge-
lösten Umweltfragen im Zusammenhang mit dem Parkbau oder die negativen Auswirkungen (Parkhäuser) auf die angrenzenden Wohnnachbarschaften im Westen und
Süden.[5] Angesichts eines städtischen Jahresbudgetdefizits von 12 Mio. Dollar waren die Fragen zum damaligen Zeitpunkt in der Tat nicht unberechtigt.[6]

Eingebettet war das ehrgeizige Großvorhaben in ein umfassendes Verschöne-
rungsprogramm, das mit seinem ausstattungsreichen Bepflanzungs- und Begrünungs-
vorhaben, die Straßenverläufe in Palmenalleen umwandeln würde und mittels be-
schatteter, von Rasenstreifen und Blumenrabatten begleiteter Fußgängerwege ein
frisch-grünes, angenehmes Ambiente schaffen sollte. Im gleichen Zug wären die
monströsen und aufdringlich-häßlichen Reklametafeln zu beseitigen, die Stromver-
sorgungskabel unterirdisch zu verlegen, und die bis zu sechs Stockwerken hohen
Parkhäuser durch dichte und hochwachsende Baumreihen abzuschirmen (Abb. 149
u. 150). Unwillkürlich werden Anklänge an die „City Beautiful"-Bewegung und
Erinnerungen an die „ideale grüne Stadt" wach, doch waren die Programme in küh-
ler Überlegung auch dafür gedacht, den auf dem Plan zu erwartenden Umweltakti-
visten, die Spitzen ihrer Kritik zu nehmen. Die positiven Aussichten ließen den Optimismus steigen, und die großen Tageszeitungen übernahmen die Angaben des Unternehmens, das den Baubeginn für 1992 vorsah und mit Abschluß der ersten Phase
bereits 1998 – mit der ganzen Welt als Zuschauer – die „grand opening" feiern
wollte.

Im übrigen war Disneyland Resort taktisch geschickt verpackt, denn von der
Company wurde gleichzeitig als Alternativstandort Long Beach präsentiert, wo ein
Park namens Disney Sea (oder Port Disney) anvisiert wurde, den man als Trumpf-
karte im Konkurrenzspiel überraschend auf den Tisch legte. Der Schachzug hatte
aber nur einen relativ kurzen Atem, denn gegen Jahresende zeichnete es sich ab, daß
Anaheim das Rennen gewinnen würde. Dafür sprach die recht einheitliche Exper-
tenmeinung, die besagte, daß das Anaheimer Projekt schneller, leichter und kostengünstiger zu verwirklichen sei als der Meerespark. Am Küstenstandort seien mehr
Verwaltungshürden zu nehmen, wodurch das Genehmigungsverfahren einen Zeitraum bis zu fünf Jahren in Anspruch nehmen würde (Tab. 34). Außerdem sei die
Landfrage nicht völlig gelöst, auch wenn Disney seine Landpachtverträge in der
Nähe des Liegeplatzes der Queen Mary bis zum Jahre 2046 verlängert hätte und
seine Option auf einen eventuellen Bau im nächsten Jahrhundert offen hielt.

5   Für die westlichen Nachbarschaften macht sich insbesondere eine Bürgerorganisation stark, die
    schon früher im Bereich der Katella Ave. erfolgreich war und den Namen H.O.M.E trägt (Ho-
    meowners Maintaining Their Environment). S.a. Kap. 3. Ein Blick ins Stadtzentrum: Die Um-
    gestaltung der Innenstadt.
6   The Orange County Register v. 5.9.91.

Abb. 149: Harbor Bvld.: ‚So sieht er heute aus'. Randbegrenzung und Ausstattungs-Mischmasch entlang des Straßenauszuges mit Blick gegen Norden.
Eigene Aufnahme, Juni 1994.

Abb. 150: Harbor Blvd.: ‚So sollte er morgen aussehen'. Zukunftsvision zur Begrünung und Neugestaltung des Straßenzuges mit Blick gegen Norden.
Quelle: Disney Development Co./SWA Group: The Disneyland Resort Specific Plan. Anaheim 1993.

**Tab. 34: Die Administrationen im Genehmigungsgang für die Disney-Projekte
in Long Beach und Anaheim**

	Federal		Zuständigkeit
	Long Beach	**Anaheim**	
Federal Highway Commission	X	X	Überwacht die Verbesserung des Bundesstraßensystems
Army Corps of Engineers (ACE)*	X		Vergibt Abkipp-(Füll)-genehmigungen
Environmental Protection Agency*	X	X	Überwacht die Genehmigungen des ACE; überwacht die Standards der Luftqualität
National Marine Fisheries	X		Überprüft Stellungnahmen zur Umweltauswirkung, schätzt die Auswirkungen auf die Meeres-ressourcen ein, empfiehlt Abschwächungen
US Fish and Wildlife Service*	X		Berät andere Administrationen über die Auswirkungen auf gefährdete Arten; empfiehlt ebenfalls Abschwächungen
US Coast Guard	X		Berät das ACE über Auswirkungen auf die Sicherheit zur See
	State		
Dept. of Transportation	X	X	Beaufsichtigt die Verbesserung der Staatsstraßen
Dept. of Health Service	X		Sichert die Ungefährlichkeit des Projektes für die Gesundheit
Water Resources Control Board*	X	X	Sichert die Verträglichkeit des Projektes für die Standards der Wasserqualität
Alcoholic Beverages Commission	X	X	Vergibt die Lizenzen für den Bier, Wein und Schnapsverkauf
California Coastal Commission*	X	X	Überprüft die Übereinstimmung mit Spezifika des California Coastal Act
State Lands Commission	X		Rechtsaufsicht über Staatsland; (der Hafengrund, wo Disney ausbaggern und auffüllen wollte, ist Staatsland)
Dept. of Fish and Game	X		Berät ACE
State Attorney General	X	X	Könnte zur Lösung rechtlicher Fragen eingeschaltet weden
State Historic Preservation Office	X	X	Sichert die Verträglichkeit des Projektes mit historischen und kulturellen Resourcen
	Region		
South Coast Air Quality Management District	X	X	Sichert die Übereinstimmung mit Staats- und Bundesstandards zur Luftreinhaltung
Regional Water Quality Control Board	X	X	Arbeitet wie die staatliche Aufsicht
Southern California	X	X	Feststellung der Übereinstimmung mit den allgemeinen Regionalplänen

	County/City		
County Transportation	X	X	Bestimmung der Planauswirkungen auf das regionale Straßennetz andere Verkehrssysteme
Harbor Commission*	X		Billigung des LB-Projektes, weil einige Teile auf gepachtetes Hafenland entfallen
City Council*	X	X	Genehmigung des Projektes
Redevelopment Agency	X		LB-Projekt fällt in ein ausgewiesenes Redevelopment-Gebiet
City Planning Commission*	X	X	Zustimmung zu den Plänen, soweit sie den lokalen Verordnungen entsprechen

Anm.: X = Die Administration ist in den Genehmigungsgang eingeschaltet.
         * = Die Administrationen haben Vetorecht.
Quelle: The Orange County Register v. 3.11.91.

In einem offenen Brief vom 12.12.1991 verabschiedete sich die WD Corp. endgültig von ihrem Long Beach Meerespark und setzte festen Kurs in Richtung Inland auf Anaheim. Dort ging Disney gezielt vor und kaufte zusätzliche Grundstücke an, um seinen Expansionsträumen näher zu kommen. Die Corp. hatte vor allem die älteren, im Komfortangebot etwas rückständigen Motels im Auge und erwarb 1990 und 1991 in Parknähe acht Unterkünfte, die zunächst geschlossen wurden.[7] Damit hatte sie „zwei Fliegen mit einer Klappe erwischt", denn nun hatte sie den Grund und Boden unter Kontrolle und gleichzeitig einige zusätzliche Bettenanbieter ausgeschaltet. Allerdings wurden später einige der Unterkünfte von ihnen unter eigener Regie weitergeführt. Der Landerwerb bzw. die Pachtvertragsabschlüsse verliefen natürlich nicht ohne Widerstand, und die Corp. stellte klar, daß sie eher auf das Projekt verzichten würde, als jahrelange, kostenträchtige Rechtsprozesse zu führen. Mehrere Motelbesitzer und Landeigentümer hatten nämlich gemeinsam Klage gegen die Disney-Expansion erhoben, die in zähen Verhandlungen zwischen den Kontrahenten und der Stadt nach einem finanziellen Vergleich zurückgenommen wurde. Auf Grund dieses Einigungsbeispiels sollten in anderen Fällen ebenfalls Vergleichsverfahren angestrebt werden.[8]

Während die Presse über die gezielten Schritte zur Immobilienkonsolidierung berichtete, verfolgte sie mit noch größerem Interesse die politischen Implikationen des ganzen Unterfangens, deren seitenweise Wiedergaben sich aufklärerisch-spannend lesen. Im Rampenlicht der Öffentlichkeit beschäftigten sich die Tagesblätter genußreich mit dem Verhalten der Stadträte gegenüber den nicht unerheblichen Offerten seitens der D-Corp., die sie bei Laune halten sollten. Mehrere Politiker wurden von der Los Angeles Times und dem Anaheim Bulletin ins Visier genommen und zu „wining and dining" zu „fishing trips" nach San Diego, zu Geschenken und Wahlkampfspenden befragt, um anschließend die Palette ihrer Antworten dem

---

7   Die Liste der Motels ist im Anaheim Bulletin v. 18.5.91 zu finden.
8   The Orange County Register v. 20.10 93. Schuldistrikte gingen ebenfalls vor Gericht, weil sie einen Schülerandrang befürchteten, ohne ausreichende, zusätzliche Finanzmittel erwarten zu können.

Leser zu unterbreiten. Wenn von Disney während der Hotelaufenthalte bei Hummer
und Barbecue zu Tisch gebeten wurde oder sportliche Angebote von kostenfreien
Tennis- oder Golfspielen für Abwechslung sorgten, konnten die meisten Befragten
darin selbstverständlich weder Korruption noch Kooptation oder Beeinflussung erkennen (Abb. 151). Und wer könnte schon etwas dagegen haben, beim sozialen
Abschlußtreffen in der Gäste Lounge bei Sour Mash und Kartenspiel den Tag har-
monisch-gemütlich ausklingen zu lassen? Im übrigen waren die Einladungen in das
Del Coronado Hotel bei San Diego schon Tradition, denn sie hatten jedes Jahr statt-
gefunden, doch 1991 fiel der Aufenthalt wegen der Bedeutung der bevorstehenden
Entscheidungen aus. Man hatte Bedenken bekommen, daß die Angelegenheit zu
brisant sein könnte und viel Staub aufwirbeln würde. Zur Normalität gehörten auch
die Geldzuwendungen, Geschenke und Freundschaften mit Executives, die nicht als
unvereinbar mit dem Wahlamt gesehen wurden und keinen Einfluß auf die unpar-
teiische und gründliche Prüfung des Disney-Plans haben sollten.

Abb. 151: Karikatur über Wirtschaftsmacht und politisches Amt in Anaheim.
The Orange County Register v. 30.6.1991.
Quelle: Anaheim History Room, Anaheim Public Library.

„In 36 years, we've never done anything we've been ashamed of... We happen to belief that any city council is made of people with more integrity. Their votes can't be bought for a one-night trip."(Disneyland President J. Lundquist.)[9] Immer wieder wurde betont, daß es um das gute Verhältnis zur Disney Corp. ginge, um eine Art Geschäftsbeziehung, in der die öffentlichen Vertreter Verhandlungspositionen einnehmen und nicht gekauft werden können. Stadtrat W.D. Ehrle meinte in einem Interview: „Disney helped make Anaheim what is today... There is a marriage between the city and the entertainment business here, whether it be with the California Angels, Los Angeles Rams or Disneyland. But this is business. You sit down at the negotiating table because you are selected by the people who respect you to represent their interests. They (Disney officials) know you are not going to roll over. I'm sure their are a number of citizens out there who wonder whether their best interests are going to be served. I know they will be served."[10] Ganz im Gegensatz zu Ehrle sahen kritische Betrachter durchaus Konflikte zwischen privatwirtschaftlichen Interessen und öffentlicher Amtsausübung und sie beurteilten die Parteien mehr nach den bestehenden Abhängigkeitsverhältnissen, die aus der schieflastigen Machtverteilung resultieren. Gleichgewichtige Verhandlungspartner gehen Kompromisse zum gegenseitigen Nutzen ein,[11] die z.B. auf der Stadtseite Arbeitsplätze, Steuereinnahmen und Infrastrukturverbesserungen ausmachen, doch inoffiziell wurde auch nach dem Slogan verhandelt: „Wenn die Stadt uns (Disney) haben will, dann muß sie entsprechend in die Tasche greifen." Mit anderen Worten, Mickey Mouse liebt solche „Mäuse", für die der Steuerzahler zur Kasse gebeten wird. Die Allgemeinheit sollte diejenigen Kosten mittragen, die vor allem im Straßen- und Parkgaragenbau anfielen und nach Meinung der Projektbetreiber ohnehin für alle Stadtbürger Verbesserungen der Verkehrssituation mit sich bringen würden. Wer aber die Einnahmen aus den öffentlich mitfinanzierten Parkhäusern erhalten würde, blieb in einem Artikel der LA Times zunächst eine rethorische Frage.[12] Weiter ging da schon die Herausgebermeinung in der Stadtzeitung, die eine Verwendung von Steuerdollars rundweg ablehnte, da sie nicht dafür gedacht seien „to fund the grand schemes of private enterprises."[13]

9   Los Angeles Times v. 27.6.91.
10 Los Angeles Times v. 27.6.91 und 30.6.91; Anaheim Bulletin v. 28.6.91.
11 „It has to be a win-win for everybody." Zitat aus einem Artikel in der Los Angeles Times v. 13.11.92.
12 Los Angeles Times v. 25.7.91.
13 „Disney should pay." Editorial, Anaheim Bulletin v. 20.7.91.

5.2 UMWELT UND UNVERTRÄGLICHKEITSPRÜFUNG

Im Verfahrensgang selbst stand als weitere Nagelprobe die Umweltverträglichkeitsprüfung an. Der kalifornische Staat verlangt einen „Environmental Impact Report" (EIR),[14] der die Projektverträglichkeit mit den lokalen und regionalen Wachstumsprozessen nachweisen soll, die wichtigsten negativen Umweltbeeinträchtigungen aufzulisten hat sowie die durchführbaren Alternativstrategien und -maßnahmen zur Reduzierung oder Verhinderung der Negativeinflüsse angeben muß. In einem 18monatigen Verfahren hatten Disney und die Stadt Anaheim mit Unterstützung einer Umweltberatungsfirma (M. Brandman Associates) einen vorläufigen EIR-Bericht erstellt, der auf fünfhundert Seiten in zehn technischen Studien seine Resultate offenlegte.[15] Zusammenfassend lassen sich folgende wichtige Punkte anführen:[16]

1. Landschaftsverträglichkeit und Landschaftsästhetik: Der Bericht kommt in diesem Punkt zum Schluß, daß die Verträglichkeit mit der umgebenden Commercial Recreation Area (CRA) gegeben ist. Danach wird das ganze Gebiet einen ästhetischen Gewinn verbuchen. Allerdings bedeuten die Bebauungsvorschläge für die Bewohner entlang Walnut St. im W, obwohl rechtlich möglich, eine empfindliche Beeinträchtigung. Nach Einschätzung durch EIR haben die östlichen und westlichen Parkhäuser und die Parkstrukturen der Hotels an der Walnut St. die stärksten negativen Auswirkungen bezüglich Verkehrsteigerungen, Lärm- bzw. Abgaserzeugung und visuellen Beeinträchtigungen. Zur Minderung der Nachteile der westlichen Parkhäuser war eine Reihe konkreter Maßnahmen vorgesehen, die z. B. in der Zurücksetzung der Baufluchtlinie, terrassierter Konstruktion, verhüllender Bepflanzung und in der Anlage eines Mittelstreifens in der Walnut St. bestanden (Abb. 152). Die Möglichkeit, letzte Landwirtschaftsflächen zu bebauen, die als Erdbeerpflanzungen genutzt werden, bedeutet einen erheblichen Verlust, da Ausgleichsflächen nicht vorhanden sind.

2. Transport und Verkehr: Zu diesem Umweltaspekt wurde festgestellt, daß bei der Ausführung des Verkehrsplanes zusammen mit den Abschwächungs- und Innovationsvorschlägen die nachteiligen Auswirkungen für gering eingeschätzt werden. Eine Ausnahme bildete die Kreuzung Ball Rd. und Anaheim Blvd., wo rund 10 000 zusätzliche Fahrzeuge erwartet wurden. In Kombination mit dem 6spurigen Ausbau der I5 bis zum Jahr 2000 und anderen konkreten Maßnahmen werden Verbesserungen eintreten. Auch die Verkehrsstörungen, die sich durch die anlaufenden Bautätigkeiten ergeben werden, sind vorübergehender Natur.

3. Luftqualität: Nach den Feststellungen im „Draft EIR" überstiegen die zusätzlichen Emissionen selbst nach Abschwächungsmaßnahmen die Standards des South Coast Air Quality Management Districts beträchtlich. Elektrisch betriebene Transportsysteme zur Personenbeförderung und ein Verbund mit OCTA (Orange County Transportation Authority) sollen Abhilfe schaffen. Auf der anderen Seite steht das

---

14 Gefordert nach California Environmental Quality Act (CEQA).
15 Der Bericht trägt den Titel: „Disneyland Resort Draft EIR" und wurde am 11.12.92. der Öffentlichkeit vorgestellt.
16 Nach einer Zusammenfassung der WD Company: The Disneyland Resort Draft Environmental Impact Report Summary, o.O., o.J.

Projekt in Einklang mit dem *regionalen* Growth Management Plan sowie dem Air Quality Management Plan und hat auf längere Sicht keine negativen Auswirkungen auf die regionale Luftqualität. Zudem plant Disney Luftverschmutzungskontingente von anderen Unternehmen anzukaufen, was nach AQMD-Richtlinien (Air Quality Management District) möglich ist.

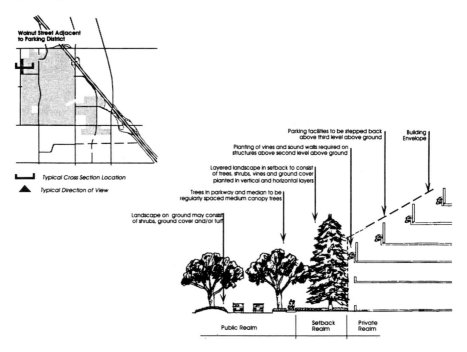

Abb. 152: Gestaltungsentwurf eines Straßenabschnittes entlang Walnut St. parallel zur geplanten, westlichen Parkgarage.
Quelle: Disney Development Co./SWA Group: The Disneyland Resort Specific Plan. Anaheim 1993.

4. Beschäftigung, Bevölkerung und Wohnungsfragen: Auch hier wurden im „Draft EIR", keine Nachteile gesehen. Von den meisten Teilzeit- oder Saisonbeschäftigten (studentisches Personal) wird angenommen, daß sie sich nicht auf Dauer in Anaheim niederlassen werden und daher keinen Druck auf den Wohnungsmarkt oder die Schulfrequenzen ausüben. Disney nimmt die Aufgabe der Stadt zur Wohnungsversorgung jedoch ernst und verpflichtet sich für den Fall, daß das Vorhaben zustande kommt, mit anderen privaten und öffentlichen Geldgebern 500 kostengünstige Wohneinheiten herzustellen bzw. neu zu schaffen.

5. Dienstleistungen für die Öffentlichkeit und Versorgung bzw. Entsorgung: Die Polizeidienste und die Feuerwehrausrüstung müssen verstärkt bzw. ergänzt und modernisiert werden, und die Versorgungs- und Entsorgungsleitungen ausgebaut werden. Besondere Schwierigkeiten wird das gesteigerte Müllaufkommen bereiten, da die Deponieflächen im „county" beschränkt sind (Tab. 35).

Tab. 35: Müllmenge in t/Jahr (proj.)

Disneyland (1991)	15 695
WESTCOT	15 661
Hotels	3 460
Disneyland (Erw.)	4 565
Expansionsdistr.	7 290
Insg.	**46 671**

Quelle: Los Angeles Times v. 13.11.92.

Etwa 30 000 t Müll können hinzukommen, die eine Menge abgeben, welche nur mit einem rigorosen Recyclingprogramm und anderen Behandlungsmethoden zu reduzieren ist. Im übrigen wird jeder erhöhte Müllanfall als eine Belastung der bestehenden Deponiekapazitäten gesehen. Dagegen wirft der mehr als verdoppelte Wasserverbrauch von 3,5 Mio. gegenüber 1,6 Mio. Gallonen pro Tag (1991/92) nach Ansicht von Disney-Offiziellen und der Stadt (überraschenderweise) keine Probleme auf.

Aussagen und Schlußfolgerungen des vorläufigen Berichtes („Draft EIR") waren im Ton beschwichtigend, wurde doch die Lösbarkeit auftauchender Probleme nicht in Frage gestellt. Umweltbeeinträchtigungen die – so lautet der Tenor – ein Hindernis für die Realisierung des Traumprojektes auftürmen könnten, treten faktisch nicht auf, und wenn sich doch gefährliche Unvorhersehbarkeiten ergeben sollten, werden sie durch Prozeßkontrollen und Vorkehrmaßnahmen beherrschbar sein.

Zur Einsichtnahme und schriftlichen Kommentierung durch die Öffentlichkeit wurde der vorläufige Bericht 45 Tage lang ausgelegt. Anschließend veranstalteten die Anaheim Planning Commisssion und der Anaheim City Council Anhörungen, deren Anregungen und Kritik wie auch die schriftlichen Eingaben in einen endgültigen EIR einflossen. Im April 1993 erschien der Umweltendbericht und kurz darauf fanden die öffentlichen Hearings statt, die mit der Projektzustimmung des Anaheim City Council (4–0) am 29. Juni 1993 zum Abschluß kamen.[17]

Die ursprünglichen Zeitplanungen, die den Baubeginn 1992 vorsahen, waren mittlerweile längst hinfällig, und die Projektkosten wurden – kaum glaubhaft – auf 2,75 Mrd. Dollar gesenkt, wovon $ 750 Mio. allein für die Parkgaragen einschließlich aller Straßenbauarbeiten, Begrünungen, Versorgungsleitungen und Rampenanbindungen an die I5 eingeplant waren. Inzwischen war nämlich bekannt geworden, daß EURO-Disney (jetzt: Disneyland Paris) erhebliche Verluste eingefahren hatte, und es wurde davon gesprochen, WESTCOT zu verkleinern und langsamer, d.h. in mehreren Schritten auszubauen. Sogar erste Zweifel am Projekt selbst wurden laut und Alternativinvestitionen in Orlando, Virginia oder Tokyo in die Debatte geworfen, doch sollte man bedenken, daß derartige Äußerungen auch für Unsicherheit sorgten und als Druckmittel auf die öffentlichen Vertreter dienten.[18]

---

17 The Orange County Register v. 30.6.93.
18 In Virginia sollte z.B. ein historischer Park namens „Disney's America" entstehen, der später jedoch scheiterte. The Orange County Register v. 12.12.93.

Zu Anfang des Jahres 1994 stand immer noch nicht fest, ob Disneyland Resort das Reißbrett verlassen oder Zeichenentwurf bleiben würde, denn in der Burbank-Zentrale war bis dato keine Entscheidung getroffen worden. Es wurde immer klarer, daß die WD Company ohne ein eindeutig geteiltes Finanzierungskonzept, das einen erheblichen Anteil öffentlicher Gelder vorsah, keinen Schritt vorwärts machen würde. Im Gegensatz zum privaten Finanzrisiko für das originale Disneyland in den 50er Jahren, schloß der Konzern diesen Weg diesmal vehement aus, weshalb die Verhandlungen über Bau- und Finanzmodi weitergeführt werden mußten. Die viel zitierte „private-public partnership" lief im Fall Anaheim also auf die monetäre Unterstützung eines international tätigen Privatkonzerns aus der Staatskasse (Bund, Staat) bzw. dem kommunalen Haushalt hinaus. Schließlich einigten sich Stadt und Unternehmen nach einigen Klärungen über Grundstücksfragen auf die Errichtung einer öffentlichen Parkgarage für 12 000 Autos, die ihren Platz am östlichen Rand zwischen Freedman Way, Clementine St. und Katella Ave. einnehmen sollte. Dieser Bau war eine unbedingte Vorausbedingung für die anschließenden Arbeiten, da der Fortgang des Publikumsverkehrs für das Magic Kingdom ohne Unterbrechung durch die Bauperiode garantiert werden mußte, in der die dazugehörende Parkfläche in eine Aushubgrube zur Komplexerweiterung verwandelt werden würde.

Damit war praktisch über Nacht die Erfindungsgabe der Stadt aufgerufen, die Quellen für ihren Finanzierungsanteil zu erschließen, und einer der ersten Vorschläge lief geradewegs auf die Erhöhung der Hotelbettensteuer von 13% auf 15% hinaus,[19] wobei ziemlich rasch klar war, daß eine solche Steuererhöhung nicht ausreichen würde, die notwendigen Mittel aufzubringen. Es handelte sich dabei um besagte 750 Mio. Dollar für unumgängliche Ausbauarbeiten, von denen rund 318 Mio. auf verschiedene öffentliche Kassen (Bund, Staat, County, Stadt) entfielen. Eine andere Vorstellung, die von Seiten des offiziellen Anaheim geäußert wurde, sah eine Drittelfinanzierung durch städtische Schuldverschreibungen vor, die bei Teilen der Bevölkerung nach den unschönen Begleiterscheinungen und schlechten Erfahrungen der letzten Jahre auf wenig Gegenliebe stieß.[20] Unabhängig von diesen Bemühungen blieb – wie so häufig in derartigen Fällen – der einzige Weg derjenige, die „Geldkammern" in Washington zu erschließen, um sich dort die massive Unterstützung zu holen, ohne die der Ausbau des Resort-Landes eine Fiktion bleiben würde. Das war in umsichtiger Vorausschau bereits 1993 eingeleitet worden und in einer Zeitungsmeldung vom Juni 1994 heißt es bereits „Disneyland garage wins funding from House." Der Beschluß der Abgeordneten für das National Highway System-Gesetz von $ 2 Mrd. schloß einen sehr bescheidenen Betrag von 30 Mio. Dollar für Orange County ein, wovon $ 15 Mio. für die Garage – das Anaheim Intermodal Transportation Center – vorgesehen waren. Mit $ 15 Mio. aus dem Vorjahr standen nun $ 30 Mio. Dollar zur Verfügung, was nur einen kleinen Anteil von rund 10% der 318 Mio. Dollar ausmachte, welche die Bundesregierung aufbringen sollte. Ein Anfang war gemacht, der Start schien gesichert, dazu war die Zuteilung so trickreich verkleidet, daß sie den eigentlichen, begünstigten Empfänger nicht mehr

19 North County News v. 12.5.94.
20 Nach Los Angeles Times v. 24.4.94.

erkennen ließ.[21] Jetzt fehlte nur noch die endgültige Entscheidung der Disney Co. WESTCOT und die Resort-Stadt zu bauen, worauf die Stadt mit Ungeduld wartete.

5.3 DER PLANUNGSFORTGANG ODER: „MAN SOLL DEN TAG NICHT VOR DEM ABEND LOBEN"

Die Verhandlungen zwischen der Stadt und Disney erwiesen sich als sehr kompliziert und schleppten sich wegen der auszuhandelnden Finanzierungseinzelheiten dahin. Zu Beginn des Monats Juni (1994) hieß es in der Presse lapidar, daß die Entscheidung um ein Jahr verschoben werde, weil die vom Kongreß zu erwartenden Gelder für die Parkgarage wahrscheinlich erst 1995 bereitgestellt würden.[22] Auch jetzt, unter sich verschlechternden Ausblicken, gaben sich die Stadtväter zuversichtlich und sahen sich sogar durch Entscheidungen wie die des zuständigen Gremiums der Orange County Transportation Authority (OCTA-Bord of Supervisors) gestärkt, das Straßenverlaufsänderungen im Parkbereich bzw. Mittel in Aussicht stellte.[23] Außenstehende Experten zeigten sich dagegen zurückhaltend und zunehmend skeptisch, denn ihrer Einschätzung nach würde das Großprojekt wohl nicht die für Disney-Vorhaben erwarteten jährlichen 15% bis 20% Rendite erbringen, sondern viel eher 10% oder weniger, was unzureichend sei. Vor dem Hintergrund der kalifornischen Rezession und leicht rückläufigem Touristenaufkommen für 1994 (Abb. 153) wäre das finanzielle Engagement der WD Corp. einfach zu risikoreich.[24] Doch nahm der Rückgang auf der anderen Seite immer konkretere Formen an. Zunächst verminderten sich die 4 600 neuen Hotelzimmer, die Disney schaffen wollte auf 1 800, was die ökonomische Zukunft für die Stadt drastisch veränderte, da eine ihrer Einnahmequellen auf der Hotelzimmersteuer beruhte. Das bedeutete, daß je weniger Zimmer betreitgestellt wurden, desto geringer blieben die Steuereinnahmen und desto weniger öffentliche Investitionsmittel konnten für den begleitenden Stadtumbau und Verschönerungsmaßnahmen zur Verfügung gestellt werden. Auch in dieser Lage wurde von der Verwirklichung des Projektes positiv gesprochen, und keine Seite wollte öffentlich davon Abschied nehmen.[25] Als die endgültige Absage für die Errichtung des Disney-Geschichtsparks bei Manassas, Va. bekannt wurde, atmete man erneut auf und wertete sie als Pluspunkt und hoffnungsvolle Konzentration auf Anaheim.[26] Dennoch blieb der nächste Schlag nicht aus, der diesmal vom Kongreß aus der Kapitale im Osten kam und die Streichung von Geldern für die Garage betraf, die inzwischen zum „intermodal transportation center" aufgerückt war.[27]

21 The Orange County Register v. 26.5.94.
22 Los Angeles Times v. 10.6.94.
23 Los Angeles Times v. 15.6.94. Als Mitglied des Direktoriums von OCTA setzte sich S.L.Catz auch öffentlich für die Parkgarage ein, die nun als „intermodal transportation center" mit Mehrfachfunktion vorgesehen war, und als verkehrspolitisch und einkunftsmäßig vorteilhaft für die Öffentlichkeit und für Disney angepriesen wurde. „Transit Center Is a Win-Win Project for the Public and Disney." Los Angeles Times v. 31.7.94.
24 Los Angeles Times v. 10.6.94 und 11.6.94.
25 Los Angeles Times v. 12.8.94.
26 The Orange County Register v. 30.9.94.
27 Los Angeles Times v. 29.9.94.

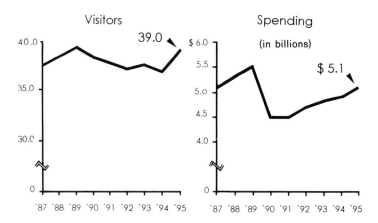

Attracting Tourist Dollars

Abb. 153: Besucheraufkommen und Tourismusausgaben in Orange County zwischen 1987 und 1995.
Los Angeles Times v. 30.5.1996.
Quelle: Anaheim History Room, Anaheim Public Library.

Lange konnte die endgültige Entscheidung aber nicht mehr auf sich warten lassen, und so kündigte Chairman Eisner im November ein Votum für die nächsten Monate an.[28] Kaum war der Jahreswechsel verstrichen, kam die Absage mit einem klaren Ausstieg aus dem Großvorhaben. Offiziell begründete die WD Corp. ihren Rücktritt mit den noch anstehenden Optionen für mehrere Grundstückskäufe, deren Preise wirtschaftlich untragbar seien. Andere Gründe, wie Wirtschaftsabschwung, Tourismusebbe, Profiterwartung, Risikoinvestition, andere Projektprioritäten, ausbleibende Bundesgelder, Realitätsferne, Umweltprobleme und Finanzschwierigkeiten von Orange County wurden nicht mehr angeführt.[29]

Nun war die Katze endgültig aus dem Sack, auch wenn die Anzeichen für den Rückzug realistischerweise schon erkennbar gewesen waren und nun den Anschein eines taktischen Schongangs erhielten. Die frühere Ankündigung einer Projektüberprüfung hätte als wenig versprechendes Signal doch ernster genommen werden müssen. Die Disney-Entscheidung, die Ferienstadt nicht zu bauen und WESTCOT zu verkleinern, war für die Stadt eine derbe Niederlage. Ein Traum war ausgeträumt, und die Abhängigkeit von einer nicht kontrollierbaren, außenstehenden Macht war klar zu Tage getreten. Die Stadt hatte das massive Vorhaben genehmigt und Dutzende von Anhörungen und Verhandlungssitzungen abgehalten. Berge von Berichten waren erstellt, Vorlagen entworfen und Gutachten eingeholt worden, deren Ko-

28   The Orange County Register v. 5.11.94.
29   Ende 1994 (6. Dez.) verkündete das als reich geltende Orange County offiziell seine Insolvenz. Die größte Pleite einer politisch-administrativen Einrichtung, die durch eine falsche Investmentpolitik hervorgerufen worden war. Es dauerte bis Juni 1996, um einen Ausweg aus dem finanziellen Disaster zu finden. S. Los Angeles Times v. 6.6.96 und 13.6.96.

sten sich im Verlauf des Planungs- und Verhandlungsprozesses auf Hundertausende von Dollars beliefen. Und wo stand Anaheim nun? Es war in dieser bedeutungsvollen Angelegenheit kaum weitergekommen, und eine deutliche Stimme meinte dazu: „Anaheim is no further along today on this project than it was eight years ago"..., doch tröstete man sich andererseits: „They probably took a look and said that $3 billion is unrealistic today, but something is possible. Even though it's not the full loaf, half a loaf is better than nothing."[30] So endete die von CEO M. Eisner 1990 angekündigte, großartige „Disney decade" für Anaheims Mega Resort. Die Enttäuschung saß tief, doch schien noch nicht alles verloren, denn es ging jetzt um die verkleinerte Ausbauversion, an die sich Anaheim und Orange County gewöhnen mußten. Der Grundbesitz, den Disney ohnehin besaß, d.h. vor allem die existente Parkfläche (100 ac) reichte aus, um eine andere Vorstellung zu realisieren, für die es schon einige Vorüberlegungen in Richtung „Pleasure Island" der Walt Disney World in Florida gab (Abb. 154).[31]

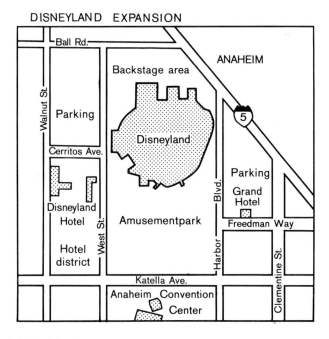

Abb. 154: Projektübersicht über den veränderten und reduzierten Ausbau eines ergänzenden Amusement Parks auf dem Gelände der Disney Co., 1996.
The Orange County Register v. 16. 2.1996.
Quelle: Anaheim History Room, Anaheim Public Library.

30   Zitate aus „Disney Shelves $3 billion Plan." Los Angeles Times v. 31.1.95.
31   Los Angeles Times v. 6.2.95.
      „Pleasure Island" liegt außerhalb von Disney World und ist für Erwachsene vorgesehen. Die Insel bietet Nachtklubunterhaltung, Shows und Tanzdiscotheken und kann nur gegen Eintrittsgeld betreten werden. Alkohol wird im Gegensatz zur DW ausgeschenkt.

Wieder vergingen etliche Monate, bis etwas Konkretes verlautbart wurde, aber anläßlich einer gerichtlichen Grundstücksauseinandersetzung um das bankrotte Grand
Hotel (östl. des Parkes), die mit zur Verschleppung beigetragen hatte, nahmen die
weiteren Pläne Gestalt an. Für den Bauplatz des zweiten „theme park" stand die alte
Parkfläche fest. Das neue Schlagwort-Gesamtthema wurde bei der Presseinformation noch bewußt zurückgehalten, aber die Übernahme einiger Elemente aus dem
ehemaligen WESTCOT-Plan kündigte man an. Die inhaltlichen Bausteine bestanden in Unterhaltung mit Fahrten, Shows und Aktivitäten sowie Hotels, Restaurants
und einem Einkaufsemporium. Bis zur Fertigstellung war eine fünfjährige Bauzeit
vorgesehen, nach der der Park als selbständige Einheit mit besonderem Eintrittsgeld
geführt werden sollte. Die eigentlichen Ziele, Besucher für mehrere Tage am Ort zu
behalten und das Geschäft mit Tagungsteilnehmern im Convention Center auszubauen, hatten man nicht aus den Augen verloren. Für diesen Kundenkreis war ein
besonderer Unterhaltungsteil und ein Nachtklubangebot („Pleasure Island") vorgesehen, die in kürzerer Zeit, kostengünstiger zu erstellen waren und schnellere Bareinnahmen erwarten ließen. Der größte Unterschied aber lag im Verzicht auf die
millionenteueren, mehrstöckigen Großparkhäuser, an deren Stelle einfache, ebenerdige Parkplätze treten sollten, wozu gerade das große Grundstück des Grand Hotels
von Disney benötigt wurde.[32] Eines tritt in unserem Fall klar zu Tage, mit dem
Profitabilitätskriterium von Company-Projekten als oberster Richtschnur war für
die Zukunft ein deutliches Zeichen gesetzt.

Beobachter fragten sich, wird Disney jetzt noch mit einer Überraschung aufwarten oder werden lediglich alte Karten – neu gemischt – auf den Tisch kommen?
Als dann die neuesten Informationen herausgegeben wurden, gaben sich die Vertreter der Corp. bedeckt, was die Einzelheiten betraf, doch teilten sie zumindest das
allgemeine Arbeitsthema mit, das sich nostalgisch-verklärt auf die Heimatregion
und auf die unvermeidliche Welt des Abenteuers bezog. Nun war es heraus: „Disney's
California Adventure" sollte auf der Disneyland-Parkfläche entstehen und eine Reihe von Elementen enthalten, die auch in Florida existierten. Aus informierten Kreisen verlautete, daß ein „studio back lot" die Glitzer und Glamour-Periode Hollywoods der 40er Jahre aufleben lassen wird. Eine zweite Erlebniswelt sollte den Stil,
das Lebensgefühl, die Küche und das Vergnügen eines alten kalifornischen Seebades wiedererwecken. Dahinter stand das Image einer idealisierten Lebenswelt im
„Golden State". „The Califonia lifestyle represents leisure and fun, movies and glamour"... (D. Speigel, president of International Theme Park Services). Die sog.
„boardwalk area" erinnert an den ersten Parkentwurf von 1991, wo mit einer Seeufer-Schlender-Esplanade das Gefühl eines Besuches von Venice Boardwalk oder
Coronado Island, imaginativ hervorgezaubert werden sollte. Als ergänzendes Angebot ist eine „roller coaster"-Bahn in hölzerner Ausfertigung vorgesehen, die vergangenheitsbezogen an die Prä-Disney-Ära der volkstümlichen „amusement parks"
anknüpfen soll (Abb. 72). Die Strategie steht auf sicheren Füßen, denn der Sunset
Boulevard-Ruhm mit seiner Hollywood Homage ist als äußerst beliebtes Ziel im
Orlando Park erprobt, und „Disney's Board Walk" sollte dort Ende Juni 1996 für

---

32   The Orange County Register v. 16.2.96.

das Publikum geöffnet werden. Verdoppelte Angebote seien nicht unbedingt ein Nachteil meint der „theme park"-Berater einer Management Resources-Firma: „Popular attractions that work in one area will often work in another". Der Einwand, daß Hollywood und die kalifornische Welt und Kultur vor der Tür liegen und einen Besuch im Disney-Park unnötig machen, begegnen die Verfechter mit der Disney-Fähigkeit, Weltklasse-Unterhaltung zu kreieren, die Fans und Besucher in den Bann schlägt. Die meisten Parkkonsumenten haben gegen die bereinigte und synthetisierte Schauwelt nichts einzuwenden, im Gegenteil, „Hollywood magic and California cool hold endless fascination for tourists worldwide".[33]

Über die Wirtschaftlichkeitsprüfung des neuen, reduzierten Projektes gab es keine Mitteilung, ebensowenig wie ein genaues Datum für den Spatenstich bekanntgegeben wurde. Ein schrittweiser, über Jahre ausgedehnter Ausbau, stand fest, denn die hartnäckigste, regionale Konkurrenz, die MCA Universal Studios Hollywood, sorgten mit ihren eigenen „resort"-Plänen, ihrem populären „City Walk" und anderen Offerten für Furore und Druck. Die Ferienstadt („resort town") selbst, fand kaum Erwähnung, doch sollte noch im Laufe des Jahres 96 eine diesbezügliche Ankündigung erfolgen. Die finanziellen Regelungen für den begleitenden Stadtumbau (Straßen, Ver- und Entsorgung) waren wie schon beim vergangenen Alptraum-Anlauf völlig ungeklärt. So gesehen, standen schwierige Hürden vor den Beteiligten, und zähe Verhandlungen lagen vor ihnen. Ob „California Dreamin'", wie beabsichtigt, Wirklichkeit werden würde oder wirklich nur ein Traum bleiben würde, war nach wie vor nicht völlig sicher.

Während sich das Schicksal von „Disneyland Mega Resort" noch unentschieden dahinschleppte, bahnten sich im Parkinneren Veränderungen an, die letztlich dafür sorgten, daß die Besucherzahlen im Amüsierland wieder kletterten (Tab. 19). Für die Disney-Entwicklungsstrategen galt nach wie vor „Disneyland will never be completed" und gemäß dieser Losung beschäftigten sie sich schon seit geraumer Zeit mit der Planung und Installierung einer zugkräftigen Attraktion zur Parkverjüngung. In der Ideenschmiede entstand in Zusammenarbeit mit George Lucas als Imaginationsszene ein Abziehbild des Abenteuerfilms Indiana Jones Adventure, das keine völlige Neuschöpfung darstellte, da es in Disneyland Paris bereits erfolgreich vorgetestet worden war. Der 100 Mio. Dollar schwere, mysteriöse Dschungeltempel wurde geschickt in den bereits sehr engen Innenraum eingefügt, und um ihn herum schufen die Gärtner-Imagineers eine üppige Regenwaldszenerie (Abb. 155).[34] Durch die unterirdischen Gemäuer wird eine rauhe Fahrt mit jeepähnlichen Fahrzeugen angeboten, bei der die Strecke durch Feuer, eine Mumienhalle und einen einsturzgefährdeten Raum führt. Kaum hat man das hinter sich, droht die Zerschmetterung durch einen rollenden Felsen und das Verbrennen in einem kochenden Lavasee, bevor die Rettung gerade noch rechtzeitig naht.[35]

---

33 Los Angeles Times v.12.6.96.
34 Über die Verwendung von Tropenpflanzen für den Dschungelausschnitt s. „Disney Gardeners Go Imagineering to Create a Jungle". The Orange County Register v. 19.11.94.
35 The Orange County Register v. 3.12.94.

Abb. 155: Werbung für das neue Abenteuer „Indiana Jones" als interne Attraktionserneuerung von Disneyland.
Quelle: Handzettel der Disney Corp., 1995.

Am 3.3.1995 fand die Eröffnung statt und der „Temple of the Forbidden Eye" hat sich zusammen mit den abendlichen Paradevorführungen als neues Zugpferd ent- puppt. Aus gegebenem Anlaß nahm Eisner die Gelegenheit wahr, die Renovierung von „Tomorrowland" anzukündigen. Das Zukunftsland hatte immer wieder mit der Schwierigkeit zu kämpfen, die Spitze der Modernität zu halten. Seit dem letzten Umbau 1967 waren fast 30 Jahre verstrichen, in denen nur Teilverbesserungen vor- genommen worden waren. Jetzt wollte man den entscheidenden Schritt tun und in einer dreijährigen Renovierungszeit das „Land von Morgen" endlich auf die richti- ge Spur bringen. Paris und Orlando boten die Anregung, das Jules Verne-Genre erfolgreich zu übernehmen. Mit einem Design, das gleichzeitig phantastisch und archaisch ist, wollte man eine erstklassige „science fiction"-Version entstehen las- sen, die sich nicht so rasch überlebt.[36]

36   Los Angeles Times v. 28.2.95.

Disney wird künftig in mehr als einer Weise in die lokale Ökonomie und Politk involviert sein. Als Eigentümer der „Mighty Ducks" trat das Unternehmen schon jetzt sportpolitisch in Erscheinung, hatte aber die Absicht, sich noch stärker in die örtliche Wirtschaft einzuschalten. Anfang 1996 standen die Verhandlungen über den Kauf eines 25% igen Anteils an den California Angels kurz vor dem Abschluß, was konsequenterweise die Kontrolle und das vollständige Management für den Klub sowie die Einflußnahme auf die Nutzung des Anaheim Stadiums („The Big A") bedeutete. Disney schwebte die ausschließliche Nutzung des Stadions als Baseball-Spielstätte vor und mußte darüber mit dem städtischen Eigentümer eine Vereinbarung treffen. Für die Stadt sah die Lage nicht gerade vielversprechend aus. Ein Streik hatte die vergangene Saison schwer getroffen, und die Los Angeles Rams waren einer besseren Offerte gefolgt und nach St. Louis gegangen. Die Spieleinnahmen waren zurückgegangen, und die Stadionbilanzen der beiden letzten Jahre erwiesen sich als gerade ausgeglichen, drohten aber ins Minus abzurutschen. Was konnte die Kommune tun? Zuallererst wollte die Stadt ihren Ruf dadurch stärken, einen Baseballklub der Nationalliga mit großem Nimbus in ihren Stadionmauern dauerhaft zu beheimaten. Sie hatte außerdem ein Interesse daran, das Stadion umzubauen und zu renovieren, um es rentabler zu machen. Dafür schlug sie eine 30% ige Kostenbeteiligung für die $ 100 Mio. teuere Instandsetzung vor, während Disney die restlichen 70% tragen sollte. Im Vergleich mit den zu erwartenden Vorteilen wurde der kommunale Eigenanteil allgemein als günstig beurteilt.[37] Bei einer eventuellen Namensänderung des Klubs in Anaheim Angels lag nämlich die Begünstigung für die Kommune vor allem in der unentgeltlichen, andauernden Werbekampagne während der TV-Sportübertragungen und bei wachsendem Bekanntheitsgrad war zu erwarten, daß zusätzliche Tourimus-Dollars in die Stadtökonomie fließen würden. Die Verantwortlichkeit das Stadion zu unterhalten (Abb. 156), sollte für die nächsten dreißig Jahre auf die Disney Corp. übertragen werden, die auch mögliche Betreibungsverluste übernimmt und Steuern entrichtet (Abb. 157). Mit dem anderen städtischen Großschauplatz sieht es im übrigen nicht viel anders aus. Wie aus einer Ausgabe des Anaheim Magazine hervorgeht, steht auch das Convention Center nach mehreren Ausbaustufen erneut vor einer längeren Überholungs- und Verbesserungsrunde, um im Austragungskampf von Konferenzereignissen mit Las Vegas, Los Angeles und San Diego für das anbrechende Jahrhundert besser gerüstet zu sein.[38]

---

37   The Orange County Register v. 7.3.96. Das Geld sollte geborgt werden und durch irgendwelche Stadion-Einkünfte zurückgezahlt werden.
      Nicht alle Sportsfreunde begrüßten den Disney-Kauf der California Angels. Ernsthafte Kenner des Eishockeyspiels bedauerten den „entertainment"-Verschnitt und den „Ducks-style razzmatazz", also die zirkusmäßigen Einlagen, die nun eingezogen sind. Andere Besucher zeigten sich begeistert über die Spektakel-Inszenierungen und die Öffnung für Familien als sozialem Ereignis. Allgemein wurde für die California (Anaheim) Angels eine ähnliche Entwicklung zum unterhaltenden, kommerziellen Schausport erwartet.
38   Anaheim Magazine, Summer 1996. Anaheim, p. 16–17.

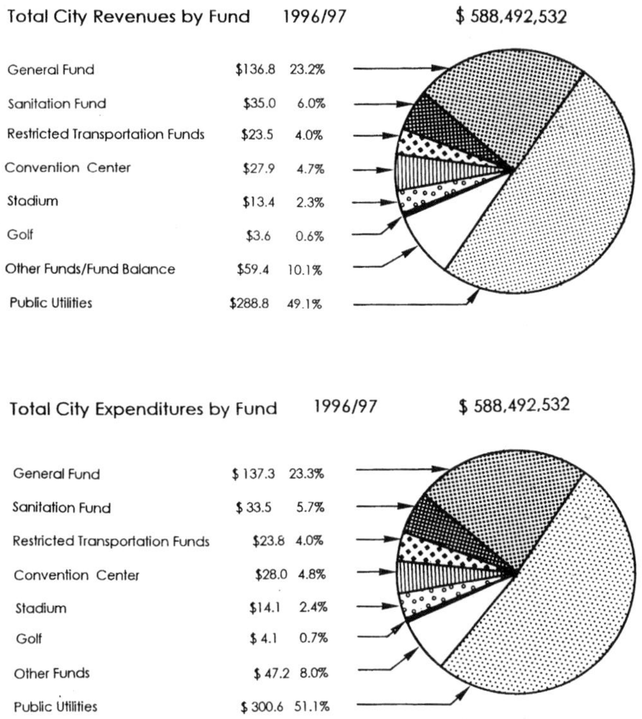

Total City Revenues by Fund   1996/97 $ 588,492,532

General Fund	$136.8	23.2%
Sanitation Fund	$35.0	6.0%
Restricted Transportation Funds	$23.5	4.0%
Convention Center	$27.9	4.7%
Stadium	$13.4	2.3%
Golf	$3.6	0.6%
Other Funds/Fund Balance	$59.4	10.1%
Public Utilities	$288.8	49.1%

Total City Expenditures by Fund   1996/97 $ 588,492,532

General Fund	$ 137.3	23.3%
Sanitation Fund	$ 33.5	5.7%
Restricted Transportation Funds	$23.8	4.0%
Convention Center	$28.0	4.8%
Stadium	$14.1	2.4%
Golf	$ 4.1	0.7%
Other Funds	$ 47.2	8.0%
Public Utilities	$ 300.6	51.1%

Abb. 156: Die Einnahmen- und Ausgabenseite des Stadtbudgets für 1996/97, aus der die Aufwendungen für das „Convention Center" und das „Anaheim Stadium" zu entnehmen sind.
Quelle: City of Anaheim: Annual 1996/97 Update Budget Anaheim.

Abb. 157: Disney-Logo für das Anaheim Baseball-Stadion.
The Orange County Register v.7.3.1996.
Quelle: Anaheim History Room, Anaheim Public Library.

Nachdem sich die erste, großartige Zukunftsvision der Disneyland-Erweiterung als Fata Morgana erwiesen hatte, lag der Stadt die Entwicklung eines weiteren Schwerpunktes, des sportlichen Sektors, sehr am Herzen. Diesmal ging die Initiative von ihr aus, und der nächste goldene Traum sollte mit einer Sportstadt in Erfüllung gehen. Auch in diesem Fall war der Gestus anspruchsvoll und die Planung großartig bis großspurig. Auf 159 ac Land rund um das „Big A Stadium", das größtenteils der Stadt gehörte, sollte ein Komplex geschaffen werden, der Anaheim nicht nur in bezug auf das „Magic Funland", sondern auch auf eine „Magnetic Sportstown" im Wettbewerb der Städte in der vordersten Reihe halten sollte. Wie sah der großzügige Meisterplan aus, der Anaheim helfen konnte, seine Rolle als Mekka des Tourismus und Sports zu sichern? Das verkehrsgünstig gelegene Zentrum aus Sportstätten, Unterhaltung, Einkaufszonen, Bürostandort und Parkflächen um den „Big A"-Mittelpunkt war in fünf Einheiten unterteilt:

1. Gateway District: Der grandiose Entrittsbereich mit einem neuen „football stadium", Hotel (250 Zimmer), Speiserestaurants, Imbißhallen, Kaffehäusern, Nachtklubs, Jugendunterhaltung und Einzelhandel.
2. Little a: Flächen für kommunale Wettkampfveranstaltungen, Trainingscamps, Amateur- und Jugendsport.
3. Flying A Ranch: Western-Landschaft als Fußgängerbereich und Bindeglied zwischen „Big A", Parkplätzen und „The Pond" (Arena) mit „Western-style"-Restaurants, Tanzhallen, „live"-Unterhaltung, Rodeoplatz und Einzelhandel.
4. Orchards District: Angrenzend an das umgebaute Baseball A-Stadion ein Baumgarten mit Hotel. Der Hain erinnert an die ländliche Vergangenheit der Stadt und bietet Parkmöglichkeiten.
5. A Station: Regionaler Verkehrssammelpunkt und Umsteigebahnhof an der AMTRAC -Linie im Stil des 19. Jhs. mit Monorail nach Disneyland und Convention Center, Ausstellungshalle (150 000 square feet), NFL-Sportmuseum und Büroräumlichkeiten (900 000 square feet). (Abb. 158 u. 159).

Abb. 158: Das „Sportstown"-Zeichen für Anaheim.
Anaheim Bulletin v.11.1.1996.
Quelle: Anaheim History Room, Anaheim Public Library.

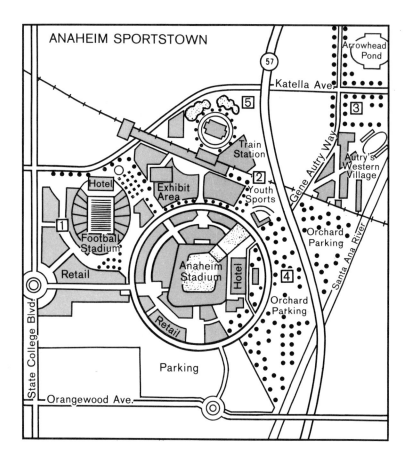

Abb. 159: Anaheims grandioser Zukunftsentwurf für seine „Sportstown".
Los Angeles Times v. 4.1.1996.
Quelle: Anaheim History Room, Anaheim Public Library.

Das großzügige Konzept, von einer Design-Firma entworfen, die für „City Walk" in Universal City verantwortlich zeichnete, war nun unterbreitet. Die öffentlichen Vertreter zeigten sich zuversichtlich, doch zu den Kosten und der Ausbauzeit äußerten sie sich nicht. Ganz ähnlich wie im Unterhaltungssektor bot sich das Massenphänomen des Sports als verlockender und noch ausbaufähiger Kommerzbereich an, den die Stadt nicht selbst angehen wollte, sondern innerhalb ihres Planes privaten Entwicklungsfirmen für aussichtsreiche Investitionsvorhaben anbot."We've created an economic magnet for private developers to join with us to maximize this tremendous asset." (City manager James D. Ruth.) Das Interesse war groß, denn als die Pläne enthüllt wurden, waren mehr als 100 Geschäftsleute und Offizielle anwesend, darunter auch die Besitzer der California Angels, Gene und Jackie Autry. Geschäftskreise und Kommunalvertreter begrüßten die Planung einhellig und zeigten sich voller Optimismus, obwohl die Finanzierung – wie angedeutet – in den Sternen stand. Der Entwurf berührte natürlich auch Interessen der Disney Corp., die darauf vorbereitet war, ihn aber anläßlich der Premiere nicht kommentieren wollte. Ihr ging es zunächst einmal um das für sie so wichtige Baseball-Stadion, während die Stadt im Augenblick die Sorge drückte, den Verlust der Rams auszugleichen. Ohne „football team" konnte es keine neue Spielstätte geben und Disney lehnte es ab, ein „NFL-Team" auch nur vorübergehend im A-Stadion auftreten zu lassen. (NFL=National Football League). Die Stadträte mußten sich also selber in den Kampf begeben, um eine Mannschaft von Rang nach Anaheim zu bringen.[39] Das war außerordentlich schwierig, denn der „Disney-deal" blockierte praktisch mit seiner Ausschließlichkeitsklausel jede aussichtsreiche Verhandlung. Die NFL-Spielstätte sollte ja erst entstehen, und wo konnte eine Mannschaft überhaupt ein Spiel austragen, wenn Disney dafür den Kampfplatz nicht freigab?[40]

Über das „sportstown"-Konzept mußte zunächst die Planungskommission abstimmen und sie tat dies am 30.5.1996 mit einem Zustimmungsvotum von 5–0. Zu diesem Zeitpunkt hatte das Vorhaben bereits einen erheblichen Dämpfer erlitten, denn Disney hatte während der Verhandlungen auf Änderungen gedrungen. Von den Neubauvorhaben wurden etliche gestrichen, weil das Unternehmen die Renovierungspläne für das Stadion beeinträchtigt sah. So fiel das zweite Hotel dem Rotstift zum Opfer und die Büroraumbauten wurden u.a. um 70% verkleinert.[41] Da die Stadt ohnehin keine ausreichenden Mittel zur Realisierung besaß, und der Rückgriff auf Steuermittel nicht in Frage kam, blieb als einziger Weg, Privatinvestoren anzusprechen, zu werben und darauf zu hoffen, daß von dieser Seite die lockende Idee aufgegriffen und die Planung umgesetzt werden würde. Die Aussichten waren im besten Sinne vage, denn für eine Kürung Anaheims zur „Primat Sportstadt" ohne NFL- und NBA-Teams (NBA=National Baseball League) ist einerseits der Stadtführung der „touch down" bis dato nicht geglückt, wie sie im anderen Fall für den Heimsieg noch nicht genügend „Körbe gepunktet" hat.

39 Das Zitat stammt aus dem Beitrag „O.C. Sportstown Unveiled" in der Los Angeles Times v. 4.1.96.
40 The Orange County Register v. 5.4.96.
41 Los Angeles Times v. 31.5.96.

6. ZUSAMMENFASSUNG: ANAHEIM-MICKEYTROPOLIS: FUN- SPORT- UND CONVENTION CITY IN TOMORROWLAND?

Anaheim weist eine interessante Wandlungsgeschichte auf, die mit der Errichtung einer deutschen Weinbaukolonie 1857 ihren Anfang nahm und zu einem frühen „amusement place" mit internationaler Ausstrahlung führte. Indem sich die Neusiedler kurzfristig als Anteilsgenossenschaft organisierten, leiteten sie einen allmählich erfolgreichen Aufschwung ihres agraren Gemeinwesens ein. In seiner Ortsgenese zeichnen sich mehrere Stadien ab, die vom Campo Alemán über den frühen Marktort und die kommerzielle Landstadt bis zur Nachkriegszeit führten. Erst mit der Disneyland-Kultur, der Convention- und Sport City, die mit der Machtausweitung der Disney Corp. zusammenhängt, repräsentiert sie eine Kommune, die sich richtungsweisend in die jüngere Phase amerikanischer Stadtkonkurrenz einfügte, wobei ihr Werdegang seit den 50er Jahren eng mit der Entwicklung des privatwirtschaftlichen Vergnügungsmarketing der „theme park"-Erlebnis- und Konsumwelten, dem gewinnträchtigen Schausport und dem Tagungsbusiness verbunden ist.

Was repräsentiert demnach die Stadtlandschaft Anaheims? Stellt sie sich uns als eine von einem Unternehmen abhängige „company town" dar, wie sie ein Leser des Anaheim Bulletin bezeichnet,[1] oder enthält sie jenseits der historischen, stereotypischen Kurzbenennung eine noch andere, der Aktualität angemessenere Realität? Beschäftigen wir uns deshalb zunächst mit der Auffassung von D. Harvey über die „Unternehmerstadt", die in einem Beitrag über Syracuse, New York vorgestellt wird und sich im übrigen mit Ausführungen an anderer Stelle unseres Buches deckt, wo von der Stadtentwicklung als einem weitgehend privaten Objektbereich („privatism") gesprochen wird.[2] In der „entrepreneurial city" spielen sich solche kennzeichnenden Vorgänge ab, wie z.B. „private-public partnerships", die der Verwirklichung wichtiger städtebaulicher Vorhaben dienen und mit einem unternehmerischen Risiko bzw. spekulativen Verhaltensweisen verbunden sind und damit unvermeidlich in die politische Lokalökonomie verstrickt sind. In Anaheim ist der Walt Disney-Konzern – wie dargelegt – ein potenter und dominanter politischer Einflußfaktor, harter Verhandlungspartner und dazu einflußreicher Mitgestalter der Stadtlandschaft, deren teilräumliche Ausformung im Parkareal die Kraft privaten Kapitals visuell und symbolhaft repräsentiert, die aber simultan das öffentliche Wohl in der Weise einschließt, daß die Allgemeinheit überzeugt ist, von allen Aktionen mitzuprofitieren. Seine Funktion und Verortung kann durchaus mit dem Begriff „symbolisches Kapital" angesprochen werden, das im interkommunalen Wettbewerb das Stadtimage

---

1 Leserbrief im Anaheim Bulletin v. 6.1.94.
2 Roberts, S.M., R.H. Schein (1993): The Entrepreneurial City: Fabricating Urban Development in Syracuse, New York. The Professional Geographer, 45, 1, p. 21–33.
 Siehe dazu Näheres in Kap. 4.1.1

als ausgefallenen populären Kultur- und Konsumstandort hervorhebt und festigt.[3]
Letztlich besteht kein Zweifel, daß die Stadt an die Leine von Disney gebunden ist,
auch wenn das neue Stadtentwicklungskonzept „private-public partnership" heißt.
Zwar ist die öffentliche Hand heute enger in das Zusammmenspiel des privaten und
öffentlichen Sektors eingebunden, aber der Ausschlag des Pendels nach einer Seite
wird immer noch mehr vom Schwergewicht der unternehmerischen Partner bestimmt.
Fassen wir diese Konstellation postmoderner Stadtentwicklung in einem Kurzresu-
mee zusammen, so können wir den gesellschaftlichen und mit ihm den städtischen
Wandel seit dem 2. Weltkrieg im Fall Anaheim auf die drei Wirkungsfaktoren von
Kultur, Kapital und Konsum zurückführen. Die innovativ kreierte, akzeptierte und
beliebte Freizeit-Unterhaltungskultur, das engagierte und sich stetig ausweitende
Disney-Investment und die steigenden Zahlen von Kulturverbrauchern und Schau-
sportfans spielten in diesem Prozeß eine nicht zu übersehende Rolle.

Politische Stadtmacht und Wirtschaftsmacht sind gewiß eng verknüpft, doch ist
die reale Machtverteilung ungleich, und daraus resultieren für das künftige Stadter-
gehen Abhängigkeiten, Unwägbarkeiten und Unsicherheiten. Das Konzerngewicht
hat durch die „Traumhochzeit" mit ABC, die ihn zu einem der größten Unterhal-
tungsproduzenten der Welt machte, gerade in jüngster Zeit noch zugenommen. Hinsichtlich dieser strategischen Entscheidung und des forschen Handlungsschrittes
setzte der Gigakonzern in post-fordistischer Manier auf einem ökonomisch aussichts-
reichen Expansionsfeld der „Wall Street business world" in einem gelungenen Coup
einen Richtungsweiser vor die Augen, der ihr eine effektive Fusion zur potenten
Kapitalkonzentration und -akkumulation vorführte. Mit seinem Monopolstreben in
der Medienwelt der Zukunft wird sein Machtstempel nicht allein dem Fernsehen
aufgedrückt, sondern auch den fortschreitenden Medieninnovationen, seinem Pro-
duktmarketing sowie dem Konzipieren und Gestalten der Unterhaltungsparks, was
sich schon beim Times Square – 42nd Development Project in New York abzuzeichnen scheint.[4] Andere „Erlebniswelten" unterschiedlicher Art (USA-Ge-
schichtspark, Meerespark) liegen zunächst auf Eis, sind aber als Pläne existent und
in Computern gespeichert, ob aber je wieder ein Nachrichtensprecher des ABC-
Networks gegenüber solchen Vorhaben der Zentrale kritische Töne anschlagen wird,
ist unwahrscheinlich. Die Mehrtage-Aufenthaltsidee in den Parks wird weiter Fuß
fassen, und das Vergnügungsangebot wird die Kunden in den kaschierten Einkaufs-
malls zu guter Stimmung animieren, so daß abzusehen ist, wann der fröhliche Erleb-
niskommerz noch in andere Örtlichkeiten einziehen wird, für den sich beispielsweise auch Flughafenterminals anbieten.

Diesen Innovationstrend sieht auch das Magazin Focus und berichtet, daß die
Freizeitzentren auf deutschem Boden im Vormarsch sind, und einige fertiggestellte
Standorte ihre Attraktionspaletten bereits erfolgreich anbieten. Der Artikel spricht
von Mega-Projekten im anlaufenden Freizeitboom, doch sind sie verglichen mit den

---

3   Begriffe wie „symbolisches Kapital" , „Hyperraum" oder „Stadtbildproduktion" werden in der
    Literatur zur postmodernen Stadt verwendet. Siehe dazu die Literaturübersicht von J. Becker:
    Die postmoderne Stadt. AfK II, 1991, S. 262–272.

4   „Wie Disney der US-Medienlandschaft seinen Stempel aufdrücken wird." Süddeutsche Zeitung
    v. 4.8.95. „Die Invasion der Maus." Der Tagesspiegel v. 9.12.95.

amerikanischen Großeinrichtungen (Entertainment Parks, Super Malls) noch bescheiden und im Anfangsstadium. Zu ihnen rechnen z.B. die Multiplex-Kinos, „Fantasylands" oder kleinere Erlebnismalls, die zum erschwinglichen Stückpreis von 65 bis 165 Mark zu erstellen sind. Da es aber künftig um ein Milliardengeschäft gehen wird, stehen bei Consultfirmen für Freizeitanlagen folgende Punkte obenan:

1. Kundensicherheit und Witterungsunabhängigkeit
2. Vielfalt und Erlebnisgarantie mit mindestens einer Spitzenattraktion
3. Geselligkeit, d.h. Kundenvielzahl
(4. Arbeitsplatzbeschaffung, Bereitstellung von Parkraum) [5]

Mit Erfolg wird gerechnet, denn leichte Unterhaltung, Zerstreuung und Gefälliges bis Mediokres kommt dem allgemeinen Zeitgeschmack entgegen, und wenn in dieser Umgebung gleichzeitig die Einkaufsbedürfnisse befriedigt werden können, scheint das Konzept und Geschäft – wie es Amerika vorexerziert – aufzugehen.[6] Neben EURO-Disney (Disneyland Paris) für die Familienmassen kann für ein gehobenes Publikum, das, bei steigenden sozialen Antagonismen, den Trend zur Niveausteigerung des Konsumverhaltens trägt, noch das Beispiel des höchst eindrucksvollen architektonischen Umbaus des Grand Louvre angeführt werden. In „Ville Louvre" ist nämlich „der museale und der kommerzielle Teil ein bruchloses Ganzes geworden". Für die „image"-bewußten Geschäftsinhaber bietet das stilvolle Umfeld diejenige ideale atmosphärische Bedingung, in der „das Huhn goldene Eier legt", denn die Besucherflaneure können sich in den Geschäftsalleen am Konsumieren von Luxusartikeln ergötzen oder beim Streifen durch die Säle klassische Weltkunstobjekte bestaunen. Im „Versailles der Republik" ist es erreicht, daß sich „Kunstkonsum und Konsumkunst" die Hände reichen.[7]

Kommen wir wieder nach Anaheim zurück und stellen uns die Frage, ob diese Stadtlandschaft in einer Weise gedeutet werden kann, daß sie uns Näheres zu den in ihr materiell und symbolisch eingeschriebenen Funktionen sowie den politisch-sozialen Verhältnissen offenbart. Wie kann man diese Stadt überhaupt fassen, die in

---

5   „Paradiese aus der Retorte". Focus, Nr. 38, v. 19.9.94, S. 243–248 und „Freizeitparks". Focus, Nr. 36 v. 2.9.96, S. 208–209.
6   Ende Juni 96 wurde der Freizeit- und Filmpark der Firma Warner Brothers in Bottrop mit großem Aufwand eröffnet. Auf dem Gelände stand zuvor der Filmpark des Studiounternehmens Bavaria, dem die Besucher weggeblieben waren. Dagegen erwartet WB mit „Hollywood in Germany" Erfolg. „Batman und Bugs den ganzen Tag." DIE ZEIT v. 28.6.96. Am 12. Sept. 96 erfolgte die Eröffnung des CentrO-Viertels als „Neue Mitte" von Oberhausen. Auf dem Standort eines ehemaligen Hüttenwerks war die Fertigstellung eines hochmodernen Einkaufszentrums (83 ha) mit Multiplex-Kino, Kirche, Kindergarten, Mehrzweckhalle („Arena Oberhausen"), Gastronomiemeile, Seewasseraquarium, Jachthafen, Freizeitpark und kostenlosen Parkplätzen beinahe vollendet. (Investitionskosten ca. 3 Mrd. DM). Mit dem Konsumwunderland verstärkt sich der regionale Strukturwandel in Richtung auf eine „Amerikanisierung des Ruhrgebietes". „Die Kannibalisierung der City" von S. Kneist im Tagesspiegel v. 18.8.96 und „Das neue Herz von Oberhausen" in der FAZ v. 12. 9. 96. Zahlreiche Gemeinden versuchen in dem lukrativ erscheinenden Boom den Anschluß zu halten. Am 26.4.97 berichtet Der Tagesspiegel darüber unter dem Titel: „Spiel, Spaß, Spannung in der ganzen Mark. Kommunen planen reihenweise Freizeitparks. Als Besucher haben sie sich alle die Berliner ausgeguckt".
7   „Das Versailles der Republik." Frankfurter Allgemeine Zeitung v. 28.5.94.

einem meilenweiten, gerastert-überbauten, metropolitanen Stadtland von ca. 150 km
Durchmesser physiognomisch nicht mehr hervortritt, weil sie ohne merklichen Einschnitt im Kontinuum der umliegenden Stadtgemeinden aufgeht (Abb. 160)? Oder,
um im Bilde vom galaktischen Raum zu bleiben, wie kann man Anaheim als Indivi-
dualstadt wahrnehmen, wenn es in den Sternenhaufen von Städten, die den pulsie-
renden LA-Kern umgeben, übergangslos eingeschmolzen ist?

Abb. 160: Der kontinuierliche Übergang von einer Stadt zur anderen. Die Kreuzung von State Col-
lege Blvd. und Orangewood Ave. Links, die Stadt Orange Grove mit dem Orange Tower. Rechts, die
Stadt Anaheim mit dem Ford Office/Landmark Bank-Gebäude.
Eigene Aufnahme, Juni 1994.

An einem Zeichen kann man sie im übrigen doch noch entdecken, denn die Stadtgrenze ist bei der Fahrt auf der I5 von Los Angeles nach Süden im Bereich der
unmarkanten, flachen Küstenebene daran zu erkennen, daß ein Autobahnhinweis-
schild und die Ausfahrtanzeigen die Ortslage ankündigen. Ein Großteil der Touristen wird die Hinweistafeln jedoch nicht bewußt wahrnehmen, d.h., die Besucher
werden vielfach den Eindruck mitnehmen, sie besuchen Anaheim, ohne Los Angeles jemals verlassen zu haben. Disneyland dagegen, erweckt mit seinen auffälligen
Hinweistafeln, dem begrünten Wall und dem, aus verschiedenen Perspektiven sichtbaren, weißlich herausragenden Gipfel des „Matterhorns" als Landschaftssegment
immerhin teilörtliche Aufmerksamkeit und verleiht der Stadt einen wahrnehmba-
ren, charakteristischen Silhouettenausschnitt (Abb. 161 u. 162). Nicht nur deswe-

gen haben die Anaheimer Bürger eine merkbar selbstbewußte Einstellung zu ihrer eigenen Gemeinde, die sich im Lokalstolz gegenüber dem übermächtigen „power-center" LA äußert (Abb. 163). Betrachten wir ihre Einordnung in der Raummuster-darstellung der „Sun spot-global city" Los Angeles (Abb. 140), so ist Anaheim zwar außerhalb der „Pentagon-Zitadelle" positioniert, aber einbezogen in den 60 Meilen Ring, der von den großen Militärinstallationen gezogen wird. Orange County selbst hebt sich durch die Ansammlung bedeutender Verteidigungsindustrien hervor. Ansonsten ist innerhalb des Kreises die Stadt praktisch unterschiedslos in die 15 Städte einbezogen, die 100 000 Einwohner übersteigen, sonst aber durch keine auffälligen Merkmale ausgewiesen sind. Hier wäre eine stärkere Differenzierung der urbanen Zentren im Schaubild durchaus angebracht gewesen.

Abb. 161: Blick von Norden auf die begrünte Disneyland-Silhouette mit dem weißen Matterhorn. als Landmarke. Im Vordergrund der Beginn der Umbauarbeiten der Backstage Area zur Modernisierung des Amusement Parks.
Eigene Aufnahme, Juni 1994.

Abb. 162: Die gleiche Blickrichtung wie in Abb. 161. Die Disneyland-Silhoutte ist nun durch die Neubauten einer Parkgarage und des Disney Team-Bürotrakts in der Backstage Area verdeckt. Eigene Aufnahme, Juni 1996.

Abb. 163: Anaheims Architekturhistorie von 1857 bis 1926 mit ihren bedeutendsten Gebäuden als Ausdruck lokaler Identifikation und Stolzes.
Quelle: Anaheim Museum, 1996.

Weiter wollen wir ergründen, auf welches Ziel die jüngere Stadtentwicklung Anaheims ausgerichtet ist? Was bedeutet in diesem Zusammenhang die postmoderne/supermoderne Zeitepoche für die Stadt? Schließlich erörtern wir, ob sie sich in Richtung auf den Garreauschen Stadttyp einer „Egde City" oder Exopolis an einer neuen „frontier" entwickelt hat, oder ob sie doch einen anderen Weg eingeschlagen hat.[8] Gehen wir zunächst auf den letzten Punkt ein, der sich relativ kurz abhandeln läßt. In der Weise wie Außenstädte bei dem erwähnten Autor beschrieben werden, ist Anaheim sicher keine „outer city" im Sinne eines räumlichen Ablegers von Los Angeles, weil es als eigenständige Gründung aus dem 19. Jh. stammt, einen eindeutigen Stadtstatus mit einer festgelegten Administrationsgrenze besitzt und sich durch weit mehr als ergänzende Informations-, Büro- und Einzelhandelsfunktionen mit enormem Raumbedarf ausweist. Vielmehr hat es sich einen Bedeutungsüberschuß erworben, der über seine eigene kommunale Ebene und sogar die der Nation hinausweist und ihm von daher das Gewicht eines zentralen Ortes höheren Ranges verleiht.

Was die sog. postmoderne Entwicklung betrifft, greifen wir auf das Beispiel Washington, D.C. zurück, für das Knox in seiner Einführung sowohl für die über die Stadt hinausgehenden Kennzeichen einer wirtschaftlichen Umstrukturierung als auch die kulturelle Seite am Ende des Jahrhunderts aufgezeigt hat.[9] Dabei läßt dieser Autor es noch offen, ob der Weg in eine postmoderne Epoche oder eine Zeit der Supermodernität führt. Dafür, daß auch die Städte in diesen Transformationsprozeß eingebunden sind, sprechen verschiedene Anzeichen, die sich u.a. in der städtebaulichen Gestaltung, ihrer Architektur, aber ebenso in stadtfernen Bereichen, wie der Warenästhetik manifestieren. Wenn die Supermoderne oder Postmoderne in ihren Erscheinungsformen als spielfreudig, kombinatorisch, antithetisch, regionalistisch bis lokalistisch und historisch gesehen wird, und sich mit den Neigungen und Vorlieben von relativ neuen, emporstrebenden sozialen Fraktionen deckt, läßt sich der Disney-Park als Frühstart und signalisierender Wegweiser auf diesem städteprägenden Entwicklungsgang einordnen. Und der Erfolg von Disneyland blieb ja nicht einmalig, es fand seine erfolgreichen Nachfolger wie auch andere aus dem Boden schießende „amusement"- oder „theme parks"-Gründungen (Tab. 36), doch ist sein Ursprung ein regionaler, südkalifornischer. Mit seiner inselhaften Existenz steht er als Antithese zum Geschehen draußen vor seinen Toren und zu seinem Funktionieren bedient er sich des menschlichen, spielerischen Amüsiertriebes, der in einem künstlich-visuellen „puzzle"-Aufbau und Blendarrangement von „science fiction" bis zur „Welt von gestern" artig und gezähmt ausgelebt werden kann. Disneyland ist eben nicht nur einfach Popbühne, sondern gleichzeitig Miniaturland und territoriales Hoheitsgebiet eines Privatkonzerns, der seine Raumgrenzen für jedermann klar gezogen hat und darin soviel Bestimmungskraft ausübt, daß eine eigene Verhaltens- und Stimmungswelt entsteht, welche die Essenz des Territoriumsbegriffes ausmacht.

8   Siehe dazu ausführlicher Kap. 4.1.1
9   Siehe dazu ausführlicher Kap. 4.1.2

Tab. 36: Übersicht über „amusement parks" der USA

Adventure World, Largo Md.
Bush Gardens Williamsburg, Williamsburg, Va.
Cedar Point, Sandusky, Ohio
Geauga Lake, Aurora, Ohio
Hershypark, Hershy, Pa.
Splashin'Safari, Santa Claus, Ind.
Knott's Berry Farm, Buena Park, Calif.
Paramount's Kings Dominion, Richmond, Va.
Paramount's Great America, Santa Clara, Calif.
Schlitterbahn Waterpark, New Braunfels, Tx.
Sea World of Florida, Orlando, Fa.
Sesame Place, Langhorne, Pa.
Six Flags Magic Mountain, Valencia, Calif.
Six Flags Great America, Gurnee, Ill.
Six Flags Great Adventure, Jackson, N.J.
Six Flags Over Texas, Arlington, Tx.
Six Flags Fiesta Texas, San Antonio, Tx.
Universal Studios Hollywood, Los Angeles, Calif.
Worlds of Fun, Kansas City, Mo.

Quelle: USA TODAY v. 5.6.96.

Was aber hat die Architektur-Szenerie in Anaheim zu bieten? Im Stadtzentrum und in den verschiedenen „business parks" sind die hochmodernen, ins Auge springenden Büro- und Verwaltungsgebäude nicht zu übersehen, da sie freistehend, d.h. gut sichtbar auf dem Unternehmensgelände, umgeben von bepflanzten Parkplätzen oder inmitten von Grünflächen plaziert sind (Abb. 164). Sie wahren Abstand zu den Nachbargebäuden, stellen aber im Anaheimer Stadtumfeld keine außergewöhnlichen, extrem individualisierten „signature buildings" in (post)moderner Manier dar. Eine derartig ausgefallene Baukunst für Firmen-„headquarters" wie sie in Metropolzentren von postmodernen Stararchitekten entworfen werden und die Einmaligkeit des archtitektonisch-künstlerischen Entwurfswertes mit dem besonderen ökonomischen Wert des Standortes verbinden, tritt in Anaheim in dieser Form bislang nicht auf. „Trophy buildings", welche Großunternehmen mit einer unverwechselbaren „corporate design"-Signaturidentität versehen und bei einem eventuellen Weiterverkauf geschätzte pekuniäre Früchte abwerfen, sind in der Stadt nicht vertreten. Weder die Firmengebäude noch das „civic center" sind derart herausragende, unverwechselbare, architektonisch-stadtraumbestimmende Baukörper, daß von einer einzigartigen Anaheimer „skyline" gesprochen werden kann. Dennoch unterstreichen die vorhandenen Singulärbauten mit ihrer Physiognomie aus Naturstein, Beton- und Spiegelglaskonstruktionen den Anspruch, der hier vertretenen Unternehmen und Zweigfirmen auf der Höhe der Zeit zu sein. Kritische Betrachter schätzen den Stellenwert der postmodernen Architektur ohnehin nicht dermaßen hoch, weil sich nach ihrer Ansicht manch aktueller Bau nur durch das Einfügen von Tympanons oder Palladio-Fenstern gegenüber der Vorepoche unterscheidet bzw., daß sich das postmoderne Gebäude von der modernen Glasbox nur durch die „embellished pastel-colored outer skin and the lobby" abhebt. Eine andere Gruppe von Expert-Dissidenten geht sogar soweit, die ganze Baustilrichtung für eine Modeerscheinung zu halten, die sich bereits überlebt hat.

Abb. 164: Modernes Signaturgebäude des Merrill Lynch Finanz- u. Immobilienunternehmens in der Architektursprache von Spiegelglas und Stein an der La Palma Ave. im Canyon Business Center von Anaheim.
Eigene Aufnahme, Juni 1994.

Nach wie vor ist wirtschaftliches Wachstum das führende Leitbild für die Weiterentwicklung amerikanischer Städte („growth machines"), wobei sich die städtebauliche Expansion oft unabhängig vom gewachsenen urbanen Kontext entweder auf eine imaginäre Vergangenheit oder eine phantastische Zukunft gerichtet, vollzieht. Die jüngere Ausbauphase der Innenstädte hat z. B alte Marktplätze, Bahnhöfe, innerstädtische Fabrikgebäude oder wassergebundene Örtlichkeiten wie Piers mit Lagerhäusern und Hafenbecken, Flußkais oder Kanalanlagen mit einer visuellen Thematik wie Old Town, Gas Town, Pioneer Square, West End Marketplace, Union Station (Wash., D.C.), Quincy Market/Waterfront, South St. Seaport, Harborplace, Girardelli Square/Cannery/Fisherman's Wharf/Embarcadero, Syracuse Lakefront, Riverwalk, Century 21 usw. versehen und zu urbanen Landschaften des Schau-, Unterhaltungs- und Kaufkonsums umgestaltet, die mit der ursprünglichen, geschichtlichen Örtlichkeit kaum mehr verbunden sind oder, um es anders zu sagen, dekontextualisiert sind.[10] Im Grunde sind dies Schritte, die im großen „downtown revitalizing program" für ausgesuchte Stadträume unternommen wurden und quasi nebenbei eine, nicht unerhebliche, touristische Belebung gerade dieser Innenstadtviertel auslösten. Derartige Plätze bieten sich wie von selbst dafür an, dort Stadt- und Bürgergruppenfeste und ethnische Veranstaltungen abzuhalten oder „open air"-Musikfeste zu feiern, die großen Anklang finden und sich sehr gut in die (post)moderne Ereigniskultur der urbanen „festival settings" einfügen. Gewöhnlich sind sie von Hotels, erstklassigen Bürogebäuden und Einzelhandelsgeschäften mit ausgewählten Angeboten (Boutique-Ansammlungen, „bourgeois boutiquevilles") sowie Cafés und Restaurationsplätzen umgeben, die ein gediegenes und sicheres Ambiente aufkommen lassen. Anaheim spielte in diesem Punkt ebenfalls eine Vorreiterrolle, denn sein eigenes permanentes Disney-Festival mit Tagungszentrum und Hotelumgebung stellt einen Teil eines derartigen stadtkulturellen Angebots dar, das fest etabliert und akzeptiert ist und momentan nur auf eine Attraktionsverjüngung und -steigerung sowie eine Umgebungsverschönerung wartet, um diesen Typ amerikanischen Städte-Avantgardismus im harten Wettbewerbskampf voranzutreiben. Aber ein lebendiges Fußgängerland ist die angesprochene Gegend nicht geworden, denn dieses Vergnügen hat das Disneyland-Territorium in sich eingeschlossen, d.h. für sich gepachtet.

Eine andere metropole Signalerscheinung, welche die ablaufende Veränderungswelle markiert, sind die „high-tech"-Korridore entlang wichtiger „freeway"-Leitlinien, die im Washingtoner Beispiel angeführt werden. Dergleichen hat Anaheim nicht aufzuweisen, doch sind innerhalb des Stadtbereiches eine ganze Reihen von mittelständischen bis großen Hochtechnologie Unternehmen vertreten, die mit der Militär- und Raumfahrttechnik verbunden sind (z.B. CalComp, Odetics, Hubbel, Rockwell), denen aber hinsichtlich ihrer sektoralen Beschäftigungsanteile für die kommunale Wirtschaftsstruktur verglichen mit der „service"-Branche keine entscheidende Bedeutung zukommt.

Eingraviert in die Stadtoberfläche und deutlich abzulesen sind die sozialräumlichen Disparitäten, die sich – wenn man etwas grob unterteilt – wie im historischen Vorbild als „Oberstadt" (Anaheim Hills) und „Unterstadt" („flatlands") gegenüberstehen („dual city"). Während die luftigen, östlichen Höhenzüge von einer besserverdienenden, gehobenen, weißen Bürgerschaft besetzt sind, teilen sich die Kleinverdiener, Rentiers und Latinofamilien den Lebensraum der Niederung, und die Fußkante der Hügelzone wirkt dabei als natürliche Segregationslinie sozialer Teilgebiete (sog. „edge" oder Grenzlinie im städtischen Wahrnehmungsraum). Wenn Wohneigentumsbildung höherrangiger, sozialer Gruppierungen in ausgesuchter, bevorzugter Hügellage erfolgt, so kann sie als Chiffre einer gesellschaftlichen Dominanzerscheinung gedeutet werden, die historisch und aktuell nichts Ungewöhnliches darstellt.[11]

---

10 Themen des Stadtumbaus finden des öfteren das Interesse der allgemeinen Presse, wie z.B. die Union Station in Washington, D.C., wo über den „schönsten Bahnhof Amerikas" und die „edle Einkaufsmeile" berichtet wird. „Palast mit Gleisanschluß." DIE ZEIT v. 24.5.96. S. a. B. Hahn: Die Privatisierung des öffentlichen Raumes in nordamerikanischen Städten. Berliner Geographische Studien, Bd. 44, Berlin 1996, S. 259–269.

11 Siehe dazu auch Higley, S.R. (1995): Priviledge, Power and Place. The Geography of the American Upper Class. Lanham, p. 127.

Nach all diesen auslotenden Erörterungen können wir Anaheim zwar seine weit-
reichend ausstrahlende Funktion attestieren, sie ist aber noch nicht genau genug
gefaßt, um die Bestimmungsmerkmale hinsichtlich dieser Ausrichtung genauer fest-
zulegen. Im Zuge des rasanten Nachkriegskapitalismus mit seinen gesellschaftlichen Veränderungen und Marktentwicklungen haben sich in Anaheim neben den
bekannten Aufgabenbereichen Funktionssegmente herausgebildet, die sich als Ausdruck eines aufsteigenden, risikobehafteten, privatunternehmerischen „entertainment
business" und ins Gewicht fallenden „convention and sport events" zusammenfassen lassen und die Stadt zu einem fortgeschrittenen „fun, sport and service place"
machen. Mit dem anvisierten, nun allerdings revidierten, zurückgeschraubten Ausbau des Amüsier- und Unterhaltungsparks durch die Disney Corp. erhält sie zudem
eine Komponente, die in die Zukunft des nächsten Jahrhunderts weist. Die Ergän-
zung des alten Disneyland mit dem Themenkonzept DISNEY'S CALIFORNIA
ADVENTURE, das von Privatseite für Privatkontos als spekulativ-profitables Vorhaben im räumlichem Verbund zu den übrigen urbanen Teillandschaften geschaffen
werden soll, entspricht in seinen erhofften Auswirkungen aber ebenso den Erwartungen einer umfassenderen, stadtökonomischen Entwicklung, die von den öffentlichen Vertretern tatkräftig verfolgt und ideologisch genährt wird, dem aber auch von
einem Großteil der Bewohnerschaft hoffnungsvoll entgegengesehen wird.

Aber das ist noch nicht alles, man möchte noch höher hinaus und die Absicht
verwirklichen, den grandiosen Entwurf der „SPORTSTOWN" von morgen entstehen zu lassen. Als Idee geboren, aber von der Reißbrett-Festplatte noch nicht losge-
löst und unfinanziert, zeigt der Plan eine mögliche Entwicklungsrichtung an, die
Anaheim in der sich verstärkenden städtischen Arbeitsteilung einen soliden Vor-
sprung und eine richtungsweisende Zusatzfunktion sichern soll. Was bisher mit seinen Großanlagen (Disneyland, Convention Center, Stadium, Arena, Disney Ice/Eis-
laufhalle) erreicht wurde und was noch hinzukommen soll, läßt sich als Triumpf des
Marktes bezeichnen, der sich seine materiellen Denkmäler in den Großbauten bereits selbst gesetzt hat. Der Wiederaufbau der Innenstadt nach der Entfernung des
alten Kerns von Anaheim ist bis 1996 nicht vollständig gelungen. Der Prozeß der
„kreativen Destruktion" ist noch nicht soweit gediehen, daß die bauliche Rekonstruktion in größerem Umfang silhouttebestimmend geworden wäre. Der Stadt fehlt
in diesem Bereich immer noch die verdichtet-bebaute, attraktive Mitte, und die Ge-
schäftigkeit des von vielen Menschen vollzogenen, wochentäglichen Lebens. In
Anaheims weitgehend privat gestaltetem Stadtaufbau („urban privatism" als Motor
des Stadtlandschaftsbaues eines machtvollen unternehmerischen Handlungseinflus-
ses) hat sich die angesprochene immanente Kraft des Marktes in der topologischen
Stimmigkeit seines Grund- und Aufrisses abgebildet, wobei sein überkommenes,
gewachsenes Zentrum verloren gegangen ist und lebendige, städtische Vitalität in
das modern-kühlglatte, inselhaft-erneuerte, weitläufige Zentrum, leider bisher nicht
eingekehrt ist.[12]

Anaheim ist wohl noch kein „entertainment superstore" wie vielleicht Las Vegas,
wo das privatwirtschaftliche Vergnügungsmarketing einen Höhepunkt erreicht hat,

---

12 Am Wochenende wirkt die Innenstadt wie ausgestorben. So bleiben beispielsweise die weni-
    gen Restaurants wegen Gästemangel geschlossen.

doch mag abschließend an dieser Stelle ein Vergleich mit dem ausgehenden 19. Jh. nicht völlig abwegig sein, nach dem die hier vorgestellte und die künftige Entwicklung Anaheims von der damaligen liberalistischen und privaten Auffassung über Städtewachstum trotz der Stärkung städtischer Wirkungsmöglichkeiten nicht allzu weit entfernt ist. Diese Einsichten zugrundelegend und die noch etwas unscharfe, weil nicht gesicherte, sportbezogene Ausbauvision im Blick, mag die Bezeichnung ANAHEIM-MICKEYTROPOLIS: FUN-, SPORT- und CONVENTION CITY IN TOMORROWLAND" im ganzen gerechtfertigt sein.

7. LITERATUR

ADAMS, J.S., B.J.VANDRASEK (1993): Minneapolis-St. Paul: People, Place and Public Life. Minneapolis. (Univ. of Minnesota Press).

AITKEN, S.C., L.E. ZONN (eds.) (1994): Place, Power, Situation and Spectacle. Lanham, London. (Rowman & Littlefield).

ANAHEIM BOARD OF TRADE (ed.) (1913): Anaheim, Orange County, California. o.O.

ANAHEIM CHAMBER OF COMMERCE (1922): Anaheim in the Heart of the Famous Valencia Orange District. Anaheim.

ANAHEIM CITY PLANNING COMMISSION, CITY HALL (1965): Hill and Canyon General Plan. Anaheim, California.

ANAHEIM HISTORICAL SOCIETY (ed.) (1980): Anaheim Biographical Sketches. Anaheim.

ANAHEIM IMMIGRATION ASSOCIATION (1885): Anaheim California, Its History, Climate, Soil and Advantages, by its Citizens. o.O.

ANAHEIM MAGAZINE, Summer 1996. Anaheim.

ANAHEIM REDEVELOPMENT AGENCY: What Redevelopment Means to You. A New City Center for Downtown Anaheim. Anaheim, o.J.

ANAHEIM REDEVELOPMENT AGENCY (ca.1976/77): Official Statement. Redevelopment Project Alpha. Anaheim.

ANAHEIM REDEVELOPMENT AGENCY (1976): alpha update. Vol.1, No.1, Febr., Anaheim.

ANAHEIM REDEVELOPMENT AGENCY (1991): Anaheim Center. Guide for Development. Anaheim.

ANDERSEN, K. (1994): Las Vegas, USA. Time, vol. 143. (Jan.,10).

ANDERSON, K., F. GALE (eds.) (1992): Inventing Places: Studies in Cultural Geography. New York.

ARMOR, S. (1921): History of Orange County, California with Biographical Sketches of the Leading Men and Women of the County Who Have Been Identified with the Growth and Development from the Early Days to the Present Time. Los Angeles. (Historic Record Co.).

ASHLEY, T.J. (1962): Power and Politics in Community Planning: An Empirical Analysis of Four Selected Policy Decisions Made in Anaheim, Calif., between 1954–60. Ph.D. Thesis Claremont Graduate School. Univ. Microfilms Int., Ann Arbor, Mi., 1987.

ASHLEY, T.J. (1963): The Problems and Prospects of Urban Renewal Relocation in Anaheim. Anaheim.

BALDASSARE, M. (1986): Trouble in Paradise. New York. (Columbia Univ. Press).

BANCROFT, H.H. (1884–90): History of California, 1542–1890. 7 vols., San Francisco.

BANHAM, R. (1971): Los Angeles: The Architecture of Four Ecologies. London. (Penguin Press).

BARNES,T.J., J. DUNCAN (eds.) (1992): Writing Worlds: Discourse, Text and Methaphor in the Representation of Landscape. New York.

BATMAN, R. D. (1965): Anaheim was an Oasis in a Wilderness. Journal of the West, IV, Jan., p. 1–19.

BAUDRILLARD, J. (1989): America. London. (Verso).

BECKER, J. (1991): Die postmoderne Stadt. Eine Literaturübersicht. AfK II, S. 262–272.

BELL, D. (1973): The Coming of the Post-Industrial Society. New York. (Basic Books).

BERMINGHAM, A. (1986): Landscape and Ideology: The English Rustic Tradition, 1740–1850. Berkeley.

BILLITER, B. (1988): „Divide and Prosper." Celebrate!, Los Angeles Times Supplement, vol. I, May 22, p. 36–40.

BONNEY, W.H. (1974): Experiences in Anaheim, California. Transcript of interview conducted by Karen I. Speers, California State University, Fullerton, Oral History Project.

BOSCANA, G. (1933): Chinigchinich. Santa Ana. (Fine Arts Press).

BRACK. M.L. (ca. 1986): Walt Disney and the American Main Street. (Manuscript, Anaheim Public Library).

BRIGHT, R. (1987): Disneyland. Inside Story. New York. (H.N. Abrams, Inc. Publ.)

BURDACK, J. (1985): Entwicklungstendenzen der Raumstruktur in Metropolitan Areas der USA. Bamberger Geographische Schriften, Bd.2, Bamberg.

CALIFORNIA REDEVELOPMENT ASSOCIATION (o.J.): Citizen Guide to Redevelopment in California. Sacramento.

CANIBOL, H.-P., C. GARDING (1994): Freizeitparks. Paradiese aus der Retorte. Focus 38, Sept., S. 242–248.

CANO, D. (1990): „Disneyland: 35 years of magic". Anaheim Bulletin, Jan.11.

CARPENTER, V.A. (1982): The Ranchos of Don Pacifico Ontiveros. Santa Ana. (Friis-Pioneer Press).

CARR, J.F.& CO. (1869): Anaheim, Its People and Its Products. New York.

CITY OF ANAHEIM, COMMUNITY DEVELOPMENT, PUBLIC UTILITIES (o.J.): Anaheim Works for Business. o.O.

CITY OF ANAHEIM, PLANNING DEPARTMENT (1984): General Plan. Anaheim.

CITY OF ANAHEIM, PLANNING DEPARTMENT (1994): General Plan Amendments. Anaheim.

CLAY, G. (1973): Close-up. How to read the American City. Chicago. (Univ. of Chicago Press).

CLAY, G. (1988): Right Before Your Eyes: Penetrating the Urban Environment. Chicago. (American Planning Association Press).

CLEMENTS, K. (1973):"Anaheim Convention Center: A Fantastic Success Story." Orange County Business, vol.7, no.2, 2nd Quarter, p. 30–41 a. 43.

CLIFTON, A.R. (1981): History of the Communistic Colony Llano del Rio. Historical Society of Southern California Publications, vol. XI, Part I, p. 80–90.

CONZEN M.P., G.K. LEWIS (1976): Boston: A Geographical Portrait. Cambridge. (Ballinger Press).

CONZEN, M.P. (1983): Amerikanische Städte im Wandel. Die neue Stadtgeographie der 80er Jahre. Geographische Rundschau, 35, 4, S. 142–150.

CONZEN, M.P., T.A. RUMNEY, G. WYNN (eds.) (1993): A Scholar's Guide to Geographical Writing on the American and Canadian Past. Geography Research Paper 235. Univ. of Chicago. Chicago, London. (Univ. of Chicago Press).

COOKE,P. (1990): Back to the Future: Modernity, Postmodernity and Locality. London.

COSGROVE, D. (1984): Social Formation and Symbolic Landscape. Totowa.

COSGROVE, D., S. DANIELS (eds.) (1988): The Iconography of Landscape: Essays on the Symbolic Representation, Design and Use of Past Environments. New York. (Cambridge Univ. Press).

CRAMER, E.R., K.A. DIXON, D. MARSH, P. BRIGANDI, C.A. BLAMER (eds.) (1988): A Hundred Years of Yesterdays: A Centennial History of the People of Orange County and their Communities. Santa Ana. (The Orange County Centennial, Inc.)

CRARY, J., M. FEHER, H. FOSTER, S. KWINTER (eds.) (1986): Zone: A Serial Publication of Ideas in Contemporary Culture. New York. (Urzone).

CROCKER, H.S., CO. (ca. 1915): Plat Book of Orange County, California. Los Angeles, San Francisco, Sacramento.

CURRY, M.R. (1991): Postmodernism, Language, and the Stains of Modernism. Annals of the Association of American Geographers, 81, 2, p. 210–228.

DANZER, G.A. (1987): Public Places. Exploring their History. Nashville.

DAVIS, M. (1990): City of Quartz: Excavating the Future of Los Angeles. New York. (Verso).

DEAR, M. (1994): Postmodern Human Geography. A preliminary assessment. Erdkunde, 48, 1, S. 2–13.

DICKENS, D.R., A. FONTANA (eds.) (1994): Postmodernism and Social Inquiry. New York, London. (Guilford).

DICKSON, L.E. (1919): The Founding and Early History of Anaheim, California. Historical Society of Southern California Publications, vol. XI, Part II, p. 26–37.

DISNEY DEVELOPMENT CO./ SWA GROUP (1993): The Disneyland Resort Specific Plan. Anaheim.

DISNEY DEVELOPMENT CO./SWA GROUP (1994): The Disneyland Resort Specific Plan Amended. Anaheim.

DODSON, M. (1982) „Anaheim: The Little Town that had Big Ideas." Los Angeles Times, July 6.

DUNCAN, J.S. (1990): The City as Text: The Politics of Landscape Interpretation in the Kandyan Kingdom. Cambridge. (Cambridge Univ. Press).

„EDGE CITIES": Landscape Architecture, 78, 8, 1988.

EMMONS, S. (1970): „Anaheim Regime: Once it was the Klan." Los Angeles Times, Sept. 6.

ENTRIKIN, J.N. (1991): The Characterization of Place. Worcester. (Clark Univ. Press).

ENTRIKIN, J.N. (1991): The Betweenness of Place: Towards a Geography of Modernity. Baltimore. (Johns Hopkins Univ. Press).

ETTLINGER, N. (1991): The Roots of Competitive Advantage in California and Japan. Annals of the Association of American Geographers, 81, 3, p. 391–407.

FINDLAY, J.M. (1992): Magic Lands. Western Cityscapes and American Culture After 1940. Berkeley, Los Angeles, Oxford. (Univ. of California Press).

THE FIRST LOS ANGELES CITY AND COUNTY DIRECTORY 1872. (Repr. in Facsimile with an Introduction by Ward Ritchie and early Commentaries by J. M. Guinn, 1963, o.O.)

FISCHLE, R.W. JR. (1968): „Anaheim and the Anaheim Bulletin 1929 to 1968." Transcript of interview conducted by Karol K. Richard, California State University, Fullerton, Oral History Project.

FISHMAN, R. (1987): Bourgeois Utopias: The Rise and Fall of Suburbia. New York. (Basic Books).

FISHMAN, R. (1988): Urban Utopias in the Twentieth Century. Cambridge. (MIT Press).

FISHMAN, R. (1990): Megalopolis Unbound. Wilson Quarterly. (Winter).

FOGELSON, R.M. (1967): The Fragmented Metropolis. Los Angeles, 1850–1930. Cambridge. (Harvard Univ. Press).

FRANCAVIGLIA, R.V. (1977): Main Street USA, the Creation of a Popular Image. Landscape, vol. 21, no.3, Spring/Summer.

FRANCAVIGLIA, R.V. (1981): Main Street USA: A Comparison/Contrast of Streetcapes in Disneyland and Walt Disney World. The Journal of Popular Culture. (Summer).

FRIEDRICHS, J. (1977): Stadtanalyse. Soziale und räumliche Organisation der Gesellschaft. Hamburg.

FRIIS, L.J. (1965): Orange County Through Four Centuries. Santa Ana. (Pioneer Press).

FRIIS, L.J. (1968): When Anaheim was 21. Santa Ana. (Pioneer Press).

FRIIS, L.J. (1975): Anaheim's Cultural Heritage. Santa Ana. (Friis-Pioneer Press).

FRIIS, L.J. (1976): John Fröhling: Vintner and City Founder. Anaheim. (Mother Colony Household Inc.).

FRIIS, L.J. (1979): Historic Buildings of Pioneer Anaheim. Santa Ana. (Friis-Pioneer Press).

FRIIS, L.J. (1983): Campo Alemán: The First Ten Years of Anaheim. Santa Ana. (Friis-Pioneer Press).

FRÖHLING, A. (1914): History of the First Days of Anaheim. Dedicated to the City of Anaheim in Memory of John Fröhling by his wife Mrs. Amalia John Fröhling, Orange County, California. Manuscript, Anaheim History Room, Anaheim Public Library.

GARREAU, J. (1987): The Shadow Governments: More Than 2000 Unelected Units Rule in New Communities. Washington Post, June 14, A 1.

GARREAU, J. (1991): Edge City. Life on the New Frontier. New York, London, Toronto, Sidney, Auckland. (Doubleday).

GAREY, T.A. (1882): Orange Culture in California. o.O.

GOSS, J. (1988): The Built Environment and Social Theory: Towards an Architectural Geography. The Professional Geographer, 40, p.392–403.

GOSS, J. (1993): The „Magic of the Mall": An Analysis of Form, Function, and Meaning in the Contemporary Retail Built Environment. Annals of the Association of American Geographers, 83, 1, p.18–47.

GOTTDIENER, M., A.PH. LAGOPOULOS (eds.) (1986): The City and the Sign: An Introduction to Urban Semiotics. New York. (Columbia Univ. Press).

GOTTMANN J., R.A. HARPER (eds.) (1990): Since Megalopolis. Baltimore. (Johns Hopkins Univ. Press).

GRAVEL, T.S. (1980): The Animator's Landscape: Disneyland. M.A. Thesis of Landscape Architecture. Univ. of California, Berkeley.

GUDDE, E.G. (1927): German Pioneers in Early California. Hoboken.

GUDDE, E.G. (1941): Anaheim – The Mother Colony of Southern California. The American-German Review, vol. VII, no. VI, p. 4–6.

GUINN, J.H. (1915): A History of California and an Extended History of Los Angeles and Environs also Containing Biographies of well Known Citizens of the Past and Present. 3 vols., Los Angeles.

HALLAN-GIBSON, P. (1986): The Golden Promise: An Illustrated History of Orange County. Northridge. (Windsor Publications Inc.).

HAHN, B. (1996): Die Privatisierung des öffentlichen Raumes in nordamerikanischen Städten. Berliner Geographische Studien, Bd. 44, (Festschrift f. B. Hofmeister, A. Steinecke, Hrsg.), S. 259–269.

HART, J.F. (ed.) (1991): Our Changing Cities. Baltimore. (Johns Hopkins Univ. Press).

HARTSHORN, T.A., P.O. MULLER (1986): Suburban Business Centers: Employment Implications. Washington, D.C. (U.S. Department of Commerce).

HARVEY, D. (1987): Flexible Accumulation Through Urbanization: Reflections on ‚Postmodernism‘ in the American City. Antipode, 19, p. 260–286.

HARVEY, D. (1988): The Condition of Postmodernity: An Inquiry into the Origins of Cultural Change. Oxford. (Basil Blackwell).

HATHEWAY, R.G., T. ZIMMERMAN (1989): Anaheim Union Water Company-Cajon Canal. Prep. for U.S. Army Corps of Engineers, Los Angeles District. Los Angeles.

HELBRECHT, I. (1996): Die Wiederkehr der Innenstädte. Zur Rolle von Kultur, Kapital und Konsum in der Gentrification. Geographische Zeitschrift, 84, S. 1–15.

HENNIG, C. (1997): Die unstillbare Sehnsucht nach dem Echten. Warum Vergnügungsparks soviel Mißvergnügen provozieren. DIE ZEIT v.7. März.

HESS, A. (1993): Viva Las Vegas. After Hours Architecture. San Francisco. (Chronicle Books).

HIGLEY, S.R. (1995): Privilege, Power and Place. The Geography of the American Upper Class. Lanham. (Rowman & Littlefield).

HINE, R.V. (1953): California's Utopian Colonies. San Marino.

HÖRMANN, E. (1993): Der mythologische Schrein des American Dream. Der Tagesspiegel v. 5. Jan.

HOFMANN, W. (1994): Das Versailles der Republik. Wie das Museum die Stadt in seine Aura aufnimmt: Der erweiterte Louvre und die Liebe zur Geometrie. Frankfurter Allgemeine Zeitung v. 28. Mai.

HOLZNER, L. (1990): Stadtland USA. Die Kulturlandschaft des amerikanischen Way of Life. Geographische Rundschau, 42, 9, S. 468–475.

HOLZNER, L. (1996): Stadtland USA. Die Kulturlandschaft des American Way of Life. Gotha.

HUGGINS, C.H. (1984): Passage to Anaheim. An Historical Biography of Pioneer Families. Los Angeles. (Frontier Heritage Press).

HUMMON, D..M. (1980): Popular Images of the American Small Town. Landscape, vol. 24, no.2.

HUMMON, D..M. (1990): Commonplaces. Albany. (Suny Press).

IRWIN, K., J. PENNER (1989): „Alpha Assessed". Anaheim Bulletin, June 19–24. (Series on Redevelopment).

JACKSON, J.B. (1984): Discovering the Vernacular Landscape. New Haven. (Yale Univ. Press).

JACKSON, J.B. (1994): A Sense of Place, a Sense of Time. New Haven, London. (Yale Univ. Press).

JAEGER, F. (1994): Architektur muß schwingen und schweben. Der Dynamismus als Reaktion auf Monotonie und Schematismus beginnt sich durchzusetzen. Der Tagesspiegel v. 1. Juni.

JAKLE, J.A., D. WILSON (1992): Derelict Landscapes: The Wasting of America's Built Environment. Lanham. (Rowman & Littlefield).

JAMESON, F. (1984): Postmodernism, or the Cultural Logic of Late Capitalism. New Left Review, 146 (July/Aug.), p. 53–93.

JENCKS, C. (1986): What is Postmodernism? New York. (St. Martins' Press).

JENCKS, C. (1987): Post-Modernism: The New Classicism in Art and Architecture. New York. Rizzoli.

JONES, I. (1949): Vines in the Sun: A Journey through the California Vineyards. New York.

JONES, L. (1988): „Blossoms in the Dust." Celebrate!, Los Angeles Times supplement, May 22, p. 74/75 a. 166–170.

KERNAHAN, G. (1965): „The Travail of Klanheim". Orange County Illustrated. July, p. 2 –3.

KILB, A. (1996): Batman und Bugs den ganzen Tag. DIE ZEIT v. 28. Juni.

KIMLER, F. (1979): „Downtown is Not Where It's At." The Register, April 16.

KIPPENBERGER, S. (1993): Schlimmer als Frühstücksfernsehen. Pseudostadt unter der Käseglokke: Die Mall of America. Der Tagesspiegel v.12. Dez.

KNOX, P.L. (1991): The Restless Urban Landscape. Economic and Sociocultural Change and the Transformation of Metropolitan Washington, D.C. Annals of the Association of American Geographers, 81, 2, 1991, p. 181–209.

KNOX, P.L. (ed.) (1993): The Restless Urban Landscape. Englewood Cliffs. (Prentice Hall).

KOCH, B. (1996): Das neue Herz von Oberhausen. Frankfurter Allgemeine Zeitung v. 12. Sept.

KOSTMAYER, P.H. (1989): The American Landscape in the 21st Century. Opening Remarks, Oversight Hearing, Subcommittee on General Oversight and Investigations, Committee on Interior and Insular Affairs, U.S. House of Representatives. (May 18).

KOTKIN, J. (1989): Fear and Reality in the Los Angeles Melting Pot. Los Angeles Times Magazine. (November 5).

KOWINSKI, W.S. (1985): The Malling of America. New York. (Morrow).

LOS ANGELES 2000 COMMITTEE (1988): LA 2000: A City For The Future. Los Angeles.

LEABOW, J. (1987): „Convention Center Plans Improvements to Keep Up With Competitors in 21st Year". The Orange County Register, Nov. 26.

LEGACY. The Orange County Story. The Register's Seventy-Fifth Anniversary Publication 1980, o.O.

LEINBERGER, C.B. (1988): The Six Types of Urban Village Cores. Urban Land, 47. (May).

LEINBERGER, C.B., C. LOCKWOOD (1986): How Business Is Reshaping America. Atlantic. (October).

LEFÈBVRE, H. (1974): La Production de l'espace. Paris.

LELONG, B.M. (1888): A Treatise on Citrus Culture in California.

LEWIS, P.F. (1976): New Orleans: The Making of an Urban Landscape. Cambridge. (Ballinger Press).

LEWIS, P.F. (1983): The Galactic Metropolis. In: Rutherford,H.P., G. Macinko (eds.): Beyond the Urban Fringe. Minneapolis. (Univ. of Minnesota Press).

LYNCH, K. (1960): The Image of the City. Cambridge.

LYOTARD, J.-F. (1984): The post-Modern Condition. Minneapolis. (Univ. of Minnesota Press).

MACARTHUR, M.Y. (1959): Anaheim: „The Mother Colony." Los Angeles. (Ward Ritchie Press).

MAHAR, M.: Not-So-Magic Kingdom. Barron's. The Dow Jones Business and Financial Week. Summer 1994.

MALONE, M.D. (ed.) (1993): Dreams to Reality. A Profile of Modern Day Anaheim. Houston. (Pioneer Publications, Inc.).

MARSH, M. (1990): Suburban Lives. New Brunswick. (Rutgers Univ. Press).

MARX, L. (1964): The Machine in the Garden: Technology and the Pastoral Ideal in America. London. (Oxford Univ. Press).

MAYER, H.M., R.C. WADE (1969): Chicago: Growth of a Metropolis. Chigago. (Univ. of Chicago Press).

MCLEOD, R.G. (1985): „A Marriage of Convinience: For Better or For Worse, Anaheim and Disneyland Go Hand in Hand". Orange County Register, June 2.

MCWILLIAMS, C. (1946): Southern California Country. An Island on the Land. New York. (2nd pr.).

MEINIG, D.W. (ed.) (1979): The Interpretation of Ordinary Landscapes: Geographical Essays. New York. (Oxford Univ. Press).

MEINIG, D.W. (1986): The Shaping of America: A Geographical Perspective on 500 Years of History. 2 vols., New Haven, London. (Yale Univ. Press).

MELCHING, R. (1974): The Activities of the Ku Klux Klan in Anaheim, California 1923–1925. Historical Society of Southern California Quarterly, Summer, p. 175–194.

MELROSE, R. (1879): Anaheim, the Garden Spot of Southern California. Anaheim. (Anaheim Gazette Print Job).

MEYER, U. (1996): Disneyland kennt keine Kirchen. Der Tagesspiegel v. 8. Nov.

MEYEROWITZ, J. (1985): No Sense of Place: The Impact of Electronic Media on Social Behavior. New York. (Oxford University Press).

MOEHRING, E.P. (1989): Resort City in the Sunbelt: Las Vegas, 1930–1970. Reno.

MOELLER, E.W. (1980): „An Historical Sketch." Manuscript. Anaheim History Room, Anaheim Public Library.

MORRISON, P., T.J. PARKER, S. HARVEY (1990): L.A. vs. O.C.: A Special Report. Los Angeles Times Magazine. (June 17).

MUMFORD, L. (1961): The City in History: Its Origins, Its Transformations, and Its Prospects. New York. (Harcourt Brace Jovanovich).

MUSICH, P. (1990): Focus: Orange County 1990. Balboa. (Metro Lifestyles).

NADEAU, R.A. (1960): Los Angeles: From Mission to Modern City. New York. (Longman).

NELSON, H.J. (1959): The Spread of an Artificial Landscape over Southern California. Annals of the Association of American Geographers, 49, pt. 2, p. 80–100.

NORBERG-SCHULZ, C. (1980): Genius loci: Toward a Phenomenology of Architecture. New York.

NORDHOFF, C. (1872): California: For Health, Pleasure, and Residence. A Book for Travellers and Settlers. New York. (Harper and Brothers Publ.).

NUNIS, D.B., JR., G.R. LOTHROP (1989): A Guide to the History of California. New York, Westport, London. (Greenwood Press Inc.).

O´HUALLLACHÁIN, B., N. REID: The Location and Growth of Business and Professional Services in American Metropolitan Areas, 1976 – 1986. Annals of the Association of American Geographers, 81, 2, p. 254–270.

ORANGE COUNTY CALIFORNIA GENEALOGICAL SOCIETY (comp.) (1996): 1890. The Great Register of Orange County, State of California. Orange.

PASTIER, J. (1978): The Architecture of Escapism: Disney World and Las Vegas. American Institute of Architects, Dec.

PEIRCE, N.R. (1972): The Pacific States of America: People, Politics, and Power in the Five Pacific Basin States. New York.

PIERCE, N.B. (1892): The California Vine Desease. U.S.D.A. Division of Vegetable Pathology, Bulletin, No.2. Washington, D.C.

PLEASANTS, J.E. (1931): History of Orange County, California. 3 vols., Los Angeles, Phoenix. (J.R. Finnell & Sons Publ. Co., Record Publ. Co.).

PRICE, E.T. (1959): The Future of California's Southland. Annals of the Association of American Geographers, 49, pt. 2, p. 101–117.

PRITCHARD, R.L. (1968): Orange County During the Depressed Thirties: A Study in Twentieth-Century California Local History. Historical Society of Southern California Quarterly, June, p. 191–207.

PUBLIC RELATIONS DIVISION, DISNEYLAND (1958): Disneyland Report to Anaheim and Orange County. (July). o.O.

RAPOPORT, A. (1982): The Meaning of the Built Environment: A Nonverbal Communication Approach. Beverly Hills.

RAUP, H.F. (1932): The German Colonization of Anaheim, California. University of California Publications in Geography, VI, 3, p. 123–146.

RAUP, H.F. (1945): Anaheim: A German Community of Frontier California. The American-German Review, XII, no.2, p. 7–11.

RAUP, H.F. (1959): Transformation of Southern California to a Cultivated Land. Annals of the Association of American Geographers, 49, 3, pt. 2, p. 58–79.

REINHARTSEN, B. (1977): „Mechanic, 90, Remembers WWI Aircraft Factory in Anaheim." The Register, May 29.

RELPH, E. (1976): Place and Placelessness. London. (Pion Limited).

RELPH, E. (1988): The Modern Urban Landscape. London. (Croom Helm).

RELPH, E. (1991): Post-modern Geography. The Canadian Geographer, 35, p. 98–105.

RENSCH, H.E. AND E.G. (1932): Historic Spots in California. The Southern Counties. Stanford, London.

RINEHART, C.H. (1932): A Study of the Anaheim Community with Special Reference to its Development. M.A. Thesis, Univ. of Southern California.

ROBERTS, S.M., R.H. SCHEIN (1993): The Entrepreneurial City: Fabricating Urban Development in Syracuse, New York. The Professional Geographer, 45, 1, p. 21–33.

ROBINSON, W.W. (1955): The Old Spanish and Mexican Ranchos of Orange County. Los Angeles. (Title Insurance & Trust Co.)

ROBINSON, W.W. (1966): Maps of Los Angeles. Los Angeles.

ROCKS, D.T. (comp.) (1972): Orange County Local History, 1869–1971: A Preliminary Bibliography. Santa Ana.

ROWNTREE, L. (1986): Cultural/Humanistic Geography. Progress in Human Geography, 10, p. 580–586.

RUBIN, B. (1977): A Chronology of Architecture in Los Angeles. Annals of the Association of American Geographers, 67,4, p. 521–537.

RUBIN, B. (1979): Aesthetic Ideology and Urban Design. Annals of the Association of American Geographers, 69, 3, p. 339–361.

RYN, S. VAN DER, P. CALTHORPE (1986): Sustainable Communities: A New Design Synthesis for Cities, Suburbs and Towns. San Francisco. (Sierra Club Books).

SACK, R.D. (1980): Conceptions of Space in Social Thought: A Geographic Perspective. Minneapolis. (Univ. of Minnesota Press).

SACK, R.D. (1988): The Consumer's World: Place as Context. Annals of the Association of American Geographers, vol. 78, 4, p. 642–664.

SANTA ANA VALLEY IMMIGRATION ASSN. (1885): The Santa Ana Valley of Southern California: It's Resources, Climate, Growth and Future. Santa Ana.

SCHÄFER, U. (1996): Palast mit Gleisanschluß. DIE ZEIT v. 24. Mai.

SCHICKEL, R. (1985): The Disney Version: The Life, Times, Art and Commerce of Walt Disney. New York. (rev. ed.).

SCHNEIDER-SLIWA, R. (1989): Großstadtpolitik in den USA vor und unter der Reagan-Administration und die „Central City-Suburb Disparität". Die Erde, 120, 4, S. 253–270.

SCHNEIDER-SLIWA, R. (1993): Kernstadtkrise USA: Zur Großstadtpolitik des Bundes und Permanenz eines amerikanischen Dilemmas. Die Erde, 124, 3, S. 253–265.

SCHNEIDER-SLIWA, R. (1996): Kernstadtverfall und Modelle der Erneuerung in den USA. Privatism, Public-Private Partnerships, Revitalisierungspolitik und sozialräumliche Prozesse in Atlanta, Boston und Washington, D.C. Berlin. (D. Reimer Verlag).

SCHOLZ, D. (1994): Entzauberung der Moderne. Vergeßt Bauhaus!... die Tageszeitung v. 2. Juni.

SCHULTZ, E.J. (1983): Famous Firsts in Anaheim History. Anaheim. (Anaheim Public Library).

SCHULZ, B. (1994): Über Kunst ins Gespräch kommen. Der Tagesspiegel v. 14. Dez.

SCHULZ, B. (1996): Sieben Zwerge tragen das Gebälk. Der Tagesspiegel v. 22. Okt.

Scott, A.J. (1986): High Technology Industry and Territorial Development: The Rise of the Orange County Complex, 1955–1984. Urban Geography, 7, p. 3–45.

SCOTT, A.J. (1990): Metropolis. From the Division of Labor to Urban Form. Berkeley, Los Angeles, London. (Univ. of California Press).

SCOTT, A.J., A.S. PAUL (1991): Industrial Development in Southern California, 1970–1987. In: Hart, J.F. (ed.): Our Changing Cities. Baltimore, p.189–217. (Johns Hopkins Univ. Press).

SCOTT, A.J. (1993): Technopolis. High – Technology Industry and Regional Development in Southern California. Berkeley, Los Angeles, Oxford. (Univ. of California Press).

SECURITY PACIFIC BANK (1988): Entering the 21st Century/ Portrait for Progress: The Economy of Los Angeles County and the Sixty-Mile Circle Region. Los Angeles. (July).

SELLARS, R.W. (1990): Why Take a Trip to Bountiful-Won't Anaheim Do? Landscape Magazine, 30, 3.

SHARON, C. (1981): „Anaheim – The City of Muscle." Orange County Illustrated, April, p. 43–55.

SLEEPER, J. (1968): „The Story of Orange County's Golden Harvest." The Register, Nov.17.

SMYTHE, W.E. (1905): The Conquest of Arid America. New York, London.

SOJA, E.W. (1989): Postmodern Geographies. The Reassertion of Space in Critical Social Theory. London. (Verso).

SOJA, E.W.: The Orange County Exopolis: A Contemporary Screen Play. (Unpublished paper).

SORKIN, M. (ed.): Variations on a Theme Park. The New American City and the End of Public Space. New York. (Hill and Wang Publ.).

SPIEGEL SPECIAL NR.2, 1996: Wahnsinn USA. Land der Extreme.

STANFORD RESEARCH INSTITUTE (1953): Final Report. An Analysis of Location Factors for Disneyland by. H.A. Price, W.M. Stewart, R.C. Rollins. SRI Project No. I–877 Phase I. Prep. for Walt Disney Productions Burbank, California, Stanford, California.

STARR, K. (1973): Americans and the California Dream 1850–1915. New York, Oxford. (Oxford Univ. Press).

STARR, K. (1985): Inventing the Dream: California Through the Progressive Era. New York, Oxford. (Oxford Univ. Press).

STARR, K. (1990): Material Dreams. Southern California Through the 1920s. New York, Oxford. (Oxford Univ. Press).

STEINNES, D. (1982): Suburbanization and the ‚Malling´ of America. Urban Affairs Quartery, 17, p. 401–418.

STERLING, S. (1984): „Festival Grew From Diversion to Major Celebration". The Register, October 23.

TALBERT, T.B. (ed.) (1963): The Historical Volume and Reference Works. Vol. II, Orange County. Whittier. (Historical Publ.).

TADAHIKO, H. (1988): The Visual and Spatial Structure of Landscapes. Cambridge.

THIEME, G., H.D. LAUX (1996): Los Angeles. Prototyp einer Weltstadt an der Schwelle zum 21. Jahrhundert. Geographische Rundschau, 48, 2, S.82–88.

THOMPSON AND WEST (1880): History of Los Angeles County, Cal. Oakland.

TRAVISS, SISTER M.P. (1961): The Founding of Anaheim, California. Unpublished Master's Thesis, Washington, D.C.

TUAN, Y.-F. (1974): Topophilia. A Study of Environmental Perception, Attitudes and Values. Englewood Cliffs. (Prentice Hall Inc.).

TUAN, Y.-F. (1976): Humanistic Geography. Annals of the Association of American Geographers, 66, 2, p.266–276.

TUAN, Y.-F. (1977): Space and Place: The Perspective of Experience. Minneapolis. (Univ. of Minnesota Press).

TURNER, E., J.P. ALLEN (1991): An Atlas of Population Patterns in Metropolitan Los Angeles and Orange Counties 1990. Northridge.

U.S. DEPARTMENT OF COMMERCE, ECONOMICS AND STATISTICS ADMINISTRATION, BUREAU OF THE CENSUS (1993): 1990 Census of Population and Housing, Population and Housing Characteristics for Census Tracts and Block Numbering Areas, Los Angeles-Anaheim-Riverside, Ca. CMSA (Part), Anaheim – Santa Ana, CA PMSA, Section 1 to 3.

VANCE, J.E. (1977): This Scene of Man: The Role and Structure of the City in the Geography of Western Civilization. New York. (Harper & Row).

VENTURI, R., S. BROWN, D., I. STEVEN (1977): Learning from Las Vegas: The Forgotten Symbolism of Architecture. Cambridge. (MIT Press).

VOGET, L.M. (1968): The Germans in Los Angeles County, California 1850–1900. San Francisco.

WAGNER, A. (1935): Los Angeles. Werden, Leben und Gestalt der Zweimillionenstadt in Südkalifornien. Leipzig. (Bibliographisches Institut AG).

WALKER, D. (1989): Orange County: A Centennial Celebration. Houston. (Pioneer Publications Inc.).

WALLACE, K. (1963): The Engineering of Ease. New Yorker 34, Sept. 7.

WALLACE, M. (1985): Mickey Mouse History: Portraying the Past at Disney World. Radical History Review, 32, p. 33–57.

WALSH, D.J. (1991): Land Use Beyond the Berm: The Evolution of the Disneyland Environs. M.A.Thesis in Geography. California State University, Fullerton.

WALSH, D.J. (1992): The Evolution of the Disney Land Environs. Tourism Recreation Research, XVII, No.1, p. 33–47.

WALT DISNEY PRODUCTIONS (1979): Disneyland. The First Quarter Century. o.O.

WALT DISNEY PRODUCTIONS (1980): 1980 Annual Report. Burbank.

WALT DISNEY PRODUCTIONS (1982): Disneyland Diary 1955–Today. o.O.

WALT DISNEY PRODUCTIONS (1984): The Spirit of Disneyland. o.O.

WALT DISNEY CO. (o.J.): The Disneyland Resort. Preliminary Master Plan. o.O.

WALT DISNEY CO. (o.J.): The Disneyland Resort. Draft Environmental Impact Summary. o.O.

WARNER, S.B. JR. (1968): The Private City. Philadelphia in Three Centuries of Its Growth. Philadelphia. (Univ. of Pennsylvania Press).

WARNER, S.B. JR. (1972): The Urban Wilderness: A History of the American City. New York. (Harper & Row).

WELFELD, I. (1988): Where we Live: The American Home and the Social, Political, and Economic Landscape, from Slum to Suburbs. New York. (Simon & Schuster).

WESTCOTT, J. (1990): Anaheim. City of Dreams. An Illustrated History. Chatsworth. (Windsor Publications Inc.).

WHYTE, W.H. (1988): City: Rediscovering the Center. New York. (Doubleday).

WOLCH, J., M. DEAR (eds.) (1989): The Power of Geography: How Territory Shapes Social Life. Boston.

WOOD, J.S. (1988): Suburbanization of Center City. Geographical Review, 78, 3, p. 325–329.

WROBLEWSKI, A.M. (1988): „The Impact of World War II on Orange County." Proceedings of the Conference of Orange County History, 1988. Chapman College, Orange.

ZAPALA, M. (1976): Anaheim, Grapes to Greatness. o.O.

ZUKIN, S. (1988): The Postmodern Debate over Urban Form. Theory, Culture and Society, 5, p. 431–446.

ZUKIN, S. (1991): Landscapes of Power. From Detroit to Disney World. Princeton. (Princeton Univ. Press).

8. ANHANG

8.1 VERZEICHNIS DER ABBILDUNGEN UND BEILAGEN

Abb. 1 u.. 2: Übersichtskarte Kaliforniens mit County-Einteilung und der Hervorhebung von Orange County. Das Hauptstraßenetz im County und die Eintragung des Stadtgebietes von Anaheim.
Quelle: City of Anaheim General Plan 1984.

Abb. 3: Gebietsübersicht vor der Siedlungsgründung von Anaheim in der Nähe des Río Santa Ana auf dem Gebiet des Rancho San Juan Cajón de Santa Ana von J.P. Ontiveros, 1834.
Quelle: Raup, H.F.: The German Colonization of Anaheim, California. University of California Publications in Geography, vol.6, No.3. Berkeley 1932.

Abb. 4: Die Lage von Anaheim im County Los Angeles vor der Entstehung von Orange County. Der Kartenausschnitt zeigt das Gebiet der Abel Stearns Ranches, die 1868 zum Verkauf angeboten wurden.
Quelle: Robinson, W.W.: Maps of Los Angeles. Los Angeles 1966.

Abb. 5: Auszug aus dem Protokoll des Gründungstreffens des Los Angeles Weingarten Vereins (Los Angeles Vineyard Society) vom 27. Feb. 1857 in deutscher Sprache.
Quelle: Los Angeles Vineyard Society February 24, 1857 to May 2, 1870.
Anaheim History Room, Anaheim Public Library.

Abb. 6: Auszug aus dem Protokoll vom 28. Febr. 1857 in deutscher Sprache mit der Namenliste der Käufer der Gesellschaftsanteile zu 10% des Anteilswertes ($ 25).
Quelle: Los Angeles Vineyard Society February 24, 1857 to May 2, 1870.
Anaheim History Room, Anaheim Public Library.

Abb. 7: Eine Lageskizze Anaheims (nach dem Originalplan) in der Nähe des Río Santa Ana auf dem Gebiet des Rancho San Juan Cajón de Santa Ana mit dem Hauptbewässerungskanal (1855).
Quelle: Raup, H.F.: The German Colonization of Anaheim, California. University of California Publications in Geography, vol.6, No.3. Berkeley 1932.

Abb. 8: Der Ortsplan von Anaheim mit den Feldeinteilungen für den Weinbau, den Bewässerungsgräben sowie die Aufteilung der Hausgrundstücke, um 1858.
Quelle: Robinson, W.W.: Maps of Los Angeles. Los Angeles 1966.

Abb. 9: Ausschnitt aus dem Landkaufvertrag vom 12. Sept. 1857 zwischen J. Fröhling, G. Hansen und J.P. Ontiveros mit Frau.
Quelle: Abstract of Title of That Certain Real Property in the Town of Anaheim, County of Los Angeles, State of California...
Anaheim History Room, Anaheim Public Library.

Abb. 10: Ausschnitt aus dem Vertrag zur Überlassung von Wege- und Wasserrechten vom 12. Sept. 1857 zwischen J. Fröhling, G. Hansen und J.P. Onitveros mit Frau.
Quelle: Abstract of Title of That Certain Real Property in the Town of Anaheim, County of Los Angeles, State of California...
Anaheim History Room, Anheim Public Library.

Abb. 11: George Hansen, Landvermesser und Ingenieur, der den Plan von Anaheim mit seiner Landaufteilung entwarf und das Bewässerungssystem plante.
Quelle: Anaheim History Room, Anaheim Public Library.

Abb. 12: Der Grundplan von Anaheim mit dem Eigentümerverzeichnis der Feldparzellen und Haus-grundstücke in der Planmitte, um 1859. 43 Namen treten als Eigentümer von 50 Hausparzellen auf. (Insgesamt sind es 64, aber einige waren zu diesem Zeitpunkt noch nicht vergeben.)
Quelle: Anaheim History Room, Anaheim Public Library.

Abb. 13: Landnutzung und Anlage der Bewässerungskanäle in Anaheim, 1860.
Quelle: Raup, H.F.: The German Colonization of Anaheim, California. University of California Pub-lications in Geography, vol.6, No.3. Berkeley 1932.

Abb. 14: Übersicht über die Straßen- und Tornamen im alten Anaheim. (Center Street ist jetzt Lin-coln Avenue und Los Angeles Street wurde zum Anaheim Boulevard).
Quelle:Zapala, M.: Grapes to Greatness. o.O. 1976.

Abb. 15: Die Glocke mit Erinnerungsplakette am Straßenrand des Anaheim Boulevard (früher Los Angeles Street) markiert heute das ehemalige, nördliche Los Angeles Gate.
Eigene Aufnahme, Juni 1994.

Abb. 16: Das sog. Pioneer House der Mother Colony von 1857 in der West St., das von G. Hansen als Wohnhaus errichtet worden sein soll.
Eigene Aufnahme, Juni 1994.

Abb. 17: Grabstein der Ruhestätte A. Krebs auf dem Friedhof Anaheims mit deutscher Inschrift.
Eigene Aufnahme, Juni 1994.

Abb. 18: Kopie eines Ausschnitts von Zeugenunterschriften im Vertrag vom 2. Jan. 1860, der den Übergang der Wasserrechte von der Los Angeles Vineyard Society zur Anaheim Water Co. besie-gelte.
Quelle: Abstract of Title of That Certain Real Property in the Town of Anaheim, County of Los Angeles, State of California...
Anaheim History Room, Anaheim Public Library.

Abb. 19: Wohnhaus und Garten der Familie Strodthoff Ecke Lemon und North St. in Anaheim, gegen Ende der sechziger Jahre.
Quelle: Anaheim History Room, Anaheim Public Library.

Abb. 20: „Zanjero"-Aufsicht an einem, mit Weiden bepflanzten, Bewässerungskanal an der Placen-tia Ave. im Norden von Anaheim in den siebziger Jahren.
Quelle: Anaheim History Room, Anaheim Public Library.

Abb. 21: Übersicht über den Stadtplan von Anaheim aus dem Jahr 1869, der die geplante Aufteilung von Weinbauflächen für Wohngrundstücke im sog. Langenberger Tract zeigt. Auf der rechten Seite die originale Einteilung der 64 Stadtgrundstücke.
Quelle: Reps, J.W.: Cities of the American West. Princeton 1979.

Abb. 22: Werbeannonce des Wagenmachers O. Luedke, 1872.
Quelle: The First Los Angeles City and County Directory 1872.
Anaheim History Room, Anaheim Public Library.

Abb. 23: Der Wechsel der Sprachverwendung in den Protokollen der Anaheim Water Co. Während am 1. Juli 1871 die Niederschrift noch in deutscher Sprache erfolgte, wurde die nächste Sitzung vom 8. Juli 71 und alle folgenden in Englisch abgefaßt.
Quelle: Minute Book Anaheim Water Company, March 12, 1865 to April 13, 1872.
Anaheim History Room, Anaheim Public Library.

Abb. 24: Auszug aus dem Einlagen-Hauptbuch für Theodore Reisers Weinbaugrundstück von 20 ac, 1874.
Quelle: Capital Stock Ledger 1874 – 1877.
Anaheim History Room, Anaheim Public Library.

Abb. 25: Das Santa Ana Valley und die Umgebung von Los Angeles, 1885. Die ersten regionalen Eisenbahnlinien sind eingetragen, und Anaheim Landing ist verzeichnet.
Quelle: Santa Ana Valley Immigration Assn.: The Santa Ana Valley of Southern California: It's Resources, Climate, Growth and Future. Santa Ana 1885.
Anaheim History Room, Anaheim Public Library.

Abb. 26: August Langenbergers Wohnhaus Ecke Lemon und Sycamore St., ca. 1880. Oben links ist sein Geschäftshaus in der Innenstadt abgebildet.
Quelle: Anaheim History Room, Anaheim Public Library.

Abb. 27: Wohnhaus und Weinkellerei von William Koenig in der South Los Angeles St., ca. 1880.
Quelle: Anaheim History Room, Anaheim Public Library.

Abb. 28: Das 1878 errichtete Schulgebäude Anaheims.
Quelle: Anaheim History Room, Anaheim Public Library.

Abb. 29: Henry Kroegers Wohnhaus Ecke Center und East St., ca. 1880.
Quelle: Anaheim History Room, Anaheim Public Library.

Abb. 30: Werbeanzeige der Firma Goodman & Rimpau für Kurzwaren und Bekleidung, 1872.
Quelle: The First Los Angeles City and County Directory 1872.
Anaheim History Room, Anaheim Public Library.

Abb. 31: Auszug aus der steuerlichen Veranlagung Anaheimer Bürger wie z.B. Ch. Steppenbach und D. Schmidt, 1876/77. In der Liste finden sich auch Mitbewohner chinesischer Herkunft wie z.B. Sin Kwong Wo, dessen persönliches Vermögen mit $ 550 und seine steuerliche Belastung mit $ 4,16 angegeben ist.
Quelle: Assessment Book of the Property of the Town of Anaheim, beginning with the Fractional Fiscal Year 1876–77, Ending…
Anaheim History Room, Anaheim Public Library.

Abb. 32: Ausschnitt aus der Faksimile Wiedergabe des „Business Directory" für Anaheim, 1878.
Quelle: Friis, L.J.: When Anheim Was 21. Santa Ana, California 1968.

Abb. 33/Beilage: Das Geschäftszentrum von Anaheim 1887 mit Angaben zur Gebäudenutzung wie z.B. Planters' Hotel (Ecke Center St. und Los Angeles St.), Odd Fellows' Bldg. und chinesischen Gewerbeeinrichtungen in der Charles St. (Sanborn Feuerversicherungskarte.)
Quelle: Anaheim History Room, Anaheim Public Library.

Abb. 34: Werbeanzeige für das zentral gelegene Planters' Hotel aus dem Jahr 1872, das in der Sanborn Karte von 1887 (Ecke Center St. u. Los Angeles St.) in Abb. 33/Beilage verzeichnet ist.
Quelle: Anaheim History Room, Anaheim Public Library.

Abb. 35: Geschäfte in der Center Street von Anaheim, ca. 1883: Goodman & Rimpau/ Kurzwaren u. Bekleidung; Pellegrin/ Uhrmacher und Juwelier; Bank of Anaheim; Post Office.
Quelle: Anaheim History Room, Anaheim Public Library.

Abb. 36: Blick in die Center St. Richtung Osten. Der Straßenzug vermittelt noch den Eindruck einer Pioniersiedlung. Auf der rechten Seite die Hufschmiede von Fred Pressel. (o. J.)
Quelle: Anaheim History Room, Anaheim Public Library.

Abb. 37: Anaheim Street Car Co. v. 1887–1899. Die Pferdebahn verkehrte auf der Center St. zwischen der Santa Fé Railroad Station und dem Southern Pacific Railway Depot.
Quelle: Anaheim History Room, Anaheim Public Library.

Abb. 38: Anaheim Landing als Ausflugsziel am Pacific, 1888.
Quelle: Anaheim History Room, Anaheim Public Library.

Abb. 39: Ansicht von Anaheim mit Blick auf die Sierra Madre Mountains, ca. 1875–1877.
Quelle: Bancroft Library, Berkeley.

Abb. 40: Veranlagung zur Wassergeldabgabe von G. Bauer durch die Anaheim Water Co., 1875.
Quelle: Anaheim History Room, Anaheim Public Library.

Abb. 41: Das Denkmal zur Erinnerung an Helena Modjeska, der berühmten Schauspielerin und Bürgerin Anaheims im Pearson Park.
Eigene Aufnahme, Juni 1996.

Abb. 42: Theodore Reisers Haus Ecke Santa Ana und Olive St., ca. 1880.
Quelle: Anaheim History Room, Anaheim Public Library.

Abb. 43: Henry Kroegers Lehrbuch der deutschen Sprache von 1879.
Quelle: Anaheim History Room, Anaheim Public Library.

Abb. 44: Landnutzungsmuster im alten Anaheim, 1875. Auffallend sind die monokulturartigen Weinbauflächen.
Quelle: Raup, H.F.: The German Colonization of Anaheim, California. University of California Publications in Geography, vol. 6, No.3. Berkeley 1932.

Abb. 45: Diversifikation der Landnutzung im alten Anaheim, 1888. (Ein Vergleich der landwirtschaftlichen Nutzungsveränderungen gegenüber 1875 (Abb. 44) bietet sich an).
Quelle: Raup, H.F.: The German Colonization of Anaheim, California. University of California Publications in Geography, vol.6, No.3. Berkeley 1932.

Abb. 46: Verkaufsanzeige für Stadtgrundstücke auf ehemaligen Weinbauflächen in der Innenstadt von Anaheim. (o.J.)
Quelle: Anaheim History Room, Anaheim Public Library.

Abb. 47: Bürgerstolz in Anaheim. Ein viktorianisches Wohnhaus in der Orange St., das vor der Jahrhundertwende errichtet wurde.
Eigene Aufnahme, Juni 1996.

Abb. 48: Eine Gruppe weißer Arbeiter und Jugendlicher bei der Orangenernte, 1899.
Quelle: Anaheim History Room, Anaheim Public Library.

Abb. 49: Auszüge aus dem Hauptbuch für Gewerbelizenzen, 1890/92 für Boege (Salooninhaber), Bennerscheidt (Eisenwaren), Ah What (Gemüsehändler) u.a.
Quelle: License Ledger Book, City of Anaheim 1890–95. No.18517.
Anaheim History Room, Anaheim Public Library.

Abb. 50: Blick gegen Norden auf das Zentrum von Anaheim, um 1910. Im Vordergrund Claudina St., die zur City Hall führt. „The town that can't be beat"... (Die angegebene Bevölkerungszahl ist übertrieben.)
Quelle: Anaheim History Room, Anaheim Public Library.

Abb. 51: Ein berühmter Männertreffpunkt in Anaheim. Kroeger's Favorite Saloon in der W. Center St. 144, um 1906.
Quelle: Anaheim History Room, Anaheim Public Library.

Abb. 52: Triebwagen der Pacific Electric Co., die zwischen Santa Ana, Garden Grove und Artesia verkehrte.
Quelle: Anaheim History Room, Anaheim Public Library.

Abb. 53: Einladungsplakat in deutscher Sprache zum Benefizkonzert für die kriegsbetroffene Bevölkerung in den Heimatländern, 1920.
Quelle: Anaheim History Room, Anaheim Public Library.

Abb. 54: Chronik und Ausschnitt aus dem Veranstaltungskalender des Phoenix Clubs in Anaheim.
Quelle: Der Phoenix. Vereinszeitung des Deutschen Vereins in Orange County. Ausgabe 1, 94, No. 124.

Abb. 55: Einladungsanzeige des Phoenix Clubs für das mehrtägige German Fest im Juni 96 in Anaheim.
Quelle: The Orange County Register v. 13.6.1996.

Abb. 56: Die Zuckerfabrik an der La Palma Ave. im Norden von Anaheim, 1913.
Quelle: Anaheim History Room, Anaheim Public Library.

Abb. 57: Das alte Stadtviereck von Anaheim mit umgebender Landaufteilung, um 1915. Die Stadterweiterung vollzieht sich vor allem in Richtung Westen und Norden. An der La Palma Ave. der Eintrag der Anaheim Sugar Co.
Quelle: Anaheim History Room, Anaheim Public Library.

Abb. 58: Stadtplan von Anaheim (1924) mit der Standortangabe der Community Industrial Land Corp. an der La Palma Ave., welche die städtischen Industrialisierungsbemühungen anzeigt.
Quelle: Anaheim History Room, Anaheim Public Library.

Abb. 59: Die beliebte regionale Valencia Orange Show in Anaheim, 1927.
Quelle: Anaheim History Room, Anaheim Public Library.

Abb. 60: Der dritte Neubau des Rathauses von Anaheim 1923 mit seinem klassizistischen Frontportal.
Quelle: Anaheim History Room, Anaheim Public Library.

Abb. 61: Frühe Werbeanzeige für die Anaheimer Valencia-Sorte als Mauerschmuck am Citrus Park der City of Anaheim.
Eigene Aufnahme, Juni 1994.

Abb. 62: Anaheim Orange and Lemon Growers Ass. Building von 1919. Orangenverpackungshalle an der Ecke Anaheim Blvd. (Los Angeles St.) und Santa Ana St. (Gleisanschluß). Architektonische Reminiszenzen mit spanisch-mexikanischen Stilelementen und einer Orange über dem Eingang als Symbol des regionalen landwirtschaftlichen Haupterwerbszweiges.
Eigene Aufnahme, Juni 1994.

Abb. 63: Stadtplan und Umgebungskarte von Anaheim mit der Eintragung der Stadtgrenze (City Limits), 1931. (Ebenfalls eingetragen sind kreisförmige, vom Zentrum aus gemessene, Entfernungsangaben im Abstand von ½ Meile.)
Quelle: Anaheim History Room, Anaheim Public Library.

Abb. 64: Funktionale Struktur des Anaheimer Stadtgebietes, 1932.
Quelle: Nach Rinehart, C.H.: A Study of the Anaheim Community with Special Reference to its Development. Los Angeles 1932.

Abb. 65: Landnutzungsstruktur im alten Karree von Anaheim, das von Wohn- und Industrienutzung beinahe ausgefüllt ist, 1932.
Quelle: Raup, H.F.: The German Colonization of Anaheim, California. University of California Publications in Geography, vol.6, No.3. Berkeley 1932.
Anaheim History Room, Anaheim Public Library.

Abb. 66: Schrägbild von Anaheim mit Blick gegen Osten, umgeben von Zitrushainen, 1938. Im Vordergrund die westlichen Ausbauten und in der Mitte die Kreuzung von Center St. und Los Angeles St.
Quelle: Anaheim History Room, Anaheim Public Library.

Abb. 67: Mitglieder der Familie Kuchel, wie sie in verschiedenen Verzeichnissen, Adress- und Telefonbüchern zwischen 1870 und 1974 aufgeführt sind.
Quelle: Anaheim History Room, Anaheim Public Library.

Abb. 68/Beilage: Stadtplan von Anaheim, 1950. Die Sonderdarstellung der Parkmöglichkeiten in Downtown weist auf die zunehmende Bedeutung des Pkw-Verkehrs im Nachkriegs-Anaheim hin.
Quelle: Anaheim History Room, Anaheim Public Library.

Abb. 69/Beilage: Anaheim mit seiner unbebauten, landwirtschaftlichen Umgebung als potentiellem Bauland für Disneyland entlang der Entwicklungsachse des Santa Ana Freeway, 1953.
Quelle: Anaheim History Room, Anaheim Public Library.

Abb. 70: Die Disneyland Baustelle sechs Wochen vor der Eröffnung. Im Vordergrund die Kleinbahnstation mit dem dahinterliegenden „Empfangsplatz" und der Main Street-Anlage.
Quelle: Anaheim History Room, Anaheim Public Library.

Abb. 71: Die ersten Attraktionen in Disneyland („Mouseland"), 1955.
Quelle: Anaheim History Room, Anaheim Public Library.

Abb. 72: Schaubild der Einflußfaktoren auf die Gestaltung von Disneyland.
Quelle: Gravel, T.S.: The Animator's Landscape: Disneyland. Berkeley 1990.
Anaheim History Room, Anaheim Public Library.

Abb. 73: Diagramm über Besucherzahl und jahreszeitliches Verhalten in Disneyland im Vergleich der Jahre 1958 und 1966.
Quelle: Walsh, D.J.: The Evolution of the Disney Land Environs. Tourism, Recreation, Research, vol. XVII, No.1, 1992.

Abb. 74: Schrägaufnahme des Ausbaustandes von Disneyland, 1958. Blickrichtung gegen Norden zur I5, wo noch Orangengärten angelegt sind. Im Vordergrund die vollbesetzte Parkfläche als Zeichen hohen Besucheraufkommens.
Quelle: Anaheim History Room, Anaheim Public Library.

Abb. 75: Schrägansicht von Disneyland mit Anaheim im Hintergrund, April 1964. Im vorderen Bereich die Katella Ave. und neue Motelbauten. Auf der linken Seite West St. und die Disneyland-Hotelanlage.
Quelle: Anaheim History Room, Anaheim Public Library.

Abb. 76: Stadtplan von Anaheim mit Umgebungskarte und dem Eintrag von Disneyland, 1959. Deutlich wird die Bedeutung der Verkehrsanbindung am Santa Ana Freeway (I5) und an das Stadtzentrum von Anaheim (Harbor Blvd.).
Quelle: Anaheim History Room, Anaheim Public Library.

Abb. 77: Das alte „schneebedeckte" Alpine Motel an der Katella Ave., das der Erweiterung bzw. dem Verjüngungvorhaben durch den „Amusement"-Park weichen wird.
Eigene Aufnahme, Juni 1994.

Abb. 78: Der Bau des Anaheim Convention Center (ACC) gegenüber von Disneyland an der Katella Ave. inmitten von Orangengärten, 1965.
Quelle: Anaheim History Room, Anaheim Public Library.

Abb. 79: Die Standardarchitektur das Großhotels „Anaheim Hilton" neben dem Convention Center.
Eigene Aufnahme, Juni 1994.

Abb. 80: Abgrenzung der „Commercial Recreation Area" (CRA) in Anaheim.
Quelle: Walsh, D.J.: The Evolution of the Disney Land Environs. Tourism, Recreation, Research, vol. XVII, No.1, 1992.

Abb. 81: Landnutzung in der „Commercial Recreation Area" (CRA), 1958.
Quelle: Walsh, D.J.: The Evolution of the Disney Land Environs. Tourism, Recreation, Research, vol. XVII, No.1, 1992.

Abb. 82: Landnutzung in der „Commercial Recreation Area" (CRA), 1990.
Quelle: Walsh, D.J.: The Evolution of the Disney Land Environs. Tourism, Recreation, Research, vol. XVII, No.1, 1992.

Abb. 83: Blick auf das Anaheim Stadium („The Big A").
Eigene Aufnahme, Juni 1994.

Abb. 84: Der Eingangsbereich zum Convention Center an der Katella Ave. in der Architektursprache der sechziger Jahre.
Eigene Aufnahme, Juni 1994.

Abb. 85: Die Sheraton-Kette mit ihrem Hotelbau im historisierenden „Burgenstil" am Nordrand der „Commercial Recreation Area" (CRA).
Eigene Aufnahme, Juni 1994.

Abb. 86: Die Front der kolossalen Anaheim Arena („Arrowhead Pond") im Baustil der neunziger Jahre.
Eigene Aufnahme, Juni 1994.

Abb. 87: Schrägbild von Disneyland, 1965. Die Monorail im Vordergrund, dahinter der Eintrittsbereich mit der lachenden Mickey Mouse. Der Blick geht auf die Main Street-Zentralachse, die in den Mittelpunkt der Verteiler-Plaza mündet und am Blickfang des Märchenschlosses endet.
Quelle: Anaheim History Room, Anaheim Public Library.

Abb. 88: Ikone des ländlichen Kleinstadtideals mit dem Kirchengebäude als christlicher Glaubensfeste und dem Sonnenaufgang als Hoffnungssymbol.
Quelle: Los Angeles Times v. 19.6.1994.

Abb. 89: Der Werbeturm mit dem wortschöpferischen Willkommensgruß zur „Disneyland-Fantasmic-World" am Eingang Harbor Blvd.
Eigene Aufnahme, Juni 1994.

Abb. 90: Arbeitsstreik in Disneyland. Der Park ist nur scheinbar eine „idyllische Insel im Vergnügungsozean" da er mitten in einer konfliktreichen, gesellschaftlichen Realität liegt.
Quelle: Anaheim History Room, Anaheim Public Library.

Abb. 91: Nationale Verteidigungsindustrien im Anaheim der Nachkriegszeit bzw. während des Koreakrieges.
Quelle: Anaheim History Room, Anaheim Public Library.

Abb. 92: Schrägansicht von Anaheim mit Blickrichtung gegen Osten entlang Center St., 1953. Im Hintergrund auf der linken Straßenseite das hohe Gebäude des architektonisch hervortretenden Kraemer Building.
Quelle: Anaheim History Room, Anaheim Public Library.

Abb. 93: Die Center St. gegen Osten. Auf der linken Straßenseite das Fox Filmtheater und das Kraemer Building, 1958.
Quelle: Anaheim History Room, Anaheim Public Library.

Abb. 94/Beilage: Luftbild der alten Innenstadt von Anaheim v. 2.2.1966 vor dem Einsetzen der innerstädtischen Erneuerungspläne. (P=Parkfläche, P.O.=Post Office, AT & SFR=Atkinson Topeka & Santa Fé Railroad, SPR=Southern Pacific Railroad). Scale: 1:400.
Quelle: Air Photo Services, Santa Ana.

Abb. 95: Schrägblick vom Harbor Blvd. gegen das Stadtzentrum mit Center St., 1967. Vorne das Gebäude der Bank of America und gegenüber der Flachbau der neuen Public Library.
Quelle: Anaheim History Room, Anaheim Public Library.

Abb. 96/Beilage: Flächenausweisung von DOWNTOWN und NORTHEAST im Redevelopment Project Alpha.
Quelle: City of Anaheim, Planning Department: Anaheim 1992.

Abb. 97: „Redevelopment" und betroffene Anaheimer Bürger.
Anaheim Bulletin v. 5.4.1976.
Quelle: Anaheim History Room, Anaheim Public Library.

Abb. 98: Der Umbauplan für die Downtown Anaheim im Project Alpha, 1976.
Quelle: Anaheim Redevelopment Agency: alpha update, vol.1, Feb. 1976.

Abb. 99: „The Realistic Redevelopment Project" für „Downtown Anaheim", 1978. Die grauen Flächen stellen potentielle Baugebiete dar, die z.T. noch nicht zweckgebunden ausgewiesen sind.
Quelle: The Orange County Register v. 26. 2.1978.

Abb. 100: Das Steuerzuwachs-Finanzierungsmodell im „Redevelopment"-Prozeß von Anaheim.
Quelle: Anaheim Redevelopment Agency: What Redevelopment Means to You. Anaheim o.J.

Abb. 101: Das Anaheim Memorial Manor an der Center St. Eines der ersten Seniorenheime in der neuen Innenstadt, das den postmodernen Architekturstil aufnimmt.
Eigene Aufnahme, Juni 1994.

Abb. 102: Der moderne Granit-Spiegelglas Ergänzungsbau der City Hall West.
Eigene Aufnahme, Juni 1994.

Abb. 103: Das erhaltene Kraemer Building von 1925 an der ehemaligen Center St.
Eigene Aufnahme, Juni 1994.

Abb. 104: Umgesetztes und renoviertes Wohnhaus im „California Craftsman Style" an der Ecke Cypress St. und Philadelphia St.
Eigene Aufnahme, Juni 1994.

Abb. 105: Umgesetzte und aufgebockte, aber noch nicht instandgesetzte „Craftsman Bungalows" in der „Melrose Neighborhood" gegenüber dem Citrus Park, in dem auch ein Kinderspielplatz eingerichtet wurde.
Eigene Aufnahme, Juni 1994.

Abb. 106: Der ehemalige Bahnhof der UPR in Anaheim, der im Zuge des Innenstadtumbaues zu einer Kindertagesstätte des YMCA wurde.
Eigene Aufnahme, Juni 1994.

Abb. 107/Beilage: Luftbild der Innenstadt von Anaheim, v. 18.6.1983. Der begonnene Umbau der „Downtown" zeigt sich im bogenförmigen Ausbau der Lincoln Ave., in der Einkaufszeile (helle Flachbauten) und der neuen City Hall am erweiterten Anaheim Blvd. (P=Parkhaus/Parkfläche, P.O.=Post Office, SPR=Southern Pacific Railroad). Scale: 1:400.
Quelle: Air Photo Services, Santa Ana.

Abb. 108: Grundstückseigentum und Freiflächen im Zentrum von Anaheim, 1989.
Quelle: The Orange County Register v. 31.3.1989.

Abb. 109: Zusammenfassung der Zukunftsplanungen für „Downtown Anaheim", 1991.
Quelle: Anaheim Redevelopment Agency: Anaheim Center. Guide for Development. Anaheim 1991.

Abb. 110/Beilage: Baugestaltungsentwurf für das zentrale Anaheim, 1991.
Quelle: Anaheim Redevelopment Agency: Anaheim Center. Guide for Development. Anaheim 1991.

Abb. 111/Beilage: Landnutzungsplan für den Zentrumsbereich Anaheims, 1991.
Quelle: Anaheim Redevelopment Agency: Anaheim Center. Guide for Development. Anaheim 1991.

Abb. 112/Beilage: Verkehrsplanung für die Innenstadt Anaheims, 1991.
Quelle: Anaheim Redevelopment Agency: Anaheim Center. Guide for Development. Anaheim 1991.

Abb. 113/Beilage: Luftbild der Innenstadt von Anaheim v. 3.12.1993. Deutlich wird die fortgeschrittene Umwandlung im Redevelopment-Areal, wo z.B. gegenüber von City Hall Büroerweiterungsbauten und Parkhäuser entstanden sind. Aber auch die noch ungenutzten Freiflächen sind Indikatoren für den unvollendeten Ausbaustand. (A=Anaheim, P=Parkhaus/Parkfläche, P.O.=Post Office, SPR=Southern Pacific Railroad). Scale: 1:400.
Quelle: Air Photo Services, Santa Ana.

Abb. 114: Blick von der freiliegenden Plaza gegen Osten auf die City Hall West und das Pacific Bell Bürohaus entlang West Harbor Place.
Eigene Aufnahme, Juni 1994.

Abb. 115: Blick in das Wohn-„Village" entlang Center St. auf den Abschluß mit der Kindertagesstätte im früheren Bahnhof der UPR. Gestaltung der Straßenbegrenzung mit „zweistöckiger" Baumbepflanzung.
Eigene Aufnahme, Juni 1994.

Abb. 116: Der Dorfplatz im „Village" entlang Center St.
Eigene Aufnahme, Juni 1994.

Abb. 117: Rückansicht der City Hall mit der dazugehörigen Parkgarage und dem Erweiterungsbau der City Hall West (rechts, am Anaheim Blvd.).
Eigene Aufnahme, Juni 1994.

Abb. 118: Freies Bauland vor dem Pacific Bell Gebäude im Zentrum am Anaheim Blvd. und West Harbor Place.
Eigene Aufnahme, Juni 1994.

Abb. 119: Die Eislaufhalle unter Palmen: „Disney Ice" von Frank Gehry im Zentrum von Anaheim.
Eigene Aufnahme, Juni 1996.

Abb. 120: Werbung für die neuen Wohngebiete in den Anaheim Hills im Osten der Stadt.
Anaheim Bulletin.
Quelle: Anaheim History Room, Anaheim Public Library.

Abb. 121: Schrägaufnahme der noch unbesiedelten Anaheim Hills zu Beginn der siebziger Jahre. Im Vordergrund die Anlage des Newport Freeway (55). Dahinter der Beginn der Nohl Ranch Rd. und in den Hügeln das Olive Hills Reservoir.
Quelle: Anaheim History Room, Anaheim Public Library.

Abb. 122: Frühe Planungen für die Erschließung der Anaheim Hills und Canyon-Gebiete.
Quelle: City of Anaheim, Planning Commission: Hill and Canyon General Plan. Anaheim 1965.
(Eigene Zusammenstellung).

Abb. 123/Beilage: Luftbild der Anaheim Hills v. 3.12.1993. Stand der erreichten Wohnerschließung, mit Grünzonenanlagen und dem Shopping Center Areal in den Hügelgebieten. Im östlichsten Teil Neuerschließungen mit Planierungsarbeiten sowie Straßen- Kanalisations- und Eigenheimbauten. (P=Parkfläche). Scale: ca. 1:2310.
Quelle: Air Photo Services, Santa Ana.

Abb. 124: Neubaugeschehen in den Anaheim Hills mit den Anzeigetafeln bekannter, konkurrierender „Developer Companies".
Eigene Aufnahme, Juni 1994.

Abb. 125: Werbeseite mit Wiedergabe des „Anaheim Hills Festival Shopping Center".
Quelle: The Orange County Register v. 24.10.1994.
Quelle: Anaheim History Room, Anaheim Public Library.

Abb. 126: Architektur-Nostalgie in der Fassade von „Mervyn's Department Store" im „Anaheim Hills Festival Shopping Center".
Eigene Aufnahme, Juni 1994.

Abb. 127: „Anaheim Memorial Medical Plaza" als Beispiel für ein hochmodernes, medizinisches Servicezentrum in den „Hills" mit entsprechendem Klientel.
Eigene Aufnahme, Juni 1994.

Abb. 128: Werbeanzeige mit günstigen Preisangaben für Eigenheime in der Hügelnachbarschaft „Viewpointe North" der Presley Co.
Los Angeles Times v. 11.3.1995.
Quelle: Anaheim History Room, Anaheim Public Library.

Abb. 129: Ausschnitt aus dem Bebauungsplan („tract homes") entlang Serrano Ave. mit unterschiedlichen Wohndichten für die individuellen Grundstücke in den Teilbereichen, 1992.
Quelle: City of Anaheim, Planning Department: General Plan Amendments. Anaheim 1994.

Abb. 130: Mondän ausgestattete Eigenheime mit Doppelgaragen in mittlerer Wohndichte an der Ecke The Highlands CT und Mountvale CT.
Eigene Aufnahme, Juni 1994.

Abb. 131: Das umzäunte Wohnquartier „Viewpointe" („gated community"; „fortified domesticity") an der Serrano Ave. mit elektrisch betriebenen Straßentoren, die mittels Fernsteuerung bedient werden.
Eigene Aufnahme, Juni 1996.

Abb. 132: Die Verteilung der weißen Bevölkerung in Anaheim nach Census Distrikten, 1990.
Quelle: Nach Turner, E., J.P. Allen: An Atlas of Population Patterns in Metropolitan Los Angeles and Orange Counties 1990. Northrigde 1991.

Abb. 133: Die Verteilung der hispanischen Bevölkerung in Anaheim nach Census Distrikten, 1990.
Quelle: Nach Turner, E., J.P. Allen: An Atlas of Population Patterns in Metropolitan Los Angeles and Orange Counties 1990. Northrigde 1991.

Abb. 134: Die Verteilung der Bevölkerung asiatischer Herkunft in Anaheim nach Census Distrikten, 1990.
Quelle: Nach Turner, E., J.P. Allen: An Atlas of Population Patterns in Metropolitan Los Angeles and Orange Counties 1990. Northrigde 1991.

Abb. 135: „Se habla Español" beim Autokauf für die zahlreiche, spanisch sprechende Kundschaft aus Anaheim.
Eigene Aufnahme, Juni 1994.

Abb. 136: Die verschiedenen „Business Centers" und andere wichtige Standorte für Vergnügen, Sport und Tagungen in Anaheim.
Quelle: Community Development, Public Utilities, Anaheim, o.J.

Abb. 137: High-Tech in Anaheim. Das Unternehmen CalComp., eine Tochter der Lockheed Co. an der West La Palma Ave., das hochtechnische Computergraphik entwickelt.
Eigene Aufnahme, Juni 1994.

Abb. 138: Die Firma Odetics mit 600 Beschäftigten an der Manchester Ave., die Systeme der automatisierten Informationsaufnahme und -kontrolle für das amerikanische Weltraumprogramm herstellt.
Eigene Aufnahme, Juni 1994.

Abb. 139: Verfallener, industrieller Einzelstandort an der Manchester Ave.
Eigene Aufnahme, Juni 1994.

Abb. 154: Projektübersicht über den veränderten und reduzierten Ausbau eines ergänzenden Amuse-
ment Parks auf dem Gelände der Disney Co., 1996.
The Orange County Register v. 16. 2.1996.
Quelle: Anaheim History Room, Anaheim Public Library.

Abb. 155: Werbung für das neue Abenteuer „Indiana Jones" als interne Attraktionserneuerung von
Disneyland.
Quelle: Handzettel der Disney Corp., 1995.

Abb. 156: Die Einnahmen- und Ausgabenseite des Stadtbudgets für 1996/97, aus der die Aufwendungen für das „Convention Center" und das „Anaheim Stadium" zu entnehmen sind.
Quelle: City of Anaheim: Annual 1996/97 Update Budget Anaheim.

Abb. 157: Disney-Logo für das Anaheim Baseball-Stadion.
The Orange County Register v.7.3.1996.
Quelle: Anaheim History Room, Anaheim Public Library.

Abb. 158: Das „Sportstown"-Zeichen für Anaheim.
Anaheim Bulletin v.11.1.1996.
Quelle: Anaheim History Room, Anaheim Public Library.

Abb. 159: Anaheims grandioser Zukunftsentwurf für seine „Sportstown".
Los Angeles Times v.4.1.1996.
Quelle: Anaheim History Room, Anaheim Public Library.

Abb. 160: Der kontinuierliche Übergang von einer Stadt zur anderen. Die Kreuzung von State Col-
lege Blvd. und Orangewood Ave. Links, die Stadt Orange Grove mit dem Orange Tower. Rechts, die
Stadt Anaheim mit dem Ford Office/Landmark Bank-Gebäude.
Eigene Aufnahme, Juni 1994.

Abb. 161: Blick von Norden auf die begrünte Disneyland-Silhouette mit dem weißen Matterhorn.
als Landmarke. Im Vordergrund der Beginn der Umbauarbeiten der Backstage Area zur Modernisierung des Amusement Parks.
Eigene Aufnahme, Juni 1994.

Abb. 162: Die gleiche Blickrichtung wie in Abb. 169. Die Disneyland-Silhoutte ist nun durch die
Neubauten einer Parkgarage und des Disney Team-Bürotrakt in der Backstage Area verdeckt.
Eigene Aufnahme, Juni 1996.

Abb. 163: Anaheims Architekturhistorie von 1857 bis 1926 mit ihren bedeutendsten Gebäuden als
Ausdruck lokaler Identifikation und Stolzes.
Quelle: Anaheim Museum, 1996.

Abb. 164: Modernes Signaturgebäude des Merrill Lynch Finanz- u. Immobilienunternehmens in der
Architektursprache von Spiegelglas und Stein an der La Palma Ave. im Canyon Business Center von
Anaheim.
Eigene Aufnahme, Juni 1994.

8.2 VERZEICHNIS DER ZEITUNGSAUSSCHNITTE

A 1: Werbeanzeige für das älteste Geschäft in Anaheim von August Langenberger.
Anaheim Gazettte v. 5.11.1870.
Quelle: Anaheim History Room, Anaheim Public Library.

A 2: Aufruf zur Informationsversammlung über die Teilung von Los Angeles County.
Nach einer Meldung in der Anaheim Gazette v. 12.4.1873.
Quelle: Anaheim History Room, Anaheim Public Library.

A 3: Mitteilung über die Vorbereitungen zum Bau des Odd Fellows' Building.
Anaheim Gazette v. 12.4.1873.
Quelle: Anaheim History Room, Anaheim Public Library.

A 4: Die städtischen Hauptstraßen sollen durch sommerliches Sprengen verbessert werden.
Anaheim Gazette v. 14.6.1873
Quelle: Anaheim History Room, Anaheim Public Library.

A 5: Ballanzeige des Anaheimer Turnvereins für die Silvesterfeier 1873/74.
Anaheim Gazette v. 13.12.1873.
Quelle: Anaheim History Room, Anaheim Public Library.

A 6: Erfolgsmeldung über die Ausfuhr von Wein über Anaheim Landing.
Anaheim Gazette v. 13.12.1873.
Quelle: Anaheim History Room, Anaheim Public Library.

A 7: Meldung über die Ankunft zahlreicher, möglicher Landkunden aus dem Osten.
Nach einer Meldung in der Anaheim Gazette v. 12.4.1873.
Quelle: Anaheim History Room, Anaheim Public Library.

A 8: Verschiedene Landtransfers mit Größen- und Preisangaben.
Anaheim Gazette v. 12.4.1873.
Quelle: Anaheim History Room, Anaheim Public Library.

A 9: Bericht über die Arbeit der „Horticultural Commission" in der Weinbaukrise.
Anaheim Gazette v. 20.2.1887.
Quelle: Anaheim History Room, Anaheim Public Library.

A 10: Meldung über Fred Hartungs Erfolg im Weinbau.
Anaheim Gazette v. 27.2.1887.
Quelle: Anaheim History Room, Anaheim Public Library.

A 11: Informationen und Hinweise für mögliche Landkäufer.
Anaheim Gazette v. 5.12.1886.
Quelle: Anaheim History Room, Anaheim Public Library.

A 12: Eine neue Industrie macht sich breit – die Verpackungshallen für Zitrusfrüchte.
Anaheim Gazette v. 23.11.1911.
Quelle: Anaheim History Room, Anaheim Public Library.

A 13: In New York setzt sich die Valencia Orange durch.
Anaheim Gazette v. 28.12.1911.
Quelle: Anaheim History Room, Anaheim Public Library.

A 14.: Die internationale Exportexpansion der Orange County-Zitrusprodukte.
Anaheim Gazette v. 18.1.1912.
Quelle: Anaheim History Room, Anaheim Public Library.

A 15: Jahre der Normalität. Geburtsanzeige für eine Tochter von Louis Kroeger im Januar 1912.
Nach einer Meldung in der Anaheim Gazette v. 18.1.1912.
Quelle: Anaheim History Room, Anaheim Public Library.

A 16: Anaheim tritt offiziell in das Industriezeitalter ein. (C of C= Chamber of Commerce).
Anaheim Gazette v. 14.2.1924.
Quelle: Anaheim History Room, Anaheim Public Library.

A 17: Mit einer ersten Aktion der Men's Bible Class tritt der Ku Klux Klan in der Stadt in Erscheinung.
Anaheim Gazette v. 20.12.1923.
Quelle: Anaheim History Room, Anaheim Public Library.

A 18: Wahl neuer Mitglieder in den Anaheimer Stadtrat.
Anaheim Gazette v. 17.4.1924.
Quelle: Anaheim History Room, Anaheim Public Library.

A 19: Der Klan macht seinen Einzug in den Stadtrat öffentlich bekannt.
Anaheim Gazette v. 1.5.1924.
Quelle: Anaheim History Room, Anaheim Public Library.

A 20: Der Ku Klux Klan feiert seinen Sieg in der Stadt mit einem großen Treffen und einer Parade.
Anaheim Gazette v. 31.7.1924.
Quelle: Anaheim History Room, Anaheim Public Library.

A 21: Widerstand gegen das Auftreten des Klans macht sich bemerkbar.
Anaheim Gazette v. 4.9.1924.
Quelle: Anaheim History Room, Anaheim Public Library.

A 22: Der U.S.A.-Klub meldet sich zu Wort, und der Ruf nach Absetzung von Stadtratsvertretern
wird lauter.
Anaheim Gazette v. 6.11.1924.
Quelle: Anaheim History Room, Anaheim Public Library.

A 23: Meldung über die Mitgliederversammlung des für die Region bedeutendsten, landwirtschaftlichen Unternehmensverbandes.
Anaheim Gazette v. 14.2.1924.
Quelle: Anaheim History Room, Anaheim Public Library.

A 24: Anzeige zur Schließung der bankrotten „Southern County Bank", 1936.
Anaheim Gazette v. 14.1.1937.
Quelle: Anaheim History Room, Anaheim Public Library.

A 25: WPA-Notprogramm (Works Progress Administration) für den städtischen Straßenbau.
Anaheim Gazette v. 26.11.1936.
Quelle: Anaheim History Room, Anaheim Public Library.

A 26: Verschiedene Projekte im Rahmen der WPA-Administration.
Anaheim Gazette v. 28.1.1937.
Quelle: Anaheim History Room, Anaheim Public Library.

A 27: Straßenbauvorhaben in Anaheim und minimale Stundenlöhne für spezifische Arbeitsaufgaben.
Anaheim Gazette v. 18.3.1937.
Quelle: Anaheim History Room, Anaheim Public Library.

A 28:. Situationsbericht über die Streiksituation bei den mexikanischen Orangenpflückern.
Anaheim Gazette v. 18.6.1936.
Quelle: Anaheim History Room, Anaheim Public Library.

A 29: Meldung über die Opposition der Farmervereinigung gegen die gewerkschaftliche Organisierung der Zitrus- und Verpackungsarbeiter.
Anaheim Gazette v. 7.1.1937.
Quelle: Anaheim History Room, Anaheim Public Library.

A 30: Die Amtseinführung von Präsident Roosevelt 1937 und eine Mitteilung über die zufriedenstellende Situation der Orangenpflanzer in Anaheim während der Krisenjahre.
Anaheim Gazette v. 21.1.1937.
Quelle: Anaheim History Room, Anaheim Public Library.

A 31: Das Programm des bekannten Fox Filmtheaters in der Center St. im März 1937.
Anaheim Gazette v. 4.3.1937.
Quelle: Anaheim History Room, Anaheim Public Library.

8.3 VERZEICHNIS DER TABELLEN

Tab. 1: Niederschläge in Anaheim von 1879/80 bis 1930/31
Quelle: H.F. Raup Manuskript, Anaheim History Room, Anaheim Public Library.

Tab. 2: Namenliste der Anaheimer Weinbauern 1860
Quelle: Friis, L.J.: Campo Alemán: The First Ten Years of Anaheim. Santa Ana 1983.

Tab. 3: Freight List
Quelle: Nach einer Meldung in der Anaheim Gazette v. 29.10.1870. (Erstausgabe)

Tab. 4: Namenliste früher Geschäfts- und Gewerbeinhaber in Anaheim 1865 (?)
Quelle: Fröhling, A.: History of the First Days of Anaheim. Dedicated to the City of Anaheim in Memory of…, Manuscript, (1914). Anaheim History Room, Anaheim Public Library.

Tab. 5: Die Vertreter öffentlicher Ämter in Anaheim 1870
Quelle: Nach einer Auflistung in der Anaheim Gazette v. 29.10.1870. (Erstausgabe)

Tab. 6: Übersicht über Handels- Gewerbe- und Dienstleistungseinrichtungen in Anaheim 1878
Quelle: Business Directory of the Town of Anaheim, Los Angeles Co. Cal. Anaheim 1878. In: Friis, L.J. (1968): When Anaheim was 21. Santa Ana.

Tab. 7: Beispiele für Lebensmittelpreise in Anaheim 1878
Quelle: Nach Friis, L.J.: When Anaheim Was 21. Santa Ana 1968, p. 9. Der Autor greift auf eine Aufstellung in der Anaheim Gazette v. 17.8.1878 zurück.

Tab. 8: Beispiele für Anaheims Weinbauareal in der Blütezeit 1879
Quelle: H.F. Raup Manuskript, Anaheim History Room, Anaheim Public Library. Raup führt Thompson and West: History of Los Angeles County, Cal. Oakland 1880 an.

Tab. 9: Kostenaufstellung für Werbezwecke eines 20 ac-Weingutes in Anaheim 1885 in Dollar
Quelle: H.F. Raup Manuskript, Anaheim History Room, Anaheim Public Library. Raup
bezieht sich auf die von der Anaheim Immigration Association 1885 herausgegebene Werbebroschüre für Ansiedler.

Tab. 10: Bevölkerungsentwicklung Anaheims von 1860 bis 1880
Verschiedene Quellen.

Tab. 11: Bevölkerungsentwicklung Anaheims von 1890 bis 1940
Verschiedene Quellen.

Tab. 12: Anaheimer Bürgernamen 1890, die zu den Pionierfamilien zählten
Quelle: Orange County California Genealogical Society (comp.): 1890. The Great Register of Orange County, State of California. Orange 1996.

Tab. 13: Industrie- und Gewerbetriebe in Anaheim 1913
Quelle:Anaheim Board of Trade (Hrsg.) (1913): Anaheim, Orange County, California.o.O.

Tab. 14: Baugenehmigungen in Anaheim (ausgewählte Jahre)
Quelle: Nach Rinehart (1932), p. 8.

Tab. 15: Industriebetriebe in Anaheim 1929
Quelle: Anaheim Chamber of Commerce, Anaheim, 13.11.1929.

Tab. 16: Übersicht über die Familie Kuchel
Quelle: Eigene Zusammenstellung.

Tab. 17: Bevölkerungsentwicklung von Anaheim und Orange County
Verschiedene Quellen.

Tab. 18: Eingemeindungen in Anaheim
Verschiedene Quellen.

Tab. 19: Besucherzahlen in Disneyland, Anaheim
Verschiedene Quellen, z.T. geschätzt.

Tab. 20: Eintrittspreise für Disneyland, Anaheim
Verschiedene Quellen.

Tab. 21: Zahl der Beschäftigten in Disneyland, Anaheim
Verschiedene Quellen.

Tab. 22: Disneyland-Einkünfte 1980 in Dollar
Quelle: Walt Disney Productions, 1980 Annual Report, Burbank 1980, p. 15 (veränd.)

Tab. 23: Veränderung der Landnutzung in der CRA (Commercial Recreation Area) zwischen 1955 und 1990 in % (ausgewählte Jahre)
Quelle: Nach Walsh, D.J.: The Evolution of the Disney Land Environs. Tourism, Recreation, Research, vol. XVII, No.1, 1992, p. 39.

Tab. 24: Übernachtungskapazitäten in Anaheim
Quelle: Findlay (1992), p. 98 und Anaheim Center, Anaheim Community Development, Anaheim 1994.

Tab. 25: Kongreßaktivitäten im Convention Center, Anaheim (ausgewählte Jahre)
Quelle: Anaheim Chamber of Commerce: Anaheim California. Anaheim1994/1995.

Tab. 26: Auswahl industrieller Arbeitgeber in Anaheim 1962/63
Quelle: Talbert, T.B. (ed.) (1963): The Historical Volume and Reference Works. Vol. I, Orange County. Whittier, p. 120.

Tab. 27: „Community Redevelopment ist NICHT Urban Renewal"
Quelle: Anaheim Redevelopment Agency: What Redevelopment Means to You. A New City Center for Downtown Anaheim. Anaheim, o.J. p. 10.

Tab. 28: Kaufpreise für Eigenheime in den Anaheim Hills 1996
Quelle: Los Angeles Times v. 7.6.96.

Tab. 29: Anaheim Hills und „flatlands"
Quelle: The Orange County Register v. 24.12.92.

Tab. 30: Bevölkerungszusammensetzung von Anaheim 1994 in %
Anm.: Die gerundeten Zahlen ergeben nur 99%. Quelle: Anaheim Chamber of Commerce. Anaheim California. Anaheim 1994, p. 25.

Tab. 31: Beschäftigungsstruktur Anaheims 1994 in %
Quelle: Nach Anaheim Chamber of Commerce. Anaheim California. Anaheim 1994, p. 26.

Tab. 32: Beispiele für Anaheims Arbeitgeber 1994
Quelle: Nach Anaheim Chamber of Commerce. Anaheim California. Anaheim 1994, p 23/24/25 und ACC: Anaheim Center. Anaheim 1994.

Tab. 33: Besucherzahlen in Themen-Parks der USA 1991
Quelle: Los Angeles Times v. 9.5.91.

Tab. 34: Die Administrationen im Genehmigungsgang für die Disney-Projekte in Long Beach und Anaheim
Quelle: The Orange County Register v. 3.11.91.

Tab. 35: Müllmenge in t/Jahr (proj.)
Quelle: The Orange County Register v. 3.11.91.

Tab. 36: Übersicht über „amusement parks" der USA
Quelle: USA TODAY v. 5.6.96.

8.4 ÜBERSICHT ZU WICHTIGEN DATEN DER HISTORISCHEN ENTWICKLUNG ANAHEIMS

1857	Organisation der Los Angeles Vineyard Society (27. Febr.)
1857	Georg Hansen wird zum Verwaltungsinspektor gewählt (2. März)
1857	Kauf des Anaheim Landes (12. Sept.)
1858	Benennung der Kolonie mit dem Namen Annaheim (15. Jan.)
1859	Ankunft der ersten Familien in der Kolonie (12. Sept.)
1859	Gründung der Anaheim Water Company
1862	Überflutung durch den Santa Ana River
1863/1864	Dürreperiode
1870	Anaheim erhält Stadtstatus (10. Febr.); (endgültig 1878)
1870	Wahl des ersten Bürgermeisters (31. Aug.)
1870	Chinesische Arbeiter in Anaheim
1871–1892	Erstes Rathaus
1874/1875	Erster Eisenbahnanschluß Anaheims durch die Southern Pac. Railroad
(1875)	(Erste Pferdebahn in Anaheim?)
1883/1886	Krankheitsbefall der Weingärten („Anaheim blight"=Pierce's desease)
1886/1888	Immobilienboom

1887	Eisenbahnanschluß durch die Santa Fé Railroad
1888/1889	Bau eines Opernhauses
1889	Erster, größerer Versand von Valencia Orangen
1892–1922	Zweites Rathaus
1910	Bau einer Sodafabrik
1911	Bau einer Zuckerfabrik
1922/23–1980	Drittes Rathaus
1924	Gründung der Community Industrial Land Co.
1924	Wahl von Ku Klux Klan-Mitgliedern in den Stadtrat
1928	Gründung des Metropolitan Water District
1933	Regionales Erdbeben
1938	Überflutung Anaheims
1955	Eröffnung von Disneyland (17. Juli)
1966	Einweihung des Anaheim Stadiums
1967	Eröffnung des Anaheim Convention Center
1969	Überflutung Anaheims
1971	Ausweitung der Stadt in den Santa Ana Canyon/Anaheim Hills
1980	Vierter Rathausbau
1991	Beginn der Planungen für den Bau von Disneyland Resort
1993	Eröffnung der Anaheim Arena

8.5 LISTE DER BEGRIFFE UND WENDUNGEN, DIE MIT DISNEYLAND ZUSAMMENHÄNGEN

Adventureland
A land or place of make-believe
Amusement Park
Attractions and adventures (statt: rides)
Audience (statt: crowd)
Audio-Animatronics
Autopia
Commercial Recreation Area (CRA)
Costume (statt: uniform)
Creating fun is our work; and our work creates fun – for us and our guests
Dear to dream the future
Disney decade (1990–2000)
Disneyesque
Disneyfication
Disneyfied heritage=sanitized history
Disneyland daddy
Disneyland Holiday
Disneylandia
Disneyland look
Disneyland Park-grandaddy of theme parks
Disneyland-The people trap that a mouse built
Disneyland Resort
Disneyland way
Disneyscape
Disneytopia
Dizzyland
Entertainment creation
EPCOT
E-ticket
Family Park
Fantasmic
Fun, fun, fun
Funtasmic

Fantasyland
Frontierland
Guest (statt: customer)
Happiness (The happiest place on earth)
Host, hostess (statt: employee)
Imaginary landscape
Imagineering
Kiddieland
LaLa Land
Las Vegas-Disneyland for adults
Magic Kingdom
Main Street
Mickey Mouse
Mickeytropolis
Minnie Mouse
Mouseketeer
Mouseland
Mouse Mecca
Never-never land
Neo-Disney
Riffraff
Role (statt: job)
Sun City, Arizona, a resident Disneyland for old folks
Tomorrowland
Toontown
Toytown
Vacationland
Visibilia
Walt Disney World
WESTCOT
Wonderland
World of Yesterday

8.6 INDEX

ERDKUNDLICHES WISSEN
Schriftenreihe für Forschung und Praxis.
Herausgegeben von **Gerd Kohlhepp** in Verbindung mit **Adolf Leidlmair** und **Fred Scholz**

62. **Angelika Sievers: Der Tourismus in Sri Lanka (Cey-lon).** Ein sozialgeographischer Beitrag zum Tourismus-phänomen in tropischen Entwicklungsländern, insbesondere in Südasien. 1983. X, 138 S. m. 25 Abb. u. 19 Tab., kt. **3889 - 2**

63. **Anneliese Krenzlin: Beiträge zur Kulturlandschafts-genese in Mitteleuropa.** Gesammelte Aufsätze aus vier Jahrzehnten, hrsg. von **H.-J. Nitz** u. **H. Quirin.** 1983. XXXVIII, 366 S. m. 55 Abb., kt. **4035 - 8**

64. **Gerhard Engelmann: Die Hochschulgeographie in Preußen 1810-1914.** 1983. XII, 184 S., 4 Taf., kt. **3984 - 8**

65. **Bruno Fautz: Agrarlandschaften in Queensland.** 1984. 195 S. m. 33 Ktn., kt. **3890 - 4**

66. **Elmar Sabelberg: Regionale Stadttypen in Italien.** Genese und heutige Struktur der toskanischen und sizilianischen Städte an den Beispielen Florenz, Siena, Catania und Agrigent. 1984. XI, 211 S. m. 26 Tab., 4 Abb., 57 Ktn. u. 5 Faltktn., 10 Bilder auf 5 Taf., kt. **4052 - 8**

67. **Wolfhard Symader: Raumzeitliches Verhalten gelö-ster und suspendierter Schwermetalle.** Eine Untersuchung zum Stofftransport in Gewässern der Nordeifel und niederrheinischen Bucht. 1984. VIII, 174 S. m. 67 Abb., kt. **3909 - 0**

68. **Werner Kreisel: Die ethnischen Gruppen der Ha-waii-Inseln.** Ihre Entwicklung und Bedeutung für Wirtschaftsstruktur und Kulturlandschaft. 1984. X, 462 S. m. 177 Abb. u. 81 Tab., 8 Taf. m. 24 Fotos, kt. **3412 - 9**

69. **Eckart Ehlers: Die agraren Siedlungsgrenzen der Erde.** Gedanken zur ihrer Genese und Typologie am Beispiel des kanadischen Waldlandes. 1984. 82 S. m. 15 Abb., 2 Faltktn., kt. **4211 - 3**

70. **Helmut J. Jusatz / Hella Wellmer, Hrsg.: Theorie und Praxis der medizinischen Geographie und Geo-medizin.** Vorträge der Arbeitskreissitzung Medizinische Geographie und Geomedizin auf dem 44. Deutschen Geographentag in Münster 1983. Hrsg. im Auftrage des Arbeitskreises. 1984. 85 S. m. 20 Abb., 4 Fotos u. 2 Kartenbeilagen, kt. **4092 - 7**

71. **Leo Waibel †: Als Forscher und Planer in Brasilien:** Vier Beiträge aus der Forschungstätigkeit 1947-1950 in Übersetzung. Hrsg. von **Gottfried Pfeiffer** u. **Gerd Kohlhepp.** 1984. 124 S. m. 5 Abb., 1 Taf., kt. **4137 - 0**

72. **Heinz Ellenberg: Bäuerliche Bauweisen in geoöko-logischer und genetischer Sicht.** 1984. V, 69 S. m. 18 Abb., kt. **4208 - 3**

73. **Herbert Louis: Landeskunde der Türkei.** Vornehmlich aufgrund eigener Reisen. 1985. XIV, 268 S. m. 4 Farbktn. u. 1 Übersichtskärtchen des Verf., kt. **4312 - 8**

74. **Ernst Plewe / Ute Wardenga: Der junge Alfred Hettner.** Studien zur Entwicklung der wissenschaftlichen Persönlichkeit als Geograph, Länderkundler und Forschungsreisender. 1985. 80 S. m. 2 Ktn. u. 1 Abb., kt. **4421 - 3**

75. **Ulrich Ante: Zur Grundlegung des Gegenstandsbe-reiches der Politischen Geographie.** Über das "Politische" in der Geographie. 1985. 184 S., kt. **4361 - 4**

76. **Günter Heinritz / Elisabeth Lichtenberger, eds.: The Take-off of Suburbia and the Crisis of the Central City.** Proceedings of the International Symposium in Munich and Vienna 1984. 1986. X, 300 S. m. 95 Abb., 49 Tab., kt. **4402 - 7**

77. **Klaus Frantz: Die Großstadt Angloamerikas im Wandel des 18. und 19. Jahrhunderts.** Versuch einer sozialgeographischen Strukturanalyse anhand ausgewählter Beispiele der Nordostküste. 1987. 200 S. m. 32 Ktn. u. 12 Abb. kt. **4433 - 7**

78. **Claudia Erdmann: Aachen im Jahre 1812.** Wirtschafts- und sozialräumliche Differenzierung einer frühindustriellen Stadt. 1986. VIII, 257 S. m. 6 Abb., 44 Tab., 19 Fig., 80 Ktn., kt. **4634 - 8**

79. **Josef Schmithüsen †: Die natürliche Lebewelt Mitteleuropas.** Hrsg. von **Emil Meynen.** 1986. 71 S. m. 1 Taf., kt. **4638 - 8**

80. **Ulrich Helmert: Der Jahresgang der Humidität in Hessen und den angrenzenden Gebieten.** 1986. 108 S. m. 11 Abb. u. 37 Ktn. i. Anh., kt. **4630 - 4**

81. **Peter Schöller: Städtepolitik, Stadtumbau und Stadt-erhaltung in der DDR.** 1986. 55 S., 4 Taf. m. 8 Fotos, 12 Ktn., kt. **4703 - 4**

82. **Hans-Georg Bohle: Südindische Wochenmarkt-systeme.** Theoriegeleitete Fallstudien zur Geschichte und Struktur polarisierter Wirtschaftskreisläufe im ländlichen Raum der Dritten Welt. 1986. XIX, 291 S. m. 43 Abb., 12 Taf., kt. **4601 - 1**

83. **Herbert Lehmann: Essays zur Physiognomie der Landschaft.** Mit einer Einleitung von **Renate Müller,** hrsg. von **Anneliese Krenzlin** und **Renate Müller.** 1986. 267 S. m. 25 s/w- und 12 Farbtaf., kt. **4689 - 5**

84. **Günther Glebe / J. O'Loughlin, eds.: Foreign Minori-ties in Continental European Cities.** 1987. 296 S. m. zahlr. Ktn. u. Fig., kt. **4594 - 5**

85. **Ernst Plewe †: Geographie in Vergangenheit und Gegenwart.** Ausgewählte Beiträge zur Geschichte und Methode des Faches. Hrsg. von **Emil Meynen** und **Uwe Wardenga.** 1986. 438 S., kt. **4791 - 3**

86. **Herbert Lehmann †: Beiträge zur Karstmorphologie.** Hrsg. von **F. Fuchs, A. Gerstenhauer, K.-H. Pfeffer.** 1987. 251 S. m. 60 Abb., 2 Ktn., 94 Fotos, kt. **4897 - 9**

87. **Karl Eckart: Die Eisen- und Stahlindustrie in den beiden deutschen Staaten.** 1988. 277 S. m. 167 Abb., 54 Tab., 7 Übers., kt. **4958 - 4**

88. **Helmut Blume / Herbert Wilhelmy, Hrsg.: Heinrich Schmitthenner Gedächtnisschrift.** Zu seinem 100. Geburtstag. 1987. 173 S. m. 42 Abb., 8 Taf., kt. **5033 - 7**

89. **Benno Werlen: Gesellschaft, Handlung und Raum** (2., durchges. Aufl 1988 außerhalb der Reihe unter demselben Titel: VIII, 314 S. m. 17 Abb., kt. **5184-8)** **4886-3**

90. **Rüdiger Mäckel / Wolf-Dieter Sick, Hrsg.: Natürliche Ressourcen und ländliche Entwicklungsprobleme der Tropen.** Festschrift für **Walther Manshard.** 1988. 334 S. m. zahlr. Abb., kt. **5188-0**

91. **Gerhard Engelmann †: Ferdinand von Richthofen 1833–1905. Albrecht Penck 1858–1945.** Zwei markante Geographen Berlins. Aus dem Nachlaß hrsg. von **Emil Meynen.** 1988. 37 S. m. 2 Abb., kt. **5132-5**

92. **Gerhard Hard: Selbstmord und Wetter – Selbstmord und Gesellschaft.** Studien zur Problemwahrnehmung in der Wissenschaft und zur Geschichte der Geographie. 1988. 356 S., 11 Abb., 13 Tab., kt. **5046-9**

93. **Siegfried Gerlach: Das Warenhaus in Deutschland.** Seine Entwicklung bis zum Ersten Weltkrieg in historisch-geographischer Sicht. 1988. 178 S. m. 33 Abb., kt. **5103-1**

94. **Walter H. Thomi: Struktur und Funktion des produ-zierenden Kleingewerbes in Klein- und Mittelstädten Ghanas.** Ein empirischer Beitrag zur Theorie der urbanen Reproduktion in Ländern der Dritten Welt. 1989. XVI, 312 S., kt. **5090-6**

95. **Thomas Heymann: Komplexität und Kontextualität des Sozialraumes.** 1989. VIII, 511 S. m. 187 Abb., kt. **5315-8**

96. **Dietrich Denecke / Klaus Fehn, Hrsg.: Geographie in der Geschichte.** (Vorträge der Sektion 13 des Deutschen Historikertags, Trier 1986.) 1989. 97 S. m. 3 Abb., kt. DM 36,–   **5428-6**

97. **Ulrich Schweinfurth, Hrsg.: Forschungen auf Ceylon III.** Mit Beiträgen von C. Preu, W. Werner, W. Erdelen, S. Dicke, H. Wellmer, M. Bührlein u. R. Wagner. 1989. 258 S. m. 76 Abb., kt.   **5084-1**

98. **Martin Boesch: Engagierte Geographie.** 1989. XII, 284 S., kt.   **5514-2**

99. **Hans Gebhardt: Industrie im Alpenraum.** Alpine Wirtschaftsentwicklung zwischen Außenorientierung und endogenem Potential. 1990. 283 S. m. 68 Abb., kt.   **5397-2**

100. **Ute Wardenga: Geographie als Chorologie.** Zur Genese und Struktur von Alfred Hettners Konstrukt der Geographie. 1995. 255 S., kt.   **6809-0**

101. **Siegfried Gerlach: Die deutsche Stadt des Absolutismus im Spiegel barocker Veduten und zeitgenössischer Pläne.** Erweiterte Fassung eines Vortrags am 11. November 1986 im Reutlinger Spitalhof. 1990. 80 S. m. 32 Abb., dav. 7 farb., kt.   **5600-9**

102. **Peter Weichhart: Raumbezogene Identität.** Bausteine zu einer Theorie räumlich-sozialer Kognition und Identifikation. 1990. 118 S., kt.   **5701-3**

103. **Manfred Schneider: Beiträge zur Wirtschaftsstruktur und Wirtschaftsentwicklung Persiens 1850-1900.** Binnenwirtschaft und Exporthandel in Abhängigkeit von Verkehrserschließung, Nachrichtenverbindungen, Wirtschaftsgeist und politischen Verhältnissen anhand britischer Archivquellen. 1990. XII, 381 S. m. 86 Tab., 16 Abb., kt.   **5458-8**

104. **Ulrike Sailer-Fliege: Der Wohnungsmarkt der Sozialmietwohnungen.** Angebots- und Nutzerstrukturen dargestellt an Beispielen aus Nordrhein-Westfalen. 1991. XII, 287 S. m. 92 Abb., 30 Tab., 6 Ktn., kt. **5836-2**

105. **Helmut Brückner / Ulrich Radtke, Hrsg.: Von der Nordsee bis zum Indischen Ozean/From the North Sea to the Indian Ocean.** Ergebnisse der 8. Jahrestagung des Arbeitskreises „Geographie der Meere und Küsten", 13.-15. Juni 1990, Düsseldorf / Results of the 8th Annual Meeting of the Working group „Marine and Coastal Geography", June 13-15, 1990, Düsseldorf. 1991. 264 S. mit 117 Abbildungen, 25 Tabellen, kt.   **5898-2**

106. **Heinrich Pachner: Vermarktung landwirtschaftlicher Erzeugnisse in Baden-Württemberg.** 1992. 238 S. m. 53 Tab., 15 Abb. u. 24 Ktn., kt.   **5825-7**

107. **Wolfgang Aschauer: Zur Produktion und Reproduktion einer Nationalität – die Ungarndeutschen.** 1992. 315 S. m. 85 Tab., 8 Ktn., 9 Abb., kt.   **6082-0**

108. **Hans-Georg Möller: Tourismus und Regionalentwicklung im mediterranen Südfrankreich.** Sektorale und regionale Entwicklungseffekte des Tourismus - ihre Möglichkeiten und Grenzen am Beispiel von Côte d'Azur, Provence und Languedoc-Roussillon. 1992. XIV, 413 S. m. 60 Abb., kt.   **5632-7**

109. **Klaus Frantz: Die Indianerreservationen in den USA.** Aspekte der territorialen Entwicklung und des sozioökonomischen Wandels. 1993. 298 S. m. 20 Taf., kt.,   **6217-3**

110. **Hans-Jürgen Nitz, ed.: The Early Modern World-System in Geographical Perspective.** 1993. XII, 403 S. m. 67 Abb., kt.   **6094-4**

111. **Eckart Ehlers/Thomas Krafft, Hrsg.: Shâhjahânâbâd/Old Delhi.** Islamic Tradition and Colonial Change. 1993. 106 S. m. 14 Abb., 1 mehrfbg. Faltkt., 1 fbg. Frontispiz, kt.   **6218-1**

112. **Ulrich Schweinfurth, Hrsg.: Neue Forschungen im Himalaya.** 1993. 293 S. m. 6 Ktn., 50 Abb., 35 Photos u. 1 Diagr., kt.   **6263-7**

113. **Rüdiger Mäckel/Dierk Walther: Naturpotential und Landdegradierung in den Trockengebieten Kenias.** 1993. 309 S. m. 49 Tab., 66 Abb. u. 36 Fotos (dav. 4 fbg.), kt.   **6197-5**

114. **Jürgen Schmude: Geförderte Unternehmensgründungen in Baden-Württemberg.** Eine Analyse der regionalen Unterschiede des Existenzgründungsgeschehens am Beispiel des Eigenkapitalhilfe-Programms (1979 bis 1989). 1994. XVII, 246 S. m. 13 Abb., 38 Tab. u. 21 Ktn, kt.   **6448-6**

115. **Werner Fricke/Jürgen Schweikart, Hrsg.: Krankheit und Raum.** Dem Pionier der Geomedizin Helmut Jusatz zum Gedenken. 1995. VIII, 254 S. m. 1 Taf. u. 46 Abb., kt.   **6648-9**

116. **Benno Werlen: Sozialgeographie alltäglicher Regionalisierungen.** Band 1: Zur Ontologie von Gesellschaft und Raum. 1995. X, 262 S., kt.   **6606-3**

117. **Winfried Schenk: Waldnutzung, Waldzustand und regionale Entwicklung in vorindustrieller Zeit im mittleren Deutschland.** 1995. 326 S. m. 65 Fig. u. 48 Tab., kt.   **6489-3**

118. **Fred Scholz: Nomadismus.** Theorie und Wandel einer sozio-ökologischen Kulturweise. 1995. 300 S. m. 41 Photos u. 30 Abb., 3 fbg. Beilagen, kt.   **6733-7**

119. **Benno Werlen: Sozialgeographie alltäglicher Regionalisierungen.** Band 2: Globalisierung, Region und Regionalisierung. 1997. XI, 464 S., kt.   **6607-1**

120. **Peter Jüngst: Psychodynamik und Stadtgestaltung.** Zum Wandel präsentativer Symbolik und Territorialität von der Moderne zur Postmoderne. 1995. 175 S. m. 12 Abb., kt.   **6534-2**

121. **Benno Werlen: Die Geographien des Alltags.** Empirische Befunde. 1998. Ca. 250 S., kt.   **7175-X**

122. **Zóltan Cséfalvay: Aufholen durch regionale Differenzierung?.** Von der Plan- zur Marktwirtschaft – Ostdeutschland und Ungarn im Vergleich. 1997. XIII, 235 S., kt.   **7125-3**

123. **Hiltrud Herbers: Arbeit und Ernährung in Yasin.** Aspekte des Produktions-Reproduktions-Zusammenhangs in einem Hochgebirgstal Nordpakistans. 1998. 295 S. m. 40 Abb. u. 45 Tab., 8 Taf.   **7111-3**

124. **Manfred Nutz: Stadtentwicklung in Umbruchsituationen.** Wiederaufbau und Wiedervereinigung als Streßfaktoren der Entwicklung ostdeutscher Mittelstädte, ein Raum-Zeit-Vergleich mit Westdeutschland. 1998. 242 S. m. 37 Abb. u. 7 Tab., kt.   **7202-0**

125. **Ernst Giese/Gundula Bahro/Dirk Betke: Umweltzerstörungen in Trockengebieten Zentralasiens (West- und Ost-Turkestan).** Ursachen, Auswirkungen, Maßnahmen. 1998. 189 S. m. 39 Abb., 4 fbg. Kartenbeil., kt.   **7374-4**

FRANZ STEINER VERLAG STUTTGART

ISSN 0425 - 1741